高等职业教育课程改革系列教材

工程数学

主　审　周　晓
主　编　陈　静　陈旻霞　姚星桃
副主编　秦红梅　张生华

扫码加入学习圈
轻松解决重难点

南京大学出版社

图书在版编目(CIP)数据

工程数学/陈静,陈旻霞,姚星桃主编. —南京:南京大学出版社,2021.1(2024.1 重印)

ISBN 978-7-305-23998-4

Ⅰ. ①工… Ⅱ. ①陈… ②陈… ③姚… Ⅲ. ①工程数学—教材 Ⅳ. ①TB11

中国版本图书馆 CIP 数据核字(2020)第 238117 号

出版发行 南京大学出版社
社　　址 南京市汉口路 22 号

☞ 扫码可免费申请教师教学资源

书　　名 工程数学
GONGCHENG SHUXUE
主　　编 陈　静　陈旻霞　姚星桃
责任编辑 吴　华

照　　排 南京开卷文化传媒有限公司
印　　刷 南京京新印刷有限公司
开　　本 787×1092　1/16　印张 15.5　字数 377 千
版　　次 2021 年 1 月第 1 版　2024 年 1 月第 3 次印刷
ISBN 978-7-305-23998-4
定　　价 39.80 元

网　　址:http://www.njupco.com
官方微博:http://weibo.com/njupco
微信公众号:njuyuexue
销售咨询热线:025-83594756

前　言

本教材以高职院校的人才培养目标为依据，以“必需、够用”为原则，由从事工程数学教学多年的教师进行编写。教材内容共分九章：行列式，矩阵，无穷级数，傅里叶变换，拉普拉斯变换，随机事件及其概率，随机变量及其概率分布，数理统计基础和数学实验。

本着“淡化理论，注重应用，突出能力，提高素质”的理念，本教材内容体现了以下特色：

1. 构建全新的内容体系。通过【知识结构】让学生对章节内容一目了然。通过【思考问题】引入教学内容，激发学生的学习兴趣。通过【小提示】让学生对教材内容有更全面的认识。通过【小智囊】做好相关知识点的总结，让学生更好地掌握一些方法或技巧。

2. 注重因材施教。充分考虑学生的个体差异和不同的学习需求，教材中设有【小试牛刀】和【大展身手】两个不同层次的例题和习题。

3. 加强学生对数学文化的认识。在每章中加入阅读材料，让学生了解相应的数学知识点的发展史和应用，感悟数学文化的魅力。

4. 融入多媒体技术。每章节的教学重点或难点都插入相应的教学视频二维码，以便学生通过扫扉页或者版权页上的二维码进行知识点的预习及巩固。

5. 淡化理论，避免繁琐运算。本教材的很多理论只给出了相应的介绍，没有给出证明。同时第九章介绍了如何运用 Mathematica 软件进行数学计算，以避免繁琐的运算。

本教材由陈静、陈旻霞、姚星桃担任主编，第一章由秦红梅编写，第二章由张生华编写，第三、四、九章由陈静编写，第五、六、七章由陈旻霞编写，第八章由姚星桃编写。

刘桂香教授和周晓副教授在本教材的编写过程中给予了悉心的指导和帮助，南京大学出版社吴华编辑对教材的出版给予了极大的支持，再次致以诚挚的谢意。

限于编者水平，书中难免有诸多不足之处，敬请同行专家、广大师生和读者批评指正，以便不断完善。

编者

2020 年 10 月

目　录

第一章

行列式

行列式是线性代数中的一个重要的基本概念.它不仅是研究线性代数的重要工具,在其他数学分支及一些实际问题中也常常用到.本章首先介绍二、三阶行列式,然后推广到 n 阶行列式,给出了 n 阶行列式的性质及计算方法.此外还介绍用 n 阶行列式求解 n 元线性方程组的克莱姆(Crammer)法则.

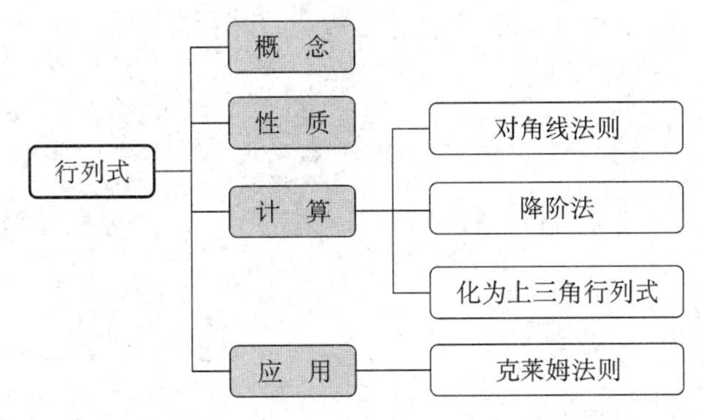

第一节　行列式的概念

中学阶段我们已经学会了求解简单的线性方程组.例如,设二元线性方程组

$$\begin{cases} a_{11}x_1 + a_{12}x_2 = b_1 \\ a_{21}x_1 + a_{22}x_2 = b_2 \end{cases}.$$

当 $a_{11}a_{22} - a_{12}a_{21} \neq 0$ 时,用消元法可以求得上述方程组的解为:

$$\begin{cases} x_1 = \dfrac{b_1a_{22} - b_2a_{12}}{a_{11}a_{22} - a_{12}a_{21}} \\ x_2 = \dfrac{b_2a_{11} - b_1a_{21}}{a_{11}a_{22} - a_{12}a_{21}} \end{cases}.$$

如何更方便地记忆上述方程组的解呢?为此我们引入二阶行列式的概念.

一、二阶行列式

定义 1.1.1

$$\begin{vmatrix} a_{11} & a_{12} \\ a_{21} & a_{22} \end{vmatrix}$$

称为**二阶行列式**,它由 2^2 个数构成,表示一个算式,其值为 $a_{11}a_{22}-a_{12}a_{21}$,即

$$\begin{vmatrix} a_{11} & a_{12} \\ a_{21} & a_{22} \end{vmatrix}=a_{11}a_{22}-a_{12}a_{21}.$$

其中,数 $a_{ij}\,(i=1,2;j=1,2)$ 称为行列式的元素.元素 a_{ij} 的第一个下标 i 称为行标,表明该元素位于第 i 行,第二个下标 j 称为列标,表明该元素位于第 j 列.

把 a_{11} 到 a_{22} 的对角线称为**主对角线**,a_{12} 到 a_{21} 的对角线称为**副对角线**.

小智囊

二阶行列式的值是主对角线上的元素之积减去副对角线上的元素之积,称之为二阶行列式的对角线法则.

利用二阶行列式的定义,对于【思考问题】中的二元一次线性方程组

$$\begin{cases} a_{11}x_1+a_{12}x_2=b_1, \\ a_{21}x_1+a_{22}x_2=b_2 \end{cases}$$

记

$$D=\begin{vmatrix} a_{11} & a_{12} \\ a_{21} & a_{22} \end{vmatrix},\quad D_1=\begin{vmatrix} b_1 & a_{12} \\ b_2 & a_{22} \end{vmatrix},\quad D_2=\begin{vmatrix} a_{11} & b_1 \\ a_{21} & b_2 \end{vmatrix}.$$

若 $D\neq 0$,那么

$$\begin{cases} x_1=\dfrac{D_1}{D}=\dfrac{\begin{vmatrix} b_1 & a_{12} \\ b_2 & a_{22} \end{vmatrix}}{\begin{vmatrix} a_{11} & a_{12} \\ a_{21} & a_{22} \end{vmatrix}} \\ x_2=\dfrac{D_2}{D}=\dfrac{\begin{vmatrix} a_{11} & b_1 \\ a_{21} & b_2 \end{vmatrix}}{\begin{vmatrix} a_{11} & a_{12} \\ a_{21} & a_{22} \end{vmatrix}} \end{cases}.$$

小提示

这里的分母 D 是由方程组的系数所确定的二阶行列式(称为系数行列式),x_1 的分子 D_1 是用常数项 b_1,b_2 替换 D 中第一列的元素所得的二阶行列式,x_2 的分子 D_2 是用常数项 b_1,b_2 替换 D 中第二列的元素所得的二阶行列式.

小试牛刀

例 1.1.1 求解二元线性方程组

$$\begin{cases}3x_1-2x_2=12\\2x_1+x_2=1\end{cases}.$$

解 因为

$$D=\begin{vmatrix}3 & -2\\2 & 1\end{vmatrix}=3\times1-2\times(-2)=7\neq0,$$

$$D_1=\begin{vmatrix}12 & -2\\1 & 1\end{vmatrix}=12\times1-1\times(-2)=14,$$

$$D_2=\begin{vmatrix}3 & 12\\2 & 1\end{vmatrix}=3\times1-2\times12=-21,$$

所以方程组的解为
$$\begin{cases}x_1=\dfrac{D_1}{D}=\dfrac{14}{7}=2\\x_2=\dfrac{D_2}{D}=\dfrac{-21}{7}=-3\end{cases}.$$

二、三阶行列式

与二阶行列式类似,可以定义三阶行列式.

定义 1.1.2
$$D=\begin{vmatrix}a_{11} & a_{12} & a_{13}\\a_{21} & a_{22} & a_{23}\\a_{31} & a_{32} & a_{33}\end{vmatrix}$$

称为**三阶行列式**,它由 3^2 个数构成,表示一个算式,其值为 $a_{11}a_{22}a_{33}+a_{12}a_{23}a_{31}+a_{13}a_{21}a_{32}-a_{11}a_{23}a_{32}-a_{12}a_{21}a_{33}-a_{13}a_{22}a_{31}$,即

$$D=\begin{vmatrix}a_{11} & a_{12} & a_{13}\\a_{21} & a_{22} & a_{23}\\a_{31} & a_{32} & a_{33}\end{vmatrix}=a_{11}a_{22}a_{33}+a_{12}a_{23}a_{31}+a_{13}a_{21}a_{32}-a_{11}a_{23}a_{32}-a_{12}a_{21}a_{33}-a_{13}a_{22}a_{31}.$$

小智囊

三阶行列式的值是六项代数和,每项是三个元素的乘积,可借助图 1-1 记忆,其中实线上的三元素的乘积前是正号,虚线上的三元素的乘积前是负号.这种方法称为三阶行列式的对角线法则.

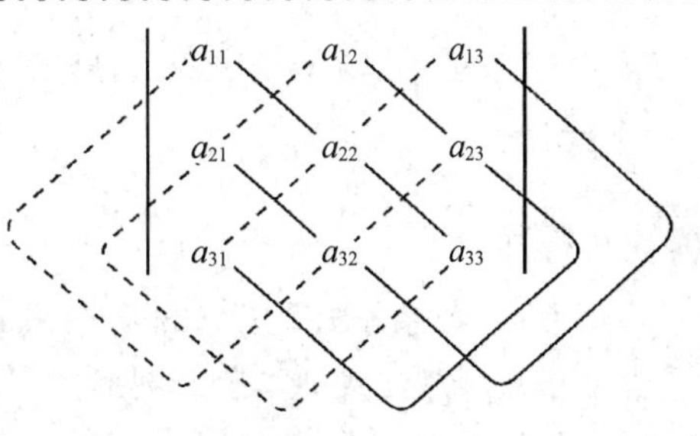

图 1-1

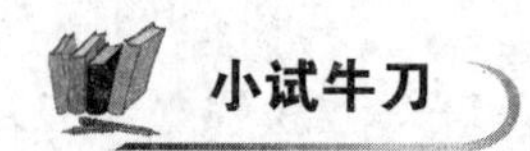

例 1.1.2 计算三阶行列式

$$D=\begin{vmatrix} 2 & -1 & 3 \\ 1 & -2 & 1 \\ -3 & 1 & -2 \end{vmatrix}.$$

解 $D=2\times(-2)\times(-2)+(-1)\times1\times(-3)+3\times1\times1-2\times1\times1-(-1)\times1\times(-2)-3\times(-2)\times(-3)$
$=8+3+3-2-2-18=-8.$

大展身手

例 1.1.3 解方程

$$\begin{vmatrix} 1 & 1 & 1 \\ 2 & 3 & x \\ 4 & 5 & x^2 \end{vmatrix}=0.$$

解 方程左端的三阶行列式

$$D=3x^2+4x+10-5x-2x^2-12=x^2-x-2,$$

由 $x^2-x-2=0$,解得 $x_1=-1,x_2=2$.

由二阶行列式和三阶行列式的定义,不难发现如下关系式.

$$D=\begin{vmatrix} a_{11} & a_{12} & a_{13} \\ a_{21} & a_{22} & a_{23} \\ a_{31} & a_{32} & a_{33} \end{vmatrix}$$

$$=a_{11}(-1)^{1+1}\begin{vmatrix} a_{22} & a_{23} \\ a_{32} & a_{33} \end{vmatrix}+a_{12}(-1)^{1+2}\begin{vmatrix} a_{21} & a_{23} \\ a_{31} & a_{33} \end{vmatrix}+a_{13}(-1)^{1+3}\begin{vmatrix} a_{21} & a_{22} \\ a_{31} & a_{32} \end{vmatrix}.$$

定义 1.1.3 称 $\begin{vmatrix} a_{22} & a_{23} \\ a_{32} & a_{33} \end{vmatrix}$ 为三阶行列式 D 中元素 a_{11} 的**余子式**,记作 M_{11},即

$$M_{11}=\begin{vmatrix} a_{22} & a_{23} \\ a_{32} & a_{33} \end{vmatrix}.$$

元素 a_{11} 的**余子式**是原三阶行列式 D 中划去元素 a_{11} 所在的第一行和第一列后剩下的元素按原来顺序组成的二阶行列式.

类似地,分别记 a_{12},a_{13} 的余子式为

$$M_{12}=\begin{vmatrix} a_{21} & a_{23} \\ a_{31} & a_{33} \end{vmatrix}, \quad M_{13}=\begin{vmatrix} a_{21} & a_{22} \\ a_{31} & a_{32} \end{vmatrix}.$$

小提示

类似地可以定义三阶行列式其他元素的余子式.

如 $M_{22}=\begin{vmatrix} a_{11} & a_{13} \\ a_{31} & a_{33} \end{vmatrix}$，$M_{31}=\begin{vmatrix} a_{12} & a_{13} \\ a_{22} & a_{23} \end{vmatrix}$.

定义 1.1.4 称

$$A_{ij}=(-1)^{i+j}M_{ij} \quad (i=1,2,3;j=1,2,3)$$

为三阶行列式 D 中元素 $a_{ij}(i=1,2,3;j=1,2,3)$ 的**代数余子式**.

因此,三阶行列式也可以表示为

$$D=\begin{vmatrix} a_{11} & a_{12} & a_{13} \\ a_{21} & a_{22} & a_{23} \\ a_{31} & a_{32} & a_{33} \end{vmatrix}=a_{11}A_{11}+a_{12}A_{12}+a_{13}A_{13}.$$

这样,求三阶行列式的问题就可以转化为求二阶行列式的问题,这种求行列式的方法称为**降阶法**,上面式子的右端称为按行列式 D 的第一行展开的展开式.

小智囊

降阶法是可以按任意一行(列)展开的,即任一行(列)各元素与其对应的代数余子式的乘积之和.

小试牛刀

例 1.1.4 利用降阶法计算三阶行列式

$$D=\begin{vmatrix} 2 & 0 & 3 \\ 1 & -5 & 1 \\ -3 & 4 & -2 \end{vmatrix}.$$

解法 1 按第一行展开

$$D=2\times(-1)^{1+1}\begin{vmatrix} -5 & 1 \\ 4 & -2 \end{vmatrix}+0\times(-1)^{1+2}\begin{vmatrix} 1 & 1 \\ -3 & -2 \end{vmatrix}+3\times(-1)^{1+3}\begin{vmatrix} 1 & -5 \\ -3 & 4 \end{vmatrix}$$

$$=2[(-5)\times(-2)-4\times1]+3[1\times4-(-5)\times(-3)]$$

$$=-21.$$

解法 2 按第二列展开

$$D=0\times(-1)^{1+2}\begin{vmatrix} 1 & 1 \\ -3 & -2 \end{vmatrix}+(-5)\times(-1)^{2+2}\begin{vmatrix} 2 & 3 \\ -3 & -2 \end{vmatrix}+4\times(-1)^{3+2}\begin{vmatrix} 2 & 3 \\ 1 & 1 \end{vmatrix}$$

$$=-21.$$

三、n 阶行列式

仿照二、三阶行列式，可以把行列式推广到一般情形.

定义 1.1.5

$$D=\begin{vmatrix} a_{11} & a_{12} & \cdots & a_{1n} \\ a_{21} & a_{22} & \cdots & a_{2n} \\ \vdots & \vdots & & \vdots \\ a_{n1} & a_{n2} & \cdots & a_{nn} \end{vmatrix}$$

称为 **n 阶行列式**，它由 n^2 个数构成，代表一个算式，其值为

① 当 $n=1$ 时，规定 $D=|a_{11}|=a_{11}$；

② 当 $n\geqslant 2$ 时，均可用降阶法计算，即行列式按任意一行（或列）展开，得

$$D=a_{i1}A_{i1}+a_{i2}A_{i2}+\cdots+a_{in}A_{in} \quad (i=1,2,\cdots,n)$$

或

$$D=a_{1j}A_{1j}+a_{2j}A_{2j}+\cdots+a_{nj}A_{nj} \quad (j=1,2,\cdots,n).$$

小提示

对于 n 阶行列式，元素 $a_{ij}\,(i=1,2,3,\cdots,n;j=1,2,3,\cdots,n)$ 的余子式和代数余子式的定义与三阶行列式的余子式和代数余子式的定义类似.

例如，行列式 $\begin{vmatrix} 3 & -2 & 1 & 5 \\ 1 & 7 & 0 & 3 \\ 2 & 0 & 3 & 6 \\ 8 & -1 & -2 & 4 \end{vmatrix}$ 中元素 a_{23} 的余子式和代数余子式分别是

$$M_{23}=\begin{vmatrix} 3 & -2 & 5 \\ 2 & 0 & 6 \\ 8 & -1 & 4 \end{vmatrix}, \quad A_{23}=(-1)^{2+3}M_{23}=-\begin{vmatrix} 3 & -2 & 5 \\ 2 & 0 & 6 \\ 8 & -1 & 4 \end{vmatrix}.$$

小试牛刀

例 1.1.5 计算四阶行列式

$$D=\begin{vmatrix} 3 & -2 & 1 & 5 \\ 1 & 7 & 0 & 3 \\ 2 & 0 & 3 & 6 \\ 8 & -1 & -2 & 4 \end{vmatrix}.$$

解

$$D=1\times(-1)^{2+1}\begin{vmatrix} -2 & 1 & 5 \\ 0 & 3 & 6 \\ -1 & -2 & 4 \end{vmatrix}+7\times(-1)^{2+2}\begin{vmatrix} 3 & 1 & 5 \\ 2 & 3 & 6 \\ 8 & -2 & 4 \end{vmatrix}+$$

$$3\times(-1)^{2+4}\begin{vmatrix}3 & -2 & 1\\ 2 & 0 & 3\\ 8 & -1 & -2\end{vmatrix}$$

$$=-304.$$

小智囊

利用降阶法求行列式的值,选择零元素多的行(列)展开.

例 1.1.6　计算四阶行列式

$$D=\begin{vmatrix}a & 0 & 0 & b\\ 0 & c & 0 & 0\\ 0 & 0 & d & 0\\ e & 0 & 0 & f\end{vmatrix}.$$

解

$$D=c\times(-1)^{2+2}\begin{vmatrix}a & 0 & b\\ 0 & d & 0\\ e & 0 & f\end{vmatrix}=cd\times(-1)^{2+2}\begin{vmatrix}a & b\\ e & f\end{vmatrix}$$

$$=acdf-bced.$$

大展身手

例 1.1.7　计算 n 阶下三角行列式

$$D=\begin{vmatrix}a_{11} & 0 & \cdots & 0\\ a_{21} & a_{22} & \cdots & 0\\ \vdots & \vdots & & \vdots\\ a_{n1} & a_{n2} & \cdots & a_{nn}\end{vmatrix}.$$

解

$$D=a_{11}\times(-1)^{1+1}\begin{vmatrix}a_{22} & 0 & \cdots & 0\\ a_{32} & a_{33} & \cdots & 0\\ \vdots & \vdots & & \vdots\\ a_{n2} & a_{n3} & \cdots & a_{nn}\end{vmatrix}$$

$$=a_{11}a_{22}\times(-1)^{1+1}\begin{vmatrix}a_{33} & 0 & \cdots & 0\\ a_{43} & a_{44} & \cdots & 0\\ \vdots & \vdots & & \vdots\\ a_{n3} & a_{n4} & \cdots & a_{nn}\end{vmatrix}$$

$$=\cdots=a_{11}a_{22}\cdots a_{nn}.$$

例 1.1.8 计算 n 阶上三角行列式

$$D=\begin{vmatrix} a_{11} & a_{12} & \cdots & a_{1n} \\ 0 & a_{22} & \cdots & a_{2n} \\ \vdots & \vdots & & \vdots \\ 0 & 0 & \cdots & a_{nn} \end{vmatrix}.$$

解

$$\begin{aligned} D &= a_{11}\times(-1)^{1+1}\begin{vmatrix} a_{22} & a_{23} & \cdots & a_{2n} \\ 0 & a_{33} & \cdots & a_{3n} \\ \vdots & \vdots & & \vdots \\ 0 & 0 & \cdots & a_{nn} \end{vmatrix} \\ &= a_{11}a_{22}\times(-1)^{1+1}\begin{vmatrix} a_{33} & a_{34} & \cdots & a_{3n} \\ 0 & a_{44} & \cdots & a_{4n} \\ \vdots & \vdots & & \vdots \\ 0 & 0 & \cdots & a_{nn} \end{vmatrix} \\ &= \cdots = a_{11}a_{22}\cdots a_{nn}. \end{aligned}$$

类似的,对角行列式

$$D=\begin{vmatrix} a_{11} & 0 & \cdots & 0 \\ 0 & a_{22} & \cdots & 0 \\ \vdots & \vdots & & \vdots \\ 0 & 0 & \cdots & a_{nn} \end{vmatrix}=a_{11}a_{22}\cdots a_{nn}.$$

小智囊

n 阶上(下)三角行列式、对角行列式的值等于主对角线上各元素的乘积.

习题 1.1

小试牛刀

1. 计算下列行列式:

(1) $\begin{vmatrix} 3 & 2 \\ 6 & 9 \end{vmatrix}$; (2) $\begin{vmatrix} \sin x & -\cos x \\ \cos x & \sin x \end{vmatrix}$;

(3) $\begin{vmatrix} 1 & 0 & -1 \\ 3 & 5 & 0 \\ 0 & 4 & 1 \end{vmatrix}$; (4) $\begin{vmatrix} 1 & -2 & 1 & 0 \\ 0 & 3 & -2 & -1 \\ 4 & -1 & 0 & -3 \\ 1 & 2 & 6 & 3 \end{vmatrix}$.

大展身手

2. 解下列方程：

(1) $\begin{vmatrix} x & 2 & 1 \\ 2 & x & 0 \\ 1 & -1 & 1 \end{vmatrix}=0$；　　(2) $\begin{vmatrix} 1 & 1 & 1 & 1 \\ 2 & 1-x & 2 & 2 \\ 3 & 3 & x-2 & 3 \\ 4 & 4 & 4 & x-3 \end{vmatrix}=0$.

第二节　行列式的性质与计算

一、行列式的性质

记

$$D=\begin{vmatrix} a_{11} & a_{12} & \cdots & a_{1n} \\ a_{21} & a_{22} & \cdots & a_{2n} \\ \vdots & \vdots & & \vdots \\ a_{n1} & a_{n2} & \cdots & a_{nn} \end{vmatrix},\quad D^{\mathrm{T}}=\begin{vmatrix} a_{11} & a_{21} & \cdots & a_{n1} \\ a_{12} & a_{22} & \cdots & a_{n2} \\ \vdots & \vdots & & \vdots \\ a_{1n} & a_{2n} & \cdots & a_{nn} \end{vmatrix},$$

行列式 D^{T} 称为行列式 D 的**转置行列式**.

例如，
$$D=\begin{vmatrix} 3 & -2 & 1 & 5 \\ 1 & 7 & 0 & 3 \\ 2 & 0 & 3 & 6 \\ 8 & -1 & -2 & 4 \end{vmatrix},\quad D^{\mathrm{T}}=\begin{vmatrix} 3 & 1 & 2 & 8 \\ -2 & 7 & 0 & -1 \\ 1 & 0 & 3 & -2 \\ 5 & 3 & 6 & 4 \end{vmatrix}.$$

为了简化行列式的计算，下面不加证明而直接引入行列式的性质.

性质 1.2.1　行列式与它的转置行列式相等.

例如，
$$\begin{vmatrix} 3 & -2 & 1 & 5 \\ 1 & 7 & 0 & 3 \\ 2 & 0 & 3 & 6 \\ 8 & -1 & -2 & 4 \end{vmatrix}=\begin{vmatrix} 3 & 1 & 2 & 8 \\ -2 & 7 & 0 & -1 \\ 1 & 0 & 3 & -2 \\ 5 & 3 & 6 & 4 \end{vmatrix}.$$

小提示

性质 1.2.1 表明行列式中行与列的地位是对等的，因此，行列式有关行的性质对列也同样成立.

性质 1.2.2　互换行列式的两行(列)，行列式变号.

例如
$$\begin{vmatrix}3&-2&1&5\\1&7&0&3\\2&0&3&6\\8&-1&-2&4\end{vmatrix}\xlongequal{c_1\leftrightarrow c_4}-\begin{vmatrix}5&-2&1&3\\3&7&0&1\\6&0&3&2\\4&-1&-2&8\end{vmatrix}.$$

小提示

以 r_i 表示行列式的第 i 行，以 c_i 表示行列式的第 i 列.交换第 i,j 两行记作 $r_i\leftrightarrow r_j$，交换第 i,j 两列记作 $c_i\leftrightarrow c_j$.

推论 1.2.1 如果行列式有两行(列)完全相同，则此行列式等于零.

例如
$$\begin{vmatrix}3&-2&1&5\\1&7&0&3\\3&-2&1&5\\8&-1&-2&4\end{vmatrix}=0.$$

性质 1.2.3 行列式中某一行(列)的所有元素的公因子可以提到行列式符号的外面.

例如，
$$\begin{vmatrix}5&-4&1&3\\3&14&0&1\\6&0&3&2\\4&-2&-2&8\end{vmatrix}\xlongequal{c_2\div 2}2\times\begin{vmatrix}5&-2&1&3\\3&7&0&1\\6&0&3&2\\4&-1&-2&8\end{vmatrix}.$$

小提示

(1) 第 i 行(列)提出公因子 k，记作 $r_i\div k$ (或 $c_i\div k$).

(2) 性质 1.2.3 表明：行列式的某一行(列)中所有元素都乘以同一数 k，等于用数 k 乘此行列式.其中，第 i 行(列)乘以 k，记作 $r_i\times k$ (或 $c_i\times k$).

推论 1.2.2 如果行列式中某两行(列)元素成比例，则此行列式等于零.

例如
$$\begin{vmatrix}5&-2&1&10\\3&7&0&6\\6&0&3&12\\4&-1&-2&8\end{vmatrix}=0.$$

性质 1.2.4 如果行列式的某一行(列)的元素都是两数之和，例如第 i 行的元素都是两数之和：

$$D=\begin{vmatrix}a_{11}&a_{12}&\cdots&a_{1n}\\a_{21}&a_{22}&\cdots&a_{2n}\\\vdots&\vdots&&\vdots\\a_{i1}+a'_{i1}&a_{i2}+a'_{i2}&\cdots&a_{in}+a'_{in}\\\vdots&\vdots&&\vdots\\a_{n1}&a_{n2}&\cdots&a_{nn}\end{vmatrix},$$

则 D 等于下列两个行列式之和

$$D=\begin{vmatrix} a_{11} & a_{12} & \cdots & a_{1n} \\ a_{21} & a_{22} & \cdots & a_{2n} \\ \vdots & \vdots & & \vdots \\ a_{i1} & a_{i2} & \cdots & a_{in} \\ \vdots & \vdots & & \vdots \\ a_{n1} & a_{n2} & \cdots & a_{nn} \end{vmatrix}+\begin{vmatrix} a_{11} & a_{12} & \cdots & a_{1n} \\ a_{21} & a_{22} & \cdots & a_{2n} \\ \vdots & \vdots & & \vdots \\ a_{i1}' & a_{i2}' & \cdots & a_{in}' \\ \vdots & \vdots & & \vdots \\ a_{n1} & a_{n2} & \cdots & a_{nn} \end{vmatrix}.$$

性质 1.2.5　把行列式的某一行(列)的各元素乘以同一数后加到另一行(列)对应的元素上,行列式不变.

例如

$$\begin{vmatrix} 3 & -2 & 1 & 5 \\ 1 & 2 & 0 & 3 \\ 2 & 0 & -1 & 1 \\ 8 & -1 & -2 & 4 \end{vmatrix} \xlongequal{r_4+(-4)r_3} \begin{vmatrix} 3 & -2 & 1 & 5 \\ 1 & 2 & 0 & 3 \\ 2 & 0 & -1 & 1 \\ 8+2(-4) & -1+0(-4) & -2+(-1)(-4) & 4+1(-4) \end{vmatrix}$$

$$=\begin{vmatrix} 3 & -2 & 1 & 5 \\ 1 & 2 & 0 & 3 \\ 2 & 0 & -1 & 1 \\ 0 & -1 & 2 & 0 \end{vmatrix}.$$

小提示

数 k 乘第 j 行(列)加到第 i 行(列)上,记作 r_i+kr_j (或 c_i+kc_j).

例 1.2.1　计算行列式

$$D=\begin{vmatrix} 3 & -1 & 5 \\ 2 & -4 & 7 \\ 6 & -2 & 10 \end{vmatrix}.$$

解　因为第 3 行各元素是第 1 行各元素的 2 倍,即 1、3 两行对应元素成比例,所以由推论 1.2.2 有

$$D=\begin{vmatrix} 3 & -1 & 5 \\ 2 & -4 & 7 \\ 6 & -2 & 10 \end{vmatrix}=0.$$

例 1.2.2　用行列式的性质计算 $\begin{vmatrix} 5 & -1 & 3 \\ 2 & 2 & 2 \\ 196 & 203 & 199 \end{vmatrix}$.

解 $\begin{vmatrix} 5 & -1 & 3 \\ 2 & 2 & 2 \\ 196 & 203 & 199 \end{vmatrix} = \begin{vmatrix} 5 & -1 & 3 \\ 2 & 2 & 2 \\ 200+(-4) & 200+3 & 200+(-1) \end{vmatrix}$

$$= \begin{vmatrix} 5 & -1 & 3 \\ 2 & 2 & 2 \\ 200 & 200 & 200 \end{vmatrix} + \begin{vmatrix} 5 & -1 & 3 \\ 2 & 2 & 2 \\ -4 & 3 & -1 \end{vmatrix} = 8.$$

大展身手

例 1.2.3 设

$$\begin{vmatrix} a_{11} & a_{12} & a_{13} \\ a_{21} & a_{22} & a_{23} \\ a_{31} & a_{32} & a_{33} \end{vmatrix} = 2,$$

求

$$D = \begin{vmatrix} a_{31} & a_{32} & a_{33} \\ a_{21} & a_{22} & a_{23} \\ 2a_{11}+3a_{31} & 2a_{12}+3a_{32} & 2a_{13}+3a_{33} \end{vmatrix}.$$

解 $D \xlongequal{r_3+(-3)r_1} \begin{vmatrix} a_{31} & a_{32} & a_{33} \\ a_{21} & a_{22} & a_{23} \\ 2a_{11} & 2a_{12} & 2a_{13} \end{vmatrix} \xlongequal{r_3 \leftrightarrow r_1} - \begin{vmatrix} 2a_{11} & 2a_{12} & 2a_{13} \\ a_{21} & a_{22} & a_{23} \\ a_{31} & a_{32} & a_{33} \end{vmatrix}$

$$\xlongequal{r_1 \div 2} -2\begin{vmatrix} a_{11} & a_{12} & a_{13} \\ a_{21} & a_{22} & a_{23} \\ a_{31} & a_{32} & a_{33} \end{vmatrix} = -4.$$

二、行列式的计算

因为上三角行列式的值等于主对角线上各元素的乘积，所以对于一个 n 阶行列式，通常是利用行列式的性质，特别是性质 1.2.5 将行列式化为上三角行列式，从而算得行列式的值；或利用行列式的性质 1.2.2、1.2.3、1.2.5 将行列式化为某行(列)只有一个元素不为零，再利用降阶法求值.

小试牛刀

例 1.2.4 计算

$$D = \begin{vmatrix} 3 & 1 & -1 & 2 \\ -5 & 1 & 3 & -4 \\ 2 & 0 & 1 & -1 \\ 1 & -5 & 3 & -3 \end{vmatrix}.$$

解法 1 将行列式化为上三角行列式.

$$D \xlongequal{c_1 \leftrightarrow c_2} -\begin{vmatrix} 1 & 3 & -1 & 2 \\ 1 & -5 & 3 & -4 \\ 0 & 2 & 1 & -1 \\ -5 & 1 & 3 & -3 \end{vmatrix} \xlongequal[r_4+5r_1]{r_2-r_1} -\begin{vmatrix} 1 & 3 & -1 & 2 \\ 0 & -8 & 4 & -6 \\ 0 & 2 & 1 & -1 \\ 0 & 16 & -2 & 7 \end{vmatrix}$$

$$\xlongequal{r_2 \leftrightarrow r_3} \begin{vmatrix} 1 & 3 & -1 & 2 \\ 0 & 2 & 1 & -1 \\ 0 & -8 & 4 & -6 \\ 0 & 16 & -2 & 7 \end{vmatrix} \xlongequal[r_4-8r_2]{r_3+4r_2} \begin{vmatrix} 1 & 3 & -1 & 2 \\ 0 & 2 & 1 & -1 \\ 0 & 0 & 8 & -10 \\ 0 & 0 & -10 & 15 \end{vmatrix}$$

$$\xlongequal{r_4+\frac{5}{4}r_3} \begin{vmatrix} 1 & 3 & -1 & 2 \\ 0 & 2 & 1 & -1 \\ 0 & 0 & 8 & -10 \\ 0 & 0 & 0 & \frac{5}{2} \end{vmatrix} = 40.$$

解法 2 先利用性质将第三行化为只有一个非零元素,然后再用降阶法求解.

$$D \xlongequal[c_4+c_3]{c_1-2c_3} \begin{vmatrix} 5 & 1 & -1 & 1 \\ -11 & 1 & 3 & -1 \\ 0 & 0 & 1 & 0 \\ -5 & -5 & 3 & 0 \end{vmatrix} \xlongequal{\text{按第 3 行展开}} 1\times(-1)^{3+3} \begin{vmatrix} 5 & 1 & 1 \\ -11 & 1 & -1 \\ -5 & -5 & 0 \end{vmatrix}$$

$$\xlongequal{r_2+r_1} \begin{vmatrix} 5 & 1 & 1 \\ -6 & 2 & 0 \\ -5 & -5 & 0 \end{vmatrix} = 1\times(-1)^{1+3} \begin{vmatrix} -6 & 2 \\ -5 & -5 \end{vmatrix} = 5\times \begin{vmatrix} 6 & -2 \\ 1 & 1 \end{vmatrix} = 40.$$

例 1.2.5 计算

$$D = \begin{vmatrix} a & 1 & 1 & 1 \\ 1 & a & 1 & 1 \\ 1 & 1 & a & 1 \\ 1 & 1 & 1 & a \end{vmatrix}.$$

解 由于行列式 D 的每一行的所有元素的和都为 $a+3$,因此,将第 2、3、4 列的对应元素加到第 1 列,

$$D = \begin{vmatrix} a & 1 & 1 & 1 \\ 1 & a & 1 & 1 \\ 1 & 1 & a & 1 \\ 1 & 1 & 1 & a \end{vmatrix} \xlongequal{c_1+(c_2+c_3+c_4)} \begin{vmatrix} a+3 & 1 & 1 & 1 \\ a+3 & a & 1 & 1 \\ a+3 & 1 & a & 1 \\ a+3 & 1 & 1 & a \end{vmatrix} \xlongequal{c_1 \div (a+3)} (a+3) \begin{vmatrix} 1 & 1 & 1 & 1 \\ 1 & a & 1 & 1 \\ 1 & 1 & a & 1 \\ 1 & 1 & 1 & a \end{vmatrix}$$

$$\xlongequal[(i=2,3,4)]{r_i-r_1} (a+3) \begin{vmatrix} 1 & 1 & 1 & 1 \\ 0 & a-1 & 0 & 0 \\ 0 & 0 & a-1 & 0 \\ 0 & 0 & 0 & a-1 \end{vmatrix} = (a+3)(a-1)^3.$$

小提示

各行(列)的元素之和相等的行列式都可以尝试此法类似求解.

大展身手

例 1.2.6 计算 n 阶行列式

$$D=\begin{vmatrix} 1 & 2 & 2 & \cdots & 2 \\ 2 & 2 & 2 & \cdots & 2 \\ 2 & 2 & 3 & \cdots & 2 \\ \vdots & \vdots & \vdots & \ddots & \vdots \\ 2 & 2 & 2 & \cdots & n \end{vmatrix}.$$

解 由于第 2 行的各元素与其他各行的对应元素只有一个元素不同,因此,可以采用以下方法.

$$D\xlongequal[(i=1,3,4,\cdots,n)]{r_i-r_2}\begin{vmatrix} -1 & 0 & 0 & \cdots & 0 \\ 2 & 2 & 2 & \cdots & 2 \\ 0 & 0 & 1 & \cdots & 0 \\ \vdots & \vdots & \vdots & \ddots & \vdots \\ 0 & 0 & 0 & \cdots & n-2 \end{vmatrix}=(-1)\times(-1)^{1+1}\begin{vmatrix} 2 & 2 & 2 & \cdots & 2 \\ 0 & 1 & 0 & \cdots & 0 \\ 0 & 0 & 2 & \cdots & 0 \\ \vdots & \vdots & \vdots & \ddots & \vdots \\ 0 & 0 & 0 & \cdots & n-2 \end{vmatrix}$$

$$=-2(n-2)!.$$

习题 1.2

小试牛刀

1. 计算

(1) $\begin{vmatrix} 698 & 2 \\ 701 & 3 \end{vmatrix}$; (2) $\begin{vmatrix} 1 & 2 & 3 \\ 99 & 201 & 298 \\ 4 & 5 & 6 \end{vmatrix}$;

(3) $\begin{vmatrix} 4 & 3 & 2 & 1 \\ 0 & 5 & 0 & 2 \\ 1 & 2 & -1 & 3 \\ -2 & 3 & 4 & 0 \end{vmatrix}$; (4) $\begin{vmatrix} 1 & 3 & 3 & 3 \\ 3 & 1 & 3 & 3 \\ 3 & 3 & 1 & 3 \\ 3 & 3 & 3 & 1 \end{vmatrix}$.

2. 已知行列式 $\begin{vmatrix} a & b & c \\ a_1 & b_1 & c_1 \\ a_2 & b_2 & c_2 \end{vmatrix}=m$, 求 $\begin{vmatrix} b+c & c+a & a+b \\ b_1+c_1 & c_1+a_1 & a_1+b_1 \\ b_2+c_2 & c_2+a_2 & a_2+b_2 \end{vmatrix}$ 的值.

3. 已知四阶行列式 $\begin{vmatrix} 1 & 1 & 1 & 1 \\ -2 & 4 & 0 & 3 \\ 3 & 2 & 1 & -5 \\ 0 & -1 & 0 & 2 \end{vmatrix}$，求 $A_{11}+A_{12}+A_{13}+A_{14}$.

大展身手

4. 利用行列式性质证明：

(1) $\begin{vmatrix} a+bx & a-bx & c \\ a_1+b_1x & a_1-b_1x & c_1 \\ a_2+b_2x & a_2-b_2x & c_2 \end{vmatrix} = -2x\begin{vmatrix} a & b & c \\ a_1 & b_1 & c_1 \\ a_2 & b_2 & c_2 \end{vmatrix}$；

(2) $\begin{vmatrix} 1 & 1 & 1 \\ a & b & c \\ bc & ca & ab \end{vmatrix} = (a-b)(b-c)(c-a)$.

5. 计算下列高阶行列式

(1) $\begin{vmatrix} x & y & 0 & \cdots & 0 & 0 \\ 0 & x & y & \cdots & 0 & 0 \\ 0 & 0 & x & \cdots & 0 & 0 \\ \vdots & \vdots & \vdots & & \vdots & \vdots \\ 0 & 0 & 0 & \cdots & x & y \\ y & 0 & 0 & \cdots & 0 & x \end{vmatrix}_n$；　(2) $\begin{vmatrix} 1+a_1 & a_2 & a_3 & \cdots & a_n \\ a_1 & 1+a_2 & a_3 & \cdots & a_n \\ a_1 & a_2 & 1+a_3 & \cdots & a_n \\ \vdots & \vdots & \vdots & & \vdots \\ a_1 & a_2 & a_3 & \cdots & 1+a_n \end{vmatrix}$；

(3) $\begin{vmatrix} x & 1 & 2 & \cdots & n-1 & n \\ 1 & x & 2 & \cdots & n-1 & n \\ 1 & 2 & x & \cdots & n-1 & n \\ \vdots & \vdots & \vdots & & \vdots & \vdots \\ 1 & 2 & 3 & \cdots & x & n \\ 1 & 2 & 3 & \cdots & n & x \end{vmatrix}$.

第三节　克莱姆法则

思考问题

我国明代数学家程大位的名著《算法统宗》里有一道著名算题：

“一百馒头一百僧，大僧三个更无争，小僧三人分一个，大小和尚各几丁？”意思是有 100 个和尚分 100 个馒头，正好分完；如果大和尚一人分 3 个，小和尚 3 人分一个，试问大、小和尚各几人？

设大、小和尚各有 x、y 人，则可以列方程组

$$\begin{cases} x+y=100 \\ 3x+\dfrac{1}{3}y=100 \end{cases}.$$

根据第一节的知识可以利用二阶行列式解此方程组

记

$$D=\begin{vmatrix} 1 & 1 \\ 3 & \dfrac{1}{3} \end{vmatrix}=-\frac{8}{3},\quad D_1=\begin{vmatrix} 100 & 1 \\ 100 & \dfrac{1}{3} \end{vmatrix}=-\frac{200}{3},\quad D_2=\begin{vmatrix} 1 & 100 \\ 3 & 100 \end{vmatrix}=-200,$$

$$\begin{cases} x=\dfrac{D_1}{D}=25 \\ y=\dfrac{D_2}{D}=75 \end{cases}.$$

这就是克莱姆法则最简单的应用.本节介绍利用 n 阶行列式求解 n 元线性方程组的方法,它是利用二阶行列式求解二元线性方程组的推广.

给定含有 n 个未知量,n 个方程的线性方程组

$$\begin{cases} a_{11}x_1+a_{12}x_2+\cdots+a_{1n}x_n=b_1 \\ a_{21}x_1+a_{22}x_2+\cdots+a_{2n}x_n=b_2 \\ \cdots\cdots \\ a_{n1}x_1+a_{n2}x_2+\cdots+a_{nn}x_n=b_n \end{cases} \tag{1-1}$$

当 $b_1,b_2,\cdots,b_n$ 至少一个不为零时,称方程组(1-1)为 n 元非齐次线性方程组.

由方程组(1-1)各未知量的系数构成的行列式

$$D=\begin{vmatrix} a_{11} & a_{12} & \cdots & a_{1n} \\ a_{21} & a_{22} & \cdots & a_{2n} \\ \vdots & \vdots & & \vdots \\ a_{n1} & a_{n2} & \cdots & a_{nn} \end{vmatrix},$$

称为方程组(1-1)的**系数行列式**.用常数 $b_1,b_2,\cdots,b_n$ 替换 D 中第 j 列所得行列式记为 D_j,即

$$D_j=\begin{vmatrix} a_{11} & \cdots & a_{1,j-1} & b_1 & a_{1,j+1} & \cdots & a_{1n} \\ a_{21} & \cdots & a_{2,j-1} & b_2 & a_{2,j+1} & \cdots & a_{2n} \\ \vdots & & \vdots & \vdots & \vdots & & \vdots \\ a_{n1} & \cdots & a_{n,j-1} & b_n & a_{n,j+1} & \cdots & a_{nn} \end{vmatrix}.$$

定理 1.3.1(克莱姆法则) 如果 n 元线性方程组(1-1)的系数行列式 $D\neq0$,则方程组(1-1)有**唯一解**

$$x_1=\frac{D_1}{D},\ x_2=\frac{D_2}{D},\cdots,\ x_n=\frac{D_n}{D}.$$

即

$$x_j=\frac{D_j}{D}\quad(j=1,2,3,\cdots,n).$$

小试牛刀

例 1.3.1　解线性方程组

$$\begin{cases}2x_1+x_2-5x_3+x_4=8\\x_1-3x_2-6x_4=9\\2x_2-x_3+2x_4=-5\\x_1+4x_2-7x_3+6x_4=0\end{cases}.$$

解　$D=\begin{vmatrix}2&1&-5&1\\1&-3&0&-6\\0&2&-1&2\\1&4&-7&6\end{vmatrix}=27\neq0,$

$$D_1=\begin{vmatrix}8&1&-5&1\\9&-3&0&-6\\-5&2&-1&2\\0&4&-7&6\end{vmatrix}=81,\quad D_2=\begin{vmatrix}2&8&-5&1\\1&9&0&-6\\0&-5&-1&2\\1&0&-7&6\end{vmatrix}=-108,$$

$$D_3=\begin{vmatrix}2&1&8&1\\1&-3&9&-6\\0&2&-5&2\\1&4&0&6\end{vmatrix}=-27,\quad D_4=\begin{vmatrix}2&1&-5&8\\1&-3&0&9\\0&2&-1&-5\\1&4&-7&0\end{vmatrix}=27,$$

所以由克莱姆法则,方程组有唯一解

$$x_1=\frac{D_1}{D}=\frac{81}{27}=3,\quad x_2=\frac{D_2}{D}=\frac{-108}{27}=-4,$$

$$x_3=\frac{D_3}{D}=\frac{-27}{27}=-1,\quad x_4=\frac{D_4}{D}=\frac{27}{27}=1.$$

在方程组(1-1)中,当 $b_1,b_2,\cdots,b_n$ 全为零时,称方程组为 **n 元齐次线性方程组**,其一般式为

$$\begin{cases}a_{11}x_1+a_{12}x_2+\cdots+a_{1n}x_n=0\\a_{21}x_1+a_{22}x_2+\cdots+a_{2n}x_n=0,\\\quad\cdots\cdots\\a_{n1}x_1+a_{n2}x_2+\cdots+a_{nn}x_n=0\end{cases}\qquad(1-2)$$

当 $x_1=x_2=\cdots=x_n=0$ 时,必定满足方程组(1-2)的每个方程,所以方程组(1-2)必定有解,并且称 $x_1=x_2=\cdots=x_n=0$ 是方程组(1-2)的零解.这说明方程组(1-2)必定有零解.

于是对于方程组(1-2)来说，重要的是它是否有非零解，即不全为零的解.由克莱姆法则可得以下推论.

推论 1.3.1 若 n 元齐次线性方程组(1-2)的系数行列式 $D\neq0$，则该方程组只有零解.

推论 1.3.2 n 元齐次线性方程组(1-2)有非零解的充分必要条件是系数行列式 $D=0$.

小试牛刀

例 1.3.2 讨论齐次线性方程组

$$\begin{cases}3x_1+5x_2-x_3=0\\-x_1+3x_2+2x_3=0\\2x_1+x_2+x_3=0\end{cases}$$

的解.

解 因为

$$D=\begin{vmatrix}3&5&-1\\-1&3&2\\2&1&1\end{vmatrix}=\begin{vmatrix}5&6&0\\-5&1&0\\2&1&1\end{vmatrix}=\begin{vmatrix}5&6\\-5&1\end{vmatrix}=35\neq0,$$

所以，方程组只有零解.

小提示

用推论 1.3.1 来判断未知量个数和方程个数相等的齐次线性方程组是否有非零解非常方便.

例 1.3.3 当 λ 取何值时，齐次线性方程组

$$\begin{cases}x_1+2x_2-2x_3=0\\3x_1+x_2-x_3=0\\2x_1-x_2+\lambda x_3=0\end{cases}$$

有非零解.

解 因为 $D=\begin{vmatrix}1&2&-2\\3&1&-1\\2&-1&\lambda\end{vmatrix}=\begin{vmatrix}-5&0&0\\3&1&-1\\5&0&\lambda-1\end{vmatrix}=-5\begin{vmatrix}1&-1\\0&\lambda-1\end{vmatrix}=-5(\lambda-1).$

所以由推论 1.3.2 可知，当 $D=-5(\lambda-1)=0$，即 $\lambda=1$ 时，齐次线性方程组有非零解.

习题 1.3

小试牛刀

1. 利用克莱姆法则解下列线性方程组：

(1) $\begin{cases}5x_1+2x_2-4x_3=-3\\2x_1-x_2+2x_3=6\\x_1+x_2-x_3=0\end{cases}$；　(2) $\begin{cases}-2x_1-5x_2+x_3+7x_4=-5\\3x_1+2x_2-x_3-6x_4=-1\\x_1-3x_2+2x_3+5x_4=-4\\-x_1+8x_2-2x_3+3x_4=1\end{cases}$.

2. 问 λ 取何值时，齐次线性方程组

$$\begin{cases}\lambda x_1+x_2+x_3=0\\x_1-x_2+x_3=0\\x_1-2x_2+x_3=0\end{cases}$$

有非零解.

行列式的发展史

行列式出现于线性方程组的求解，它最早是一种速记的表达式，现在已经是数学中一种非常有用的工具.

行列式的概念最早是由十七世纪日本数学家关孝和提出来的，1693 年 4 月，莱布尼茨在写给洛比达的一封信中使用了行列式，并给出方程组的系数行列式为零的条件.同时代的日本数学家关孝和在其著作《解伏题元法》中也提出了行列式的概念与算法.

1750 年，瑞士数学家克莱姆(G. Cramer，1704～1752)在其著作《线性代数分析导引》中，对行列式的定义和展开法则给出了比较完整、明确的阐述，并给出了现在我们所称的解线性方程组的克莱姆法则.稍后，数学家贝祖(E. Bezout，1730～1783)将确定行列式每一项符号的方法进行了系统化，利用系数行列式概念指出了如何判断一个齐次线性方程组有非零解.

总之，在很长一段时间内，行列式只是作为解线性方程组的一种工具使用，并没有人意识到它可以独立于线性方程组之外，单独形成一门理论加以研究.

在行列式的发展史上，第一个对行列式理论做出连贯的逻辑的阐述，即把行列式理论与线性方程组求解相分离的人，是法国数学家范德蒙(A-T. Vandermonde，1735～1796).范德蒙自幼在父亲的指导下学习音乐，但对数学有浓厚的兴趣，后来终于成为法兰西科学院院士.特别地，他给出了用二阶子式和它们的余子式来展开行列式的法则.就行列式本身这一点来说，他是这门理论的奠基人.1772 年，拉普拉斯在一篇论文中证明了范德蒙提出的一些规则，推广了他的展开行列式的方法.

继范德蒙之后，在行列式的理论方面，又一位做出突出贡献的就是另一位法国大数学家柯西.1815 年，柯西在一篇论文中给出了行列式的系统的处理，其中主要结果之一是行列式的乘法定理.另外，他第一个把行列式的元素排成方阵，采用双足标记法；引进了行列式特征方程的术语；给出了相似行列式概念；改进了拉普拉斯的行列式展开定理并给出了一个证明等.

19 世纪的半个多世纪中，对行列式理论研究始终不渝的作者之一是詹姆士·西尔维斯

特(J. Sylvester,1814～1894).他是一个活泼、敏感、兴奋、热情,甚至容易激动的人,然而由于是犹太人的缘故,他受到剑桥大学的不平等对待.西尔维斯特用火一般的热情介绍他的学术思想,他的重要成就之一是改进了从一个 n 次和一个 m 次的多项式中消去 x 的方法,他称之为配析法,并给出形成的行列式为零是这两个多项式方程有公共根的充分必要条件这一结果,但没有给出证明.

继柯西之后,在行列式理论方面最多产的人就是德国数学家雅可比(J. Jacobi,1804～1851),他引进了函数行列式,即"雅可比行列式",指出函数行列式在多重积分的变量替换中的作用,给出了函数行列式的导数公式.雅可比的著名论文《论行列式的形成和性质》标志着行列式系统理论的建成.由于行列式在数学分析、几何学、线性方程组理论、二次型理论等多方面的应用,促使行列式理论自身在19世纪也得到了很大发展.整个19世纪都有行列式的新结果.除了一般行列式的大量定理之外,还有许多有关特殊行列式的其他定理都相继得到.

复习题一

小试牛刀

一、选择题

1. $\begin{vmatrix} 2 & 0 & 3 \\ 1 & -5 & 1 \\ -3 & 4 & -2 \end{vmatrix}$ 中 a_{32} 的代数余子式的值等于(　　).

A. -1　　B. 1　　C. 2　　D. 0

2. $\begin{vmatrix} 2 & -4 & 1 \\ 3 & -6 & 3 \\ -5 & 10 & 4 \end{vmatrix}$ 等于(　　).

A. -1　　B. 1　　C. 2　　D. 0

3. $\begin{vmatrix} 2 & 0 & 3 \\ 1 & -5 & 1 \\ -3 & 4 & -2 \end{vmatrix}=2\begin{vmatrix} -5 & 1 \\ 4 & -2 \end{vmatrix}+3\begin{vmatrix} 1 & -5 \\ -3 & 4 \end{vmatrix}$ 是按(　　)展开的.

A. 第1行　　B. 第2行　　C. 第1列　　D. 第2列

4. 若方程组 $\begin{cases} x_1+x_2=0 \\ kx_1-x_2=0 \end{cases}$ 只有零解,则 k 不等于(　　).

A. 0　　B. -1　　C. 1　　D. 2

二、填空题

1. $\begin{vmatrix} 3 & 2 \\ 6 & 9 \end{vmatrix}=$________.

2. $\begin{vmatrix} 4 & 0 & 0 \\ 1 & 2 & 0 \\ 10 & 5 & 1 \end{vmatrix}=$________.

3. 已知 $\begin{vmatrix} 2 & -1 & 3 \\ 1 & -2 & 1 \\ -3 & 1 & -2 \end{vmatrix}=-8$,则 $\begin{vmatrix} 2 & 1 & -3 \\ -1 & -2 & 1 \\ 3 & 1 & -2 \end{vmatrix}=$________, $\begin{vmatrix} 2 & 2 & 3 \\ 1 & 4 & 1 \\ -3 & -2 & -2 \end{vmatrix}=$

________.

4. 行列式按行(列)展开时,应选择含________元素最多的行(列).

5. 已知 $\begin{cases} 2x+5y=1 \\ 3x+7y=2 \end{cases}$,则 $x=$________, $y=$________.

6. 3 元齐次线性方程组 $\begin{cases} a_{11}x_1+a_{12}x_2+a_{13}x_3=0 \\ a_{21}x_1+a_{22}x_2+a_{23}x_3=0 \\ a_{31}x_1+a_{32}x_2+a_{33}x_3=0 \end{cases}$ 有非零解的充分必要条件是系数

行列式 $\begin{vmatrix} a_{11} & a_{12} & a_{13} \\ a_{21} & a_{22} & a_{23} \\ a_{31} & a_{32} & a_{33} \end{vmatrix}=$________.

三、计算下列行列式

1. $\begin{vmatrix} a & b \\ a^2 & b^2 \end{vmatrix}$.

2. $\begin{vmatrix} 1 & 2 & 3 & 4 \\ 1 & 0 & 1 & 2 \\ 3 & -1 & -1 & 0 \\ 1 & 2 & 0 & -5 \end{vmatrix}$.

3. $\begin{vmatrix} 3 & 1 & 1 & 1 \\ 1 & 3 & 1 & 1 \\ 1 & 1 & 3 & 1 \\ 1 & 1 & 1 & 3 \end{vmatrix}$.

四、解答题

1. 已知 $\begin{vmatrix} a_{11} & a_{12} \\ a_{21} & a_{22} \end{vmatrix}=1$,计算 $\begin{vmatrix} -6a_{11} & 2a_{12} \\ -3a_{21} & a_{22} \end{vmatrix}$.

2. 问 λ 取何值时,齐次线性方程组

$$\begin{cases} (3-\lambda)x_1+x_2+x_3=0 \\ (2-\lambda)x_2-x_3=0 \\ 4x_1-2x_2+(1-\lambda)x_3=0 \end{cases}$$

有非零解.

大展身手

一、选择题

1. 若行列式 $\begin{vmatrix} 1 & 2 & 5 \\ 1 & 3 & -2 \\ 2 & 5 & x \end{vmatrix}=0$,则 x 为(　　).

A. 2　　B. -2　　C. 3　　D. -3

2. 方程 $\begin{vmatrix} 1 & x & x^2 \\ 1 & 2 & 4 \\ 1 & 3 & 9 \end{vmatrix}=0$ 根的个数是(　　).

A. 0　　B. 1　　C. 2　　D. 3

3. 已知行列式 $\begin{vmatrix} a_{11} & a_{12} & a_{13} \\ a_{21} & a_{22} & a_{23} \\ a_{31} & a_{32} & a_{33} \end{vmatrix}=m$，则行列式 $\begin{vmatrix} a_{21} & a_{22} & a_{23} \\ 2a_{31}-a_{11} & 2a_{32}-a_{12} & 2a_{33}-a_{13} \\ 2a_{11}+a_{21} & 2a_{12}+a_{22} & 2a_{13}+a_{23} \end{vmatrix}=$(　　).

A. $-4m$　　B. $-2m$　　C. $2m$　　D. $4m$

4. 设方程组 $\begin{cases} \lambda x_1-x_2-x_3=1 \\ x_1+\lambda x_2+x_3=1 \\ -x_1+x_2+\lambda x_3=2 \end{cases}$，若方程组有唯一解，则 λ 的值应为(　　).

A. 0　　B. 1

C. -1　　D. 异于 0 与 ± 1 的数

二、填空题

1. $\begin{vmatrix} 4 & 0 & 0 & 0 \\ 1 & 2 & 0 & 0 \\ 10 & 5 & 1 & 0 \\ 0 & 1 & 1 & 7 \end{vmatrix}=$________.

2. 行列式 D 中第 2 行元素的代数余子式之和 $A_{21}+A_{22}+A_{23}+A_{24}=$________，其中 $D=\begin{vmatrix} 1 & 1 & 1 & 1 \\ 1 & -1 & 1 & 1 \\ 1 & 1 & -1 & 1 \\ 1 & 1 & 1 & -1 \end{vmatrix}$.

3. 若行列式 $\begin{vmatrix} a_{11} & a_{12} & a_{13} \\ a_{21} & a_{22} & a_{23} \\ a_{31} & a_{32} & a_{33} \end{vmatrix}=\frac{1}{2}$，则行列式 $\begin{vmatrix} 2a_{11} & a_{13} & a_{11}-2a_{12} \\ 2a_{21} & a_{23} & a_{21}-2a_{22} \\ 2a_{31} & a_{33} & a_{31}-2a_{32} \end{vmatrix}=$________.

三、计算题

1. $D_n=\begin{vmatrix} 1 & 3 & 3 & \cdots & 3 & 3 \\ 3 & 2 & 3 & \cdots & 3 & 3 \\ 3 & 3 & 3 & \cdots & 3 & 3 \\ \vdots & \vdots & \vdots & & \vdots & \vdots \\ 3 & 3 & 3 & \cdots & n-1 & 3 \\ 3 & 3 & 3 & \cdots & 3 & n \end{vmatrix}$.

2. $D_n=\begin{vmatrix} 1 & 2 & 3 & \cdots & n \\ 2 & 1 & 2 & \cdots & n-1 \\ 3 & 2 & 1 & \cdots & n-2 \\ \vdots & \vdots & \vdots & & \vdots \\ n & n-1 & n-2 & \cdots & 1 \end{vmatrix}$.

四、证明题

1. 设 a,b,c 为互异实数，证明行列式 $D=\begin{vmatrix} a & b & c \\ a^2 & b^2 & c^2 \\ b+c & c+a & a+b \end{vmatrix}=0$ 的充分必要条件为 $a+b+c=0$.

2. $\begin{vmatrix} a^2 & (a+1)^2 & (a+2)^2 & (a+3)^2 \\ b^2 & (b+1)^2 & (b+2)^2 & (b+3)^2 \\ c^2 & (c+1)^2 & (c+2)^2 & (c+3)^2 \\ d^2 & (d+1)^2 & (d+2)^2 & (d+3)^2 \end{vmatrix}=0$.

第二章

矩　阵

矩阵是线性代数中的常见工具,也常见于统计分析等应用数学学科中.在物理学中电路学、力学、光学和量子物理中都用到矩阵;计算机科学中,三维动画制作也需要用到矩阵.本章首先介绍矩阵的基本概念和运算,然后利用初等行变换求解逆矩阵和矩阵的秩,最后将矩阵工具应用于求解线性方程组.

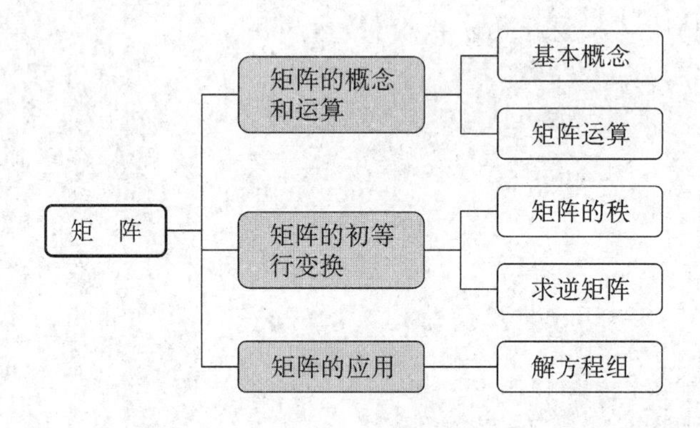

第一节　矩阵的概念与运算

生产 m 种产品需用 n 种材料,如果以 a_{ij} 表示生产第 i 种产品 $(i=1,2,\cdots,m)$ 耗用第 j 种材料 $(j=1,2,\cdots,n)$ 的定额,则消耗定额可以用一个矩形表来表示:

	1	2	$\cdots$	n
1	a_{11}	a_{12}	$\cdots$	a_{1n}
2	a_{21}	a_{22}	$\cdots$	a_{2n}
$\vdots$	$\vdots$	$\vdots$		$\vdots$
m	a_{m1}	a_{m2}	$\cdots$	a_{mn}

这个表也可以简单地表示为 m 行 n 列的数表：

$$\begin{pmatrix} a_{11} & a_{12} & \cdots & a_{1n} \\ a_{21} & a_{22} & \cdots & a_{2n} \\ \vdots & \vdots & & \vdots \\ a_{m1} & a_{m2} & \cdots & a_{mn} \end{pmatrix}.$$

这个矩形数表描述了生产过程中产出的产品与投入材料的数量关系，我们把它称为矩阵.一般地，我们给出矩阵的定义如下：

一、矩阵的基本概念

定义 2.1.1　由 $m\times n$ 个数 $a_{ij}(i=1,2,\cdots,m;j=1,2,\cdots,n)$ 排列而成的 m 行 n 列的矩形数表

$$\begin{pmatrix} a_{11} & a_{12} & \cdots & a_{1n} \\ a_{21} & a_{22} & \cdots & a_{2n} \\ \vdots & \vdots & & \vdots \\ a_{m1} & a_{m2} & \cdots & a_{mn} \end{pmatrix}$$

称为 m 行 n 列**矩阵**，数 a_{ij} 称为矩阵的第 i 行第 j 列的元素，通常用大写黑斜体字母 $\boldsymbol{A}$，$\boldsymbol{B}$，$\boldsymbol{C}$ 等表示矩阵，一个 m 行 n 列矩阵可简记为 $\boldsymbol{A}_{m\times n}$ 或 $\boldsymbol{A}=(a_{ij})_{m\times n}$.

小提示

矩阵是数表而不是数，与行列式有着本质的区别.

1. 特殊矩阵

(1) **零矩阵**　元素全为零的矩阵称为零矩阵，零矩阵记为 $\boldsymbol{O}_{m\times n}$ 或 $\boldsymbol{O}$.

(2) **行矩阵、列矩阵**

只有一行的矩阵 $(a_1\ a_2\ \cdots\ a_n)$ 称为行矩阵；

只有一列的矩阵 $\begin{pmatrix} b_1 \\ b_2 \\ \vdots \\ b_m \end{pmatrix}$ 称为列矩阵.

(3) **方阵**　行数与列数都等于 n 的矩阵称为 n 阶方阵，记作 $\boldsymbol{A}_n$. 元素 $a_{11},a_{22},\cdots,a_{nn}$ 构成方阵 $\boldsymbol{A}_n$ 的主对角线.

(4) **单位矩阵**　主对角线上的元素全是 1，其余元素全是零的 n 阶方阵，称为 n 阶单位矩阵，记作 $\boldsymbol{E}_n$ 或 $\boldsymbol{E}$. 如：

$$E_2=\begin{pmatrix} 1 & 0 \\ 0 & 1 \end{pmatrix},\ E_3=\begin{pmatrix} 1 & 0 & 0 \\ 0 & 1 & 0 \\ 0 & 0 & 1 \end{pmatrix}.$$

小提示

零矩阵和单位矩阵在后面的矩阵运算中，将起着类似于数 0 和数 1 在数的加法和乘法中的作用.

2. 矩阵的关系

(1) **同型矩阵**　行数相等且列数也相等的两个矩阵称为同型矩阵.

(2) **矩阵相等**　若两个同型矩阵 $\boldsymbol{A}=(a_{ij})_{m\times n}$ 与 $\boldsymbol{B}=(b_{ij})_{m\times n}$ 的对应元素相等，即：

$$a_{ij}=b_{ij}\quad(i=1,2,\cdots,m;j=1,2,\cdots,n),$$

则称矩阵 $\boldsymbol{A}$ 与矩阵 $\boldsymbol{B}$ 相等，记作 $\boldsymbol{A}=\boldsymbol{B}$.

小提示

不同型的零矩阵是不相等的.

二、矩阵的运算

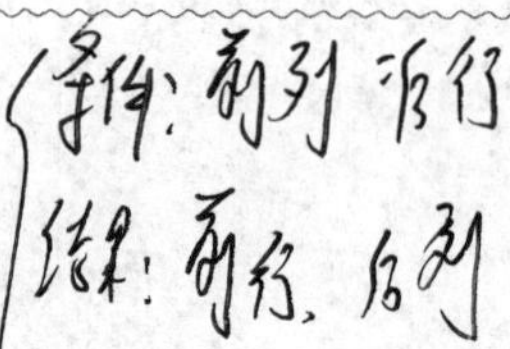

1. 矩阵的加法和减法

定义 2.1.2　对于两个同型矩阵 $\boldsymbol{A}=(a_{ij})_{m\times n}$ 与 $\boldsymbol{B}=(b_{ij})_{m\times n}$，规定矩阵 $\boldsymbol{A}$ 与矩阵 $\boldsymbol{B}$ 的和为：

$$\boldsymbol{A}+\boldsymbol{B}=\begin{pmatrix} a_{11}+b_{11} & a_{12}+b_{12} & \cdots & a_{1n}+b_{1n} \\ a_{21}+b_{21} & a_{22}+b_{22} & \cdots & a_{2n}+b_{2n} \\ \vdots & \vdots & & \vdots \\ a_{m1}+b_{m1} & a_{m2}+b_{m2} & \cdots & a_{mn}+b_{mn} \end{pmatrix}=(a_{ij}+b_{ij})_{m\times n}.$$

例如：设 $\boldsymbol{A}=\begin{pmatrix} 1 & 0 \\ -2 & 3 \end{pmatrix}$，$\boldsymbol{B}=\begin{pmatrix} 0 & 1 \\ 2 & 1 \end{pmatrix}$，则 $\boldsymbol{A}+\boldsymbol{B}=\begin{pmatrix} 1+0 & 0+1 \\ -2+2 & 3+1 \end{pmatrix}=\begin{pmatrix} 1 & 1 \\ 0 & 4 \end{pmatrix}$.

小提示

只有同型矩阵才能进行加法运算.

设 $\boldsymbol{A},\boldsymbol{B},\boldsymbol{C},\boldsymbol{O}$ 都是 m 行 n 列矩阵，不难验证矩阵的加法满足以下运算规则.

(1) 交换律：$\boldsymbol{A}+\boldsymbol{B}=\boldsymbol{B}+\boldsymbol{A}$；

(2) 加法结合律：$(\boldsymbol{A}+\boldsymbol{B})+\boldsymbol{C}=\boldsymbol{A}+(\boldsymbol{B}+\boldsymbol{C})$；

(3) 零矩阵满足：$\boldsymbol{A}+\boldsymbol{O}=\boldsymbol{A}$；

(4) 存在矩阵 $\boldsymbol{A}$ 的负矩阵：$-\boldsymbol{A}=(-a_{ij})_{m\times n}$，满足：$\boldsymbol{A}+(-\boldsymbol{A})=\boldsymbol{O}$.

由此规定矩阵减法为：$\boldsymbol{A}-\boldsymbol{B}=\boldsymbol{A}+(-\boldsymbol{B})$.

2. 矩阵的数乘

定义 2.1.3　设矩阵 $\boldsymbol{A}=(a_{ij})_{m\times n}$，$\lambda$ 为任意实数，则称矩阵 $\boldsymbol{C}=(c_{ij})_{m\times n}$ 为数 λ 与矩阵 $\boldsymbol{A}$ 的乘积，其中 $c_{ij}=\lambda a_{ij}(i=1,2,\cdots,m;\ j=1,2,\cdots,n)$，记为：$\boldsymbol{C}=\lambda\boldsymbol{A}$.

对数 k,l 和矩阵 $\boldsymbol{A}=(a_{ij})_{m\times n}$ 与 $\boldsymbol{B}=(b_{ij})_{m\times n}$，满足以下运算规则.

(1) 数对矩阵的分配律：$k(\boldsymbol{A}+\boldsymbol{B})=k\boldsymbol{A}+k\boldsymbol{B}$；

(2) 矩阵对数的分配律：$(k+l)\boldsymbol{A}=k\boldsymbol{A}+l\boldsymbol{A}$；

(3) 数与矩阵的结合律：$(kl)\boldsymbol{A}=k(l\boldsymbol{A})=l(k\boldsymbol{A})$；

(4) 数 1、数 0 与矩阵乘法满足：$1\boldsymbol{A}=\boldsymbol{A}$；$0\boldsymbol{A}=\boldsymbol{O}$.

小试牛刀

例 2.1.1　设 $\boldsymbol{A}=\begin{pmatrix}1&0\\-2&3\end{pmatrix}$，$\boldsymbol{B}=\begin{pmatrix}0&1\\2&1\end{pmatrix}$，求 $\boldsymbol{A}+2\boldsymbol{B}$ 和 $\boldsymbol{B}-3\boldsymbol{A}$.

解　$\boldsymbol{A}+2\boldsymbol{B}=\begin{pmatrix}1&0\\-2&3\end{pmatrix}+2\begin{pmatrix}0&1\\2&1\end{pmatrix}=\begin{pmatrix}1&0\\-2&3\end{pmatrix}+\begin{pmatrix}0&2\\4&2\end{pmatrix}=\begin{pmatrix}1&2\\2&5\end{pmatrix}$；

$\boldsymbol{B}-3\boldsymbol{A}=\begin{pmatrix}0&1\\2&1\end{pmatrix}-3\begin{pmatrix}1&0\\-2&3\end{pmatrix}=\begin{pmatrix}0&1\\2&1\end{pmatrix}-\begin{pmatrix}3&0\\-6&9\end{pmatrix}=\begin{pmatrix}-3&1\\8&-8\end{pmatrix}$.

3. 矩阵的乘法

某地区甲、乙、丙三家商场同时销售两种品牌的家用电器，如果用矩阵 $\boldsymbol{A}$ 表示各商场销售这两种家用电器的日平均销售量（单位：台），用矩阵 $\boldsymbol{B}$ 表示两种家用电器的单位售价（单位：千元）和单位利润（单位：千元）

$$\boldsymbol{A}=\begin{pmatrix}10&8\\20&8\\16&10\end{pmatrix},\quad \boldsymbol{B}=\begin{pmatrix}6&1.5\\4&1\end{pmatrix}.$$

用矩阵 $\boldsymbol{C}=(c_{ij})_{3\times2}$ 表示这三家商场销售两种家用电器的每日总收入和总利润，那么 $\boldsymbol{C}$ 中的元素分别为

$$\text{总收入}\begin{cases}c_{11}=10\times6+8\times4=92\\c_{21}=20\times6+8\times4=152\\c_{31}=16\times6+10\times4=136\end{cases},\quad \text{总利润}\begin{cases}c_{12}=10\times1.5+8\times1=23\\c_{22}=20\times1.5+8\times1=38\\c_{32}=16\times1.5+10\times1=34\end{cases},$$

即

$$\boldsymbol{C}=\begin{pmatrix}c_{11}&c_{12}\\c_{21}&c_{22}\\c_{31}&c_{32}\end{pmatrix}=\begin{pmatrix}10\times6+8\times4&10\times1.5+8\times1\\20\times6+8\times4&20\times1.5+8\times1\\16\times6+10\times4&16\times1.5+10\times1\end{pmatrix}=\begin{pmatrix}92&23\\152&38\\136&34\end{pmatrix}.$$

其中，矩阵 $\boldsymbol{C}$ 中的第 i 行第 j 列的元素是矩阵 $\boldsymbol{A}$ 的第 i 行元素与矩阵 $\boldsymbol{B}$ 的第 j 列对应元素的乘积之和.

定义 2.1.4　设矩阵 $\boldsymbol{A}=(a_{ij})_{m\times s}$ 与 $\boldsymbol{B}=(b_{ij})_{s\times n}$，规定矩阵 $\boldsymbol{A}$ 与矩阵 $\boldsymbol{B}$ 的乘积为一个 m 行 n 列的矩阵 $\boldsymbol{C}=(c_{ij})_{m\times n}$，记作 $\boldsymbol{AB}=\boldsymbol{C}=(c_{ij})_{m\times n}$，其中

$$c_{ij}=a_{i1}b_{1j}+a_{i2}b_{2j}+\cdots+a_{is}b_{sj}=\sum_{k=1}^{s}a_{ik}b_{kj}\,(i=1,2,\cdots m;j=1,2,\cdots n).$$

小提示

只有左边矩阵的列数等于右边矩阵的行数时，两个矩阵才能相乘，否则矩阵乘法没有意义.

小试牛刀

例 2.1.2 设 $\boldsymbol{A}=\begin{pmatrix}1 & 0\\ -2 & 3\end{pmatrix}$，$\boldsymbol{B}=\begin{pmatrix}0 & 1 & -3\\ 2 & 1 & 4\end{pmatrix}$，求 $\boldsymbol{AB}$.

解 由矩阵乘法有

$$\begin{aligned}\boldsymbol{AB}&=\begin{pmatrix}1 & 0\\ -2 & 3\end{pmatrix}\begin{pmatrix}0 & 1 & -3\\ 2 & 1 & 4\end{pmatrix}\\ &=\begin{pmatrix}1\times 0+0\times 2 & 1\times 1+0\times 1 & 1\times(-3)+0\times 4\\ -2\times 0+3\times 2 & -2\times 1+3\times 1 & -2\times(-3)+3\times 4\end{pmatrix}\\ &=\begin{pmatrix}0 & 1 & -3\\ 6 & 1 & 18\end{pmatrix}.\end{aligned}$$

小提示

因为矩阵 $\boldsymbol{B}$ 的列数不等于矩阵 $\boldsymbol{A}$ 的行数，所以 $\boldsymbol{BA}$ 无意义.

例 2.1.3 设 $\boldsymbol{A}=\begin{pmatrix}1 & -1\\ 1 & -1\end{pmatrix}$，$\boldsymbol{B}=\begin{pmatrix}2 & 1\\ 2 & 1\end{pmatrix}$，求 $\boldsymbol{AB}$ 和 $\boldsymbol{BA}$.

解 由矩阵乘法有

$$\boldsymbol{AB}=\begin{pmatrix}1 & -1\\ 1 & -1\end{pmatrix}\begin{pmatrix}2 & 1\\ 2 & 1\end{pmatrix}=\begin{pmatrix}0 & 0\\ 0 & 0\end{pmatrix},$$

$$\boldsymbol{BA}=\begin{pmatrix}2 & 1\\ 2 & 1\end{pmatrix}\begin{pmatrix}1 & -1\\ 1 & -1\end{pmatrix}=\begin{pmatrix}3 & -3\\ 3 & -3\end{pmatrix}.$$

小提示

(1) 矩阵乘法不满足交换律，即在一般情况下，$\boldsymbol{AB}\neq\boldsymbol{BA}$.

(2) 两个非零矩阵的乘积可以为零矩阵.

(3) 矩阵乘法不满足消去律，即若 $\boldsymbol{AX}=\boldsymbol{AY}$，而 $\boldsymbol{A}\neq\boldsymbol{O}$，不能得出 $\boldsymbol{X}=\boldsymbol{Y}$.

设 $\boldsymbol{A},\boldsymbol{B},\boldsymbol{C}$ 都是矩阵，k 为数，则矩阵乘法满足下列运算规律(假设运算都是可行的).

(1) 结合律 $(\boldsymbol{AB})\boldsymbol{C}=\boldsymbol{A}(\boldsymbol{BC})$，$k(\boldsymbol{AB})=(k\boldsymbol{A})\boldsymbol{B}=\boldsymbol{A}(k\boldsymbol{B})$；

(2) 分配律 $\boldsymbol{A}(\boldsymbol{B}+\boldsymbol{C})=\boldsymbol{AB}+\boldsymbol{AC}$，$(\boldsymbol{A}+\boldsymbol{B})\boldsymbol{C}=\boldsymbol{AC}+\boldsymbol{BC}$；

(3) $\boldsymbol{A}_n\boldsymbol{E}_n=\boldsymbol{E}_n\boldsymbol{A}_n=\boldsymbol{A}_n$，$\boldsymbol{A}_n\boldsymbol{O}_n=\boldsymbol{O}_n\boldsymbol{A}_n=\boldsymbol{O}_n$.

大展身手

例 2.1.4 设 $\boldsymbol{A}=\begin{pmatrix}1 & 0\\ 1 & 1\end{pmatrix}$，求 $\boldsymbol{A}^2,\boldsymbol{A}^3,\cdots,\boldsymbol{A}^k$.

解 $\boldsymbol{A}^2=\boldsymbol{AA}=\begin{pmatrix}1 & 0\\ 1 & 1\end{pmatrix}\begin{pmatrix}1 & 0\\ 1 & 1\end{pmatrix}=\begin{pmatrix}1 & 0\\ 2 & 1\end{pmatrix}$，

$$A^3 = A^2 A = \begin{pmatrix} 1 & 0 \\ 2 & 1 \end{pmatrix} \begin{pmatrix} 1 & 0 \\ 1 & 1 \end{pmatrix} = \begin{pmatrix} 1 & 0 \\ 3 & 1 \end{pmatrix},$$

…

$$A^k = A^{k-1} A = \begin{pmatrix} 1 & 0 \\ k-1 & 1 \end{pmatrix} \begin{pmatrix} 1 & 0 \\ 1 & 1 \end{pmatrix} = \begin{pmatrix} 1 & 0 \\ k & 1 \end{pmatrix}.$$

4. 矩阵的转置

定义 2.1.5　把一个 m 行 n 列的矩阵

$$A = \begin{pmatrix} a_{11} & a_{12} & \cdots & a_{1n} \\ a_{21} & a_{22} & \cdots & a_{2n} \\ \vdots & \vdots & & \vdots \\ a_{m1} & a_{m2} & \cdots & a_{mn} \end{pmatrix}$$

的行换成相应的列得到的 n 行 m 列矩阵，称为 A 的**转置矩阵**，记作 A^{T}，即

$$A^{\mathrm{T}} = \begin{pmatrix} a_{11} & a_{21} & \cdots & a_{m1} \\ a_{12} & a_{22} & \cdots & a_{m2} \\ \vdots & \vdots & & \vdots \\ a_{1n} & a_{2n} & \cdots & a_{mn} \end{pmatrix}.$$

矩阵的转置满足下列运算规则(假设运算都是可行的).

(1) $(A^{\mathrm{T}})^{\mathrm{T}} = A$;

(2) $(A+B)^{\mathrm{T}} = A^{\mathrm{T}} + B^{\mathrm{T}}$;

(3) $(\lambda A)^{\mathrm{T}} = \lambda A^{\mathrm{T}}$($\lambda$ 为数);

(4) $(AB)^{\mathrm{T}} = B^{\mathrm{T}} A^{\mathrm{T}}$.

小试牛刀

例 2.1.5　设矩阵 $A = \begin{pmatrix} 4 & -1 \\ 0 & 2 \\ -3 & 2 \end{pmatrix}$，$B = \begin{pmatrix} 2 & 1 \\ 3 & 4 \end{pmatrix}$，验证矩阵 $(AB)^{\mathrm{T}} = B^{\mathrm{T}} A^{\mathrm{T}}$.

解　$AB = \begin{pmatrix} 4 & -1 \\ 0 & 2 \\ -3 & 2 \end{pmatrix} \begin{pmatrix} 2 & 1 \\ 3 & 4 \end{pmatrix} = \begin{pmatrix} 5 & 0 \\ 6 & 8 \\ 0 & 5 \end{pmatrix}$，$(AB)^{\mathrm{T}} = \begin{pmatrix} 5 & 6 & 0 \\ 0 & 8 & 5 \end{pmatrix}$，

且

$$A^{\mathrm{T}} = \begin{pmatrix} 4 & 0 & -3 \\ -1 & 2 & 2 \end{pmatrix},\ B^{\mathrm{T}} = \begin{pmatrix} 2 & 3 \\ 1 & 4 \end{pmatrix},$$

所以　$B^{\mathrm{T}} A^{\mathrm{T}} = \begin{pmatrix} 2 & 3 \\ 1 & 4 \end{pmatrix} \begin{pmatrix} 4 & 0 & -3 \\ -1 & 2 & 2 \end{pmatrix} = \begin{pmatrix} 5 & 6 & 0 \\ 0 & 8 & 5 \end{pmatrix} = (AB)^{\mathrm{T}}$.

定义 2.1.6　设 A 为 n 阶方阵，如果 $A^{\mathrm{T}} = A$，则称 A 为**对称矩阵**.

例如：

$$A=\begin{pmatrix}1 & 2\\ 2 & 3\end{pmatrix}, B=\begin{pmatrix}-1 & 0 & 2\\ 0 & 3 & 4\\ 2 & 4 & 1\end{pmatrix}$$

均为对称矩阵.

小提示

对称矩阵的特点是它以主对角线为对称轴的对应元素相等.

5. 方阵的行列式

定义 2.1.7 设矩阵 $\boldsymbol{A}$ 为 n 阶方阵,按 $\boldsymbol{A}$ 中元素的排列方式所构成的行列式

$$\begin{vmatrix}a_{11} & a_{12} & \cdots & a_{1n}\\ a_{21} & a_{22} & \cdots & a_{2n}\\ \vdots & \vdots & & \vdots\\ a_{n1} & a_{n2} & \cdots & a_{nn}\end{vmatrix}$$

称为**方阵 $\boldsymbol{A}$ 的行列式**,记作 $|\boldsymbol{A}|$ 或 $\det \boldsymbol{A}$.

小提示

方阵 $\boldsymbol{A}$ 的行列式与方阵 $\boldsymbol{A}$ 是两个不同的概念,前者是数,后者是数表.

设 $\boldsymbol{A}$ 与 $\boldsymbol{B}$ 为 n 阶方阵,λ 为数,方阵的行列式满足如下规律:

(1) $|\boldsymbol{A}^{\mathrm{T}}|=|\boldsymbol{A}|$;

(2) $|\lambda \boldsymbol{A}|=\lambda^n|\boldsymbol{A}|$;

(3) $|\boldsymbol{A}\boldsymbol{B}|=|\boldsymbol{A}||\boldsymbol{B}|$.

小智囊

对 n 阶方阵 $\boldsymbol{A}$ 和 $\boldsymbol{B}$ 而言,一般 $\boldsymbol{AB}\neq\boldsymbol{BA}$,但是有 $|\boldsymbol{AB}|=|\boldsymbol{BA}|$.

小试牛刀

例 2.1.6 设矩阵 $\boldsymbol{A}=\begin{pmatrix}1 & -2 & 3\\ 0 & -1 & 4\\ 0 & 0 & 2\end{pmatrix}$,$\boldsymbol{B}=\begin{pmatrix}2 & 1 & -3\\ 0 & 3 & -2\\ 0 & 0 & 1\end{pmatrix}$,求 $|\boldsymbol{A}^{\mathrm{T}}\boldsymbol{B}|$,$|2\boldsymbol{A}|$ 和 $|\boldsymbol{A}+\boldsymbol{B}|$.

解 $|\boldsymbol{A}|=\begin{vmatrix}1 & -2 & 3\\ 0 & -1 & 4\\ 0 & 0 & 2\end{vmatrix}=-2$,$|\boldsymbol{B}|=\begin{vmatrix}2 & 1 & -3\\ 0 & 3 & -2\\ 0 & 0 & 1\end{vmatrix}=6$,

$|\boldsymbol{A}^{\mathrm{T}}\boldsymbol{B}|=|\boldsymbol{A}^{\mathrm{T}}||\boldsymbol{B}|=|\boldsymbol{A}||\boldsymbol{B}|=-2\times 6=-12$,$|2\boldsymbol{A}|=2^3|\boldsymbol{A}|=-16$,

$|\boldsymbol{A}+\boldsymbol{B}|=\begin{vmatrix}3 & -1 & 0\\ 0 & 2 & 2\\ 0 & 0 & 3\end{vmatrix}=18$.

小提示

$|\boldsymbol{A}+\boldsymbol{B}|\neq|\boldsymbol{A}|+|\boldsymbol{B}|$，$|\boldsymbol{A}-\boldsymbol{B}|\neq|\boldsymbol{A}|-|\boldsymbol{B}|$.

习题 2.1

小试牛刀

1. 设 $\boldsymbol{A}=\begin{pmatrix}1&2&3\\2&-1&-4\end{pmatrix}$，$\boldsymbol{B}=\begin{pmatrix}2&5\\0&1\\-1&-3\end{pmatrix}$，求 $2\boldsymbol{A}-3\boldsymbol{B}^{\mathrm{T}}$.

2. 设 $\boldsymbol{A}=\begin{pmatrix}1&1&1\\1&1&-1\\1&-1&1\end{pmatrix}$，$\boldsymbol{B}=\begin{pmatrix}1&2&3\\-1&-2&4\\0&5&1\end{pmatrix}$，求 $3\boldsymbol{AB}-\boldsymbol{B}^{\mathrm{T}}$.

3. 设 $\boldsymbol{A}=\begin{pmatrix}1&1&2\\-1&2&0\\0&1&1\end{pmatrix}$，求出 $3|\boldsymbol{A}|$ 和 $|3\boldsymbol{A}|$，找出 $|3\boldsymbol{A}|$ 和 $|\boldsymbol{A}|$ 满足的关系式.

4. $\boldsymbol{A}=\begin{pmatrix}1&0&3\\2&-1&0\end{pmatrix}$，$\boldsymbol{B}=\begin{pmatrix}1&-1\\2&3\\4&0\end{pmatrix}$，求出 $\boldsymbol{AB}$ 与 $\boldsymbol{BA}$.

5. 计算下列矩阵的乘积：

(1) $\begin{pmatrix}1&3\\2&-1\end{pmatrix}\begin{pmatrix}-2&0\\1&3\end{pmatrix}$；　(2) $\begin{pmatrix}1&-2&2\\0&1&3\\1&0&-1\end{pmatrix}\begin{pmatrix}2&-1\\1&2\\-1&0\end{pmatrix}$；

(3) $\begin{pmatrix}2&-1\\1&2\\-1&0\end{pmatrix}\begin{pmatrix}2&3&1\\2&1&0\end{pmatrix}$；　(4) $(2\quad 1\quad 3)\begin{pmatrix}-1\\3\\0\end{pmatrix}$；　(5) $\begin{pmatrix}-1\\3\\0\end{pmatrix}(2\quad 1\quad 3)$.

大展身手

6. 举例说明下列命题是错误的.

(1) 若 $\boldsymbol{A}^2=\boldsymbol{O}$，则 $\boldsymbol{A}=\boldsymbol{O}$；

(2) 若 $\boldsymbol{A}^2=\boldsymbol{A}$，则 $\boldsymbol{A}=\boldsymbol{O}$ 或 $\boldsymbol{A}=\boldsymbol{E}$；

(3) 若 $\boldsymbol{AX}=\boldsymbol{AY}$，且 $\boldsymbol{A}\neq\boldsymbol{O}$，则 $\boldsymbol{X}=\boldsymbol{Y}$.

7. 设 $\boldsymbol{A}=\begin{pmatrix}1&1\\0&0\end{pmatrix}$，试求所有与 $\boldsymbol{A}$ 可交换的，即满足条件 $\boldsymbol{AX}=\boldsymbol{XA}$ 的矩阵 $\boldsymbol{X}$.

第二节 逆矩阵

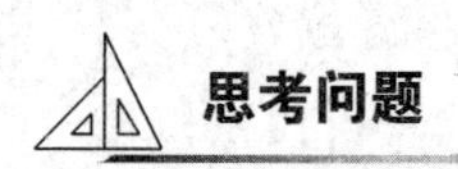

密码学在经济和军事方面都起着极其重要的作用.1929 年,希尔(Hill)通过矩阵理论对传输信息进行加密处理,提出了在密码学史上有重要地位的希尔加密算法.假设我们要发出“stay”这个消息,首先把每个字母 $a,b,c,\cdots,x,y,z$ 映射到数 $1,2,3,\cdots,24,25,26$,例如,1 表示 a,2 表示 b,……,25 表示 y,26 表示 z,另外用 0 表示空格,27 表示句号等,于是可以用以下数集来表示消息“stay”:$\{19,20,1,25\}$.把这个消息按列写成矩阵的形式:$\boldsymbol{M}=\begin{pmatrix}19 & 1\\ 20 & 25\end{pmatrix}$.

第一步 “加密”工作.现在任选一个二阶的可逆矩阵,例如 $\boldsymbol{A}=\begin{pmatrix}1 & 2\\ 1 & 3\end{pmatrix}$,于是可以把要发出的消息或者矩阵经过乘以 $\boldsymbol{A}$ 变成“密码”($\boldsymbol{B}$)后发出.

$$\boldsymbol{MA}=\begin{pmatrix}19 & 1\\ 20 & 25\end{pmatrix}\begin{pmatrix}1 & 2\\ 1 & 3\end{pmatrix}=\begin{pmatrix}20 & 41\\ 45 & 115\end{pmatrix}=\boldsymbol{B}.$$

第二步 “解密”.解密是加密的逆过程,这里要用到矩阵 $\boldsymbol{A}$ 的逆矩阵 $\boldsymbol{A}^{-1}$,这个可逆矩阵称为解密的钥匙,或称为“密匙”.

一、逆矩阵的概念

定义 2.2.1 对于 n 阶方阵 $\boldsymbol{A}$,如果存在 n 阶方阵 $\boldsymbol{B}$,使得 $\boldsymbol{AB}=\boldsymbol{BA}=\boldsymbol{E}$,则称矩阵 $\boldsymbol{A}$ 是可逆矩阵,并称矩阵 $\boldsymbol{B}$ 是矩阵 $\boldsymbol{A}$ 的**逆矩阵**,记作 $\boldsymbol{A}^{-1}$,即 $\boldsymbol{B}=\boldsymbol{A}^{-1}$.

例如

$$\boldsymbol{A}=\begin{pmatrix}1 & 2\\ 1 & 3\end{pmatrix},\boldsymbol{B}=\begin{pmatrix}3 & -2\\ -1 & 1\end{pmatrix},$$

有

$$\boldsymbol{AB}=\begin{pmatrix}1 & 2\\ 1 & 3\end{pmatrix}\begin{pmatrix}3 & -2\\ -1 & 1\end{pmatrix}=\begin{pmatrix}1 & 0\\ 0 & 1\end{pmatrix},$$

$$\boldsymbol{BA}=\begin{pmatrix}3 & -2\\ -1 & 1\end{pmatrix}\begin{pmatrix}1 & 2\\ 1 & 3\end{pmatrix}=\begin{pmatrix}1 & 0\\ 0 & 1\end{pmatrix}.$$

由定义 2.2.1 可知,矩阵 $\boldsymbol{A}$ 可逆,矩阵 $\boldsymbol{B}$ 是矩阵 $\boldsymbol{A}$ 的逆矩阵,矩阵 $\boldsymbol{A}$ 同时也是矩阵 $\boldsymbol{B}$ 的逆矩阵.

单位矩阵 $\boldsymbol{E}$ 可逆,且逆矩阵为 $\boldsymbol{E}$;而零矩阵 $\boldsymbol{O}$ 不可逆.

二、逆矩阵的性质

性质 2.2.1 若方阵 $\boldsymbol{A}$ 可逆，则 $\boldsymbol{A}$ 的逆矩阵唯一.

性质 2.2.2 若方阵 $\boldsymbol{A}$ 可逆，则 $\boldsymbol{A}$ 的逆矩阵也可逆，且 $(\boldsymbol{A}^{-1})^{-1}=\boldsymbol{A}$.

性质 2.2.3 若方阵 $\boldsymbol{A}$ 可逆，数 $k\neq 0$，则 $k\boldsymbol{A}$ 也可逆，且 $(k\boldsymbol{A})^{-1}=\frac{1}{k}\boldsymbol{A}^{-1}$.

性质 2.2.4 若方阵 $\boldsymbol{A}$ 可逆，则 $\boldsymbol{A}^{\mathrm{T}}$ 也可逆，且 $(\boldsymbol{A}^{\mathrm{T}})^{-1}=(\boldsymbol{A}^{-1})^{\mathrm{T}}$.

性质 2.2.5 若 n 阶方阵 $\boldsymbol{A}$ 和 $\boldsymbol{B}$ 都可逆，则 $\boldsymbol{AB}$ 也可逆，且 $(\boldsymbol{AB})^{-1}=\boldsymbol{B}^{-1}\boldsymbol{A}^{-1}$.

小智囊

$$|\boldsymbol{A}^{-1}|=|\boldsymbol{A}|^{-1}=\frac{1}{|\boldsymbol{A}|}.$$

小试牛刀

例 2.2.1 设 3 阶方阵 $\boldsymbol{A}$ 可逆，$|\boldsymbol{A}|=2$，求 $|(2\boldsymbol{A})^{-1}|$.

解 $|(2\boldsymbol{A})^{-1}|=\frac{1}{|2\boldsymbol{A}|}=\frac{1}{2^3|\boldsymbol{A}|}=\frac{1}{2^3\times 2}=\frac{1}{16}$.

三、逆矩阵的求法

1. 伴随矩阵法

定义 2.2.2 由 n 阶方阵 $\boldsymbol{A}$ 的行列式 $|\boldsymbol{A}|$ 的各个元素的代数余子式 A_{ij} 所构成的方阵

$$\begin{pmatrix} A_{11} & A_{21} & \cdots & A_{n1} \\ A_{12} & A_{22} & \cdots & A_{n2} \\ \vdots & \vdots & & \vdots \\ A_{1n} & A_{2n} & \cdots & A_{nn} \end{pmatrix}$$

称为方阵 $\boldsymbol{A}$ 的伴随矩阵，记作 $\boldsymbol{A}^*$.

小提示

注意伴随矩阵 $\boldsymbol{A}^*$ 中代数余子式 A_{ij} 的排列方式.

定理 2.2.1 n 阶方阵 $\boldsymbol{A}$ 可逆的充要条件是 $|\boldsymbol{A}|\neq 0$，且当 $\boldsymbol{A}$ 可逆时，

$$\boldsymbol{A}^{-1}=\frac{1}{|\boldsymbol{A}|}\boldsymbol{A}^*.$$

证明从略.

定义 2.2.3 方阵 $\boldsymbol{A}$ 的行列式 $|\boldsymbol{A}|=0$ 时，$\boldsymbol{A}$ 称为奇异矩阵，否则称为非奇异矩阵.

小提示

n 阶方阵 $\boldsymbol{A}$ 可逆的充要条件是 $\boldsymbol{A}$ 为非奇异矩阵.

推论 2.2.1 若方阵 $\boldsymbol{A}$ 和 $\boldsymbol{B}$ 满足 $\boldsymbol{AB}=\boldsymbol{E}$（或 $\boldsymbol{BA}=\boldsymbol{E}$），则 $\boldsymbol{A}$ 和 $\boldsymbol{B}$ 均可逆，且 $\boldsymbol{A}^{-1}=\boldsymbol{B}$，$\boldsymbol{B}^{-1}=\boldsymbol{A}$.

小试牛刀

例 2.2.2 判断下列方阵是否可逆，若可逆，求出其逆矩阵.

(1) $\boldsymbol{A}=\begin{pmatrix}1 & 2\\3 & 4\end{pmatrix}$；(2) $\boldsymbol{B}=\begin{pmatrix}1 & 3 & 11\\1 & 1 & 5\\3 & 0 & 6\end{pmatrix}$.

解 (1) 由 $|\boldsymbol{A}|=\begin{vmatrix}1 & 2\\3 & 4\end{vmatrix}=-2\neq 0$ 可知 $\boldsymbol{A}$ 可逆，计算 $|\boldsymbol{A}|$ 的代数余子式如下：

$\boldsymbol{A}_{11}=(-1)^{1+1}\times 4=4$，$\boldsymbol{A}_{21}=(-1)^{2+1}\times 2=-2$，

$\boldsymbol{A}_{12}=(-1)^{1+2}\times 3=-3$，$\boldsymbol{A}_{22}=(-1)^{2+2}\times 1=1$.

得
$$\boldsymbol{A}^{*}=\begin{pmatrix}4 & -2\\-3 & 1\end{pmatrix},$$

从而
$$\boldsymbol{A}^{-1}=\frac{1}{|\boldsymbol{A}|}\boldsymbol{A}^{*}=\frac{1}{-2}\begin{pmatrix}4 & -2\\-3 & 1\end{pmatrix}=\begin{pmatrix}-2 & 1\\ \frac{3}{2} & -\frac{1}{2}\end{pmatrix}.$$

(2) 由 $|\boldsymbol{B}|=\begin{vmatrix}1 & 3 & 11\\1 & 1 & 5\\3 & 0 & 6\end{vmatrix}=0$ 可知 $\boldsymbol{B}$ 不可逆.

小智囊

若 $\boldsymbol{A}=\begin{pmatrix}a & b\\c & d\end{pmatrix}$ 的行列式 $ad-bc\neq 0$，则 $\boldsymbol{A}^{-1}=\dfrac{1}{ad-bc}\begin{pmatrix}d & -b\\-c & a\end{pmatrix}$.

【思考问题】中，矩阵 $\boldsymbol{A}$ 的逆矩阵为：$\boldsymbol{A}^{-1}=\begin{pmatrix}3 & -2\\-1 & 1\end{pmatrix}$，利用 $\boldsymbol{A}^{-1}$ 从密码中解出：

$$\boldsymbol{BA}^{-1}=\begin{pmatrix}20 & 41\\45 & 115\end{pmatrix}\begin{pmatrix}3 & -2\\-1 & 1\end{pmatrix}=\begin{pmatrix}19 & 1\\20 & 25\end{pmatrix}=\boldsymbol{M}.$$

通过反查字母与数字的映射，即可得到消息“stay”.

大展身手

例 2.2.3 若方阵 $\boldsymbol{A}$ 满足 $\boldsymbol{A}^2-3\boldsymbol{A}-\boldsymbol{E}=\boldsymbol{O}$，证明 $\boldsymbol{A}$ 可逆，并求 $\boldsymbol{A}^{-1}$.

证明 由 $\boldsymbol{A}^2-3\boldsymbol{A}-\boldsymbol{E}=\boldsymbol{O}$ 得 $\boldsymbol{A}^2-3\boldsymbol{A}=\boldsymbol{E}$，即 $\boldsymbol{A}(\boldsymbol{A}-3\boldsymbol{E})=\boldsymbol{E}$.

由推论 2.2.1 可知，$\boldsymbol{A}$ 可逆，且 $\boldsymbol{A}^{-1}=\boldsymbol{A}-3\boldsymbol{E}$.

2. 初等行变换法

定义 2.2.4 下面三种变换称为矩阵的**初等行变换**.

(1) 交换第 i,j 两行，记作 $r_i \leftrightarrow r_j$；

(2) 第 i 行乘以非零数 k，记作 $r_i \times k$；

(3) 将第 j 行的 k 倍加到第 i 行，记作 $r_i + r_j \times k$.

小提示

矩阵的初等行变换是矩阵的一种十分重要的运算，它在求逆矩阵、解线性方程组及矩阵理论的探讨中起着重要的作用.

当矩阵 $\boldsymbol{A}$ 由初等行变换变换成矩阵 $\boldsymbol{B}$ 时，记作 $\boldsymbol{A} \to \boldsymbol{B}$.

小智囊

$\boldsymbol{A} \to \boldsymbol{B}$，一般情况下，$\boldsymbol{A} \neq \boldsymbol{B}$.

定理 2.2.2 n 阶方阵 $\boldsymbol{A}$ 可逆的充要条件是 $\boldsymbol{A}$ 可以由初等行变换化为 n 阶单位矩阵 $\boldsymbol{E}$.

证明从略.

初等行变换法求逆矩阵：由 n 阶方阵 $\boldsymbol{A}$ 与 n 阶单位矩阵 $\boldsymbol{E}$，构造一个 n 行 $2n$ 列矩阵 $(\boldsymbol{A} \mid \boldsymbol{E})$，利用初等行变换将虚线左边的矩阵 $\boldsymbol{A}$ 化为单位矩阵 $\boldsymbol{E}$，同时虚线右边的单位矩阵 $\boldsymbol{E}$ 就变换成 $\boldsymbol{A}$ 的逆矩阵 $\boldsymbol{A}^{-1}$，即

$$(\boldsymbol{A} \mid \boldsymbol{E}) \xrightarrow{\text{初等行变换}} (\boldsymbol{E} \mid \boldsymbol{A}^{-1}).$$

小试牛刀

例 2.2.4 设方阵 $\boldsymbol{A}=\begin{pmatrix} 2 & 5 \\ 1 & 3 \end{pmatrix}$，求 $\boldsymbol{A}^{-1}$.

解
$$(\boldsymbol{A} \mid \boldsymbol{E})=\left(\begin{array}{cc:cc} 2 & 5 & 1 & 0 \\ 1 & 3 & 0 & 1 \end{array}\right) \xrightarrow{r_1 \leftrightarrow r_2} \left(\begin{array}{cc:cc} 1 & 3 & 0 & 1 \\ 2 & 5 & 1 & 0 \end{array}\right) \xrightarrow{r_2+r_1 \times(-2)}$$

$$\left(\begin{array}{cc:cc} 1 & 3 & 0 & 1 \\ 0 & -1 & 1 & -2 \end{array}\right) \xrightarrow{r_2 \times(-1)} \left(\begin{array}{cc:cc} 1 & 3 & 0 & 1 \\ 0 & 1 & -1 & 2 \end{array}\right) \xrightarrow{r_1+r_2 \times(-3)} \left(\begin{array}{cc:cc} 1 & 0 & 3 & -5 \\ 0 & 1 & -1 & 2 \end{array}\right),$$

从而

$$\boldsymbol{A}^{-1}=\begin{pmatrix} 3 & -5 \\ -1 & 2 \end{pmatrix}.$$

例 2.2.5 设方阵 $\boldsymbol{A}=\begin{pmatrix} -3 & 0 & 8 \\ 2 & 3 & 0 \\ 1 & 1 & -1 \end{pmatrix}$，求 $\boldsymbol{A}^{-1}$.

$$\text{解}\quad (\boldsymbol{A} \mid \boldsymbol{E})=\left(\begin{array}{ccc:ccc}-3 & 0 & 8 & 1 & 0 & 0\\ 2 & 3 & 0 & 0 & 1 & 0\\ 1 & 1 & -1 & 0 & 0 & 1\end{array}\right)\xrightarrow{r_1\leftrightarrow r_3}\left(\begin{array}{ccc:ccc}1 & 1 & -1 & 0 & 0 & 1\\ 2 & 3 & 0 & 0 & 1 & 0\\ -3 & 0 & 8 & 1 & 0 & 0\end{array}\right)$$

$$\xrightarrow[r_3+r_1\times 3]{r_2+r_1\times(-2)}\left(\begin{array}{ccc:ccc}1 & 1 & -1 & 0 & 0 & 1\\ 0 & 1 & 2 & 0 & 1 & -2\\ 0 & 3 & 5 & 1 & 0 & 3\end{array}\right)\xrightarrow{r_3+r_2\times(-3)}\left(\begin{array}{ccc:ccc}1 & 1 & -1 & 0 & 0 & 1\\ 0 & 1 & 2 & 0 & 1 & -2\\ 0 & 0 & -1 & 1 & -3 & 9\end{array}\right)$$

$$\xrightarrow{r_3\times(-1)}\left(\begin{array}{ccc:ccc}1 & 1 & -1 & 0 & 0 & 1\\ 0 & 1 & 2 & 0 & 1 & -2\\ 0 & 0 & 1 & -1 & 3 & -9\end{array}\right)\xrightarrow[r_1+r_3]{r_2+r_3\times(-2)}\left(\begin{array}{ccc:ccc}1 & 1 & 0 & -1 & 3 & -8\\ 0 & 1 & 0 & 2 & -5 & 16\\ 0 & 0 & 1 & -1 & 3 & -9\end{array}\right)$$

$$\xrightarrow{r_1+r_2\times(-1)}\left(\begin{array}{ccc:ccc}1 & 0 & 0 & -3 & 8 & -24\\ 0 & 1 & 0 & 2 & -5 & 16\\ 0 & 0 & 1 & -1 & 3 & -9\end{array}\right),$$

从而

$$\boldsymbol{A}^{-1}=\begin{pmatrix}-3 & 8 & -24\\ 2 & -5 & 16\\ -1 & 3 & -9\end{pmatrix}.$$

小智囊

用初等行变换求矩阵 $\boldsymbol{A}$ 的逆矩阵,不一定需要知道 $\boldsymbol{A}$ 是否可逆,在对 $(\boldsymbol{A} \mid \boldsymbol{E})$ 进行初等行变换的过程中,如果无法将虚线左边的矩阵 $\boldsymbol{A}$ 化为 $\boldsymbol{E}$,就说明 $\boldsymbol{A}$ 不可逆.

例 2.2.6 解矩阵方程:$\boldsymbol{AX}=\boldsymbol{B}$,其中:

$$\boldsymbol{A}=\begin{pmatrix}-3 & 0 & 8\\ 2 & 3 & 0\\ 1 & 1 & -1\end{pmatrix},\boldsymbol{B}=\begin{pmatrix}21 & -26\\ 2 & -1\\ -2 & 3\end{pmatrix}.$$

解 **方法一:**由矩阵方程:$\boldsymbol{AX}=\boldsymbol{B}$ 得:$\boldsymbol{X}=\boldsymbol{A}^{-1}\boldsymbol{B}$.

利用初等行变换求出 $\boldsymbol{A}^{-1}=\begin{pmatrix}-3 & 8 & -24\\ 2 & -5 & 16\\ -1 & 3 & -9\end{pmatrix}$,

从而有

$$\boldsymbol{X}=\boldsymbol{A}^{-1}\boldsymbol{B}=\begin{pmatrix}-3 & 8 & -24\\ 2 & -5 & 16\\ -1 & 3 & -9\end{pmatrix}\begin{pmatrix}21 & -26\\ 2 & -1\\ -2 & 3\end{pmatrix}=\begin{pmatrix}1 & -2\\ 0 & 1\\ 3 & -4\end{pmatrix}.$$

方法二:利用初等行变换法求解

$$(\boldsymbol{A} \mid \boldsymbol{B})=\left(\begin{array}{ccc:cc}-3 & 0 & 8 & 21 & -26\\ 2 & 3 & 0 & 2 & -1\\ 1 & 1 & -1 & -2 & 3\end{array}\right)\xrightarrow{r_1\leftrightarrow r_3}$$

$$\begin{pmatrix}1 & 1 & -1 & \vdots & -2 & 3\\ 2 & 3 & 0 & \vdots & 2 & -1\\ -3 & 0 & 8 & \vdots & 21 & -26\end{pmatrix}\xrightarrow[r_3+r_1\times 3]{r_2+r_1\times(-2)}\begin{pmatrix}1 & 1 & -1 & \vdots & -2 & 3\\ 0 & 1 & 2 & \vdots & 6 & -7\\ 0 & 3 & 5 & \vdots & 15 & -17\end{pmatrix}\xrightarrow{r_3+r_2\times(-3)}$$

$$\begin{pmatrix}1 & 1 & -1 & \vdots & -2 & 3\\ 0 & 1 & 2 & \vdots & 6 & -7\\ 0 & 0 & -1 & \vdots & -3 & 4\end{pmatrix}\xrightarrow{r_3\times(-1)}\begin{pmatrix}1 & 1 & -1 & \vdots & -2 & 3\\ 0 & 1 & 2 & \vdots & 6 & -7\\ 0 & 0 & 1 & \vdots & 3 & -4\end{pmatrix}\xrightarrow[r_1+r_3]{r_2+r_3\times(-2)}$$

$$\begin{pmatrix}1 & 1 & 0 & \vdots & 1 & -1\\ 0 & 1 & 0 & \vdots & 0 & 1\\ 0 & 0 & 1 & \vdots & 3 & -4\end{pmatrix}\xrightarrow{r_1+r_2\times(-1)}\begin{pmatrix}1 & 0 & 0 & \vdots & 1 & -2\\ 0 & 1 & 0 & \vdots & 0 & 1\\ 0 & 0 & 1 & \vdots & 3 & -4\end{pmatrix},$$

从而有

$$\boldsymbol{X}=\begin{pmatrix}1 & -2\\ 0 & 1\\ 3 & -4\end{pmatrix}.$$

小智囊

对 $(\boldsymbol{A}\ \vdots\ \boldsymbol{B})$ 施行初等行变换，将虚线左边的 $\boldsymbol{A}$ 化为 $\boldsymbol{E}$，同时会把虚线右边的 $\boldsymbol{B}$ 化为 $\boldsymbol{A}^{-1}\boldsymbol{B}$，即未知矩阵 $\boldsymbol{X}$.

习题 2.2

小试牛刀

1. 利用伴随矩阵法求下列矩阵的逆矩阵.

(1) $\begin{pmatrix}3 & 2\\ 7 & 5\end{pmatrix}$； (2) $\begin{pmatrix}1 & 2 & 3\\ 0 & 1 & 2\\ 0 & 0 & 1\end{pmatrix}$； (3) $\begin{pmatrix}1 & 2 & -1\\ 3 & 4 & -2\\ 5 & -4 & 1\end{pmatrix}$.

2. 已知 3 阶方阵 $\boldsymbol{A}$ 的行列式 $|\boldsymbol{A}|=2$，求 $|\boldsymbol{A}^{\mathrm{T}}\boldsymbol{A}^{-1}|$，$\left|\left(\frac{1}{2}\boldsymbol{A}\right)^{-1}\right|$ 和 $|\boldsymbol{A}^*|$.

3. 利用初等行变换法求下列矩阵的逆矩阵.

(1) $\begin{pmatrix}1 & 3 & 3\\ 1 & 4 & 3\\ 1 & 3 & 4\end{pmatrix}$； (2) $\begin{pmatrix}1 & 2 & 3\\ 2 & 2 & 1\\ 3 & 4 & 3\end{pmatrix}$； (3) $\begin{pmatrix}2 & -7 & 8\\ -1 & 4 & -5\\ 3 & -10 & 12\end{pmatrix}$.

大展身手

4. 已知方阵 $\boldsymbol{A}$ 满足 $\boldsymbol{A}^2-3\boldsymbol{A}-2\boldsymbol{E}=\boldsymbol{O}$，证明 $\boldsymbol{A}$ 可逆，并求出 $\boldsymbol{A}^{-1}$.

5. 设矩阵 $\boldsymbol{A}=\begin{pmatrix}1 & 2 & 3\\ 0 & 1 & 2\\ 0 & 0 & 1\end{pmatrix}$，求 $(\boldsymbol{A}^*)^{-1}$ 和 $(\boldsymbol{A}^*)^*$.

第三节　矩阵的秩

中学时数学老师可能会说过这样一句话:想要确定地求出 n 个未知数,你必须有 n 个方程才行.这句话其实是不严格的.例如以下含有 3 个未知数 3 个方程的方程组

$$\begin{cases} x_1+2x_2-x_3=1 \\ 3x_1+4x_2-2x_3=1 \\ 5x_1+4x_2-2x_3=-1 \end{cases}.$$

我们将第一个方程的 -3 倍、-5 倍分别加到第二个、第三个方程,就可以得到

$$\begin{cases} x_1+2x_2-x_3=1 \\ -2x_2+x_3=-2 \\ -6x_2+3x_3=-6 \end{cases}.$$

继续将第二个方程的 -3 倍加到第三个方程,得到

$$\begin{cases} x_1+2x_2-x_3=1 \\ -2x_2+x_3=-2 \\ 0=0 \end{cases}.$$

注意到第三个方程: $0=0$ 实际上没有告诉我们任何新的信息,这个方程完全没有用处!换言之,整个方程组有价值的只有以下两个方程

$$\begin{cases} x_1+2x_2-x_3=1 \\ -2x_2+x_3=-2 \end{cases}.$$

那些真正是方程组中的有价值的方程的个数,就是这个方程组对应矩阵的秩.

矩阵的秩是矩阵的一个重要性质,展现出矩阵的本质.在判定线性方程组是否有解、向量组的线性相关性、多项式和空间几何等方面都有广泛的应用.

一、秩的概念

定义 2.3.1　在矩阵 $\boldsymbol{A}=(a_{ij})_{m\times n}$ 中任取 k 行 k 列,其行列交叉处的元素按原顺序排列而成的 k 阶行列式称为矩阵 $\boldsymbol{A}$ 的一个 **k 阶子式**.

例如:对于矩阵

$$\boldsymbol{A}=\begin{pmatrix} 1 & 2 & 3 & 4 \\ 5 & 6 & 7 & 8 \\ 9 & 10 & 11 & 12 \end{pmatrix},$$

$\begin{vmatrix} 1 & 3 \\ 5 & 7 \end{vmatrix}$ 为矩阵 $\boldsymbol{A}$ 的一个二阶子式，$\begin{vmatrix} 1 & 2 & 3 \\ 5 & 6 & 7 \\ 9 & 10 & 11 \end{vmatrix}$ 为矩阵 $\boldsymbol{A}$ 的一个三阶子式.

定义 2.3.2 矩阵 $\boldsymbol{A}=(a_{ij})_{m\times n}$ 的不为零的子式的最高阶数称为矩阵 $\boldsymbol{A}$ 的**秩**，记为 $r(\boldsymbol{A})$. 若 n 阶方阵 $\boldsymbol{A}$ 的秩为 n，则称方阵 $\boldsymbol{A}$ 为**满秩矩阵**，否则称为**降秩矩阵**.

小提示

n 阶方阵 $\boldsymbol{A}$ 满秩的充要条件是 $\boldsymbol{A}$ 为非奇异矩阵，即 $|\boldsymbol{A}|\neq 0$.

二、秩的求法

小试牛刀

例 2.3.1 设矩阵 $\boldsymbol{A}=\begin{pmatrix} 1 & 2 & 3 \\ 2 & 3 & -5 \\ 4 & 7 & 1 \end{pmatrix}$，求 $\boldsymbol{A}$ 的秩 $r(\boldsymbol{A})$.

解 在 $\boldsymbol{A}$ 中有一个二阶子式 $\begin{vmatrix} 1 & 2 \\ 2 & 3 \end{vmatrix}=-1\neq 0$，又 $\boldsymbol{A}$ 的三阶子式只有一个即 $|\boldsymbol{A}|$，经过计算，$|\boldsymbol{A}|=0$，由定义 2.3.2 可知 $r(\boldsymbol{A})=2$.

例 2.3.2 设矩阵 $\boldsymbol{A}=\begin{pmatrix} 1 & 3 & 1 & 2 & 4 \\ 0 & 2 & 5 & 0 & 3 \\ 0 & 0 & 0 & 1 & 1 \\ 0 & 0 & 0 & 0 & 0 \end{pmatrix}$，求 $\boldsymbol{A}$ 的秩 $r(\boldsymbol{A})$.

解 容易看出 $\boldsymbol{A}$ 的所有 4 阶子式都为 0，有一个 3 阶子式

$$\begin{vmatrix} 1 & 3 & 2 \\ 0 & 2 & 0 \\ 0 & 0 & 1 \end{vmatrix}=2\neq 0,$$

所以 $r(\boldsymbol{A})=3$.

形如例 2.3.2 中的矩阵求秩比较容易，这样的矩阵称为**阶梯形矩阵**.

定义 2.3.3 符合下列条件的矩阵称为**阶梯形矩阵**.

(1) 可画出一条阶梯线，每个台阶只有一行；

(2) 阶梯线下方的元素全为零；

(3) 阶梯线的竖线(每段竖线的长度为一行)后面的第一个元素为非零元，也就是非零行的第一个非零元.

例如

$$\boldsymbol{A}=\begin{pmatrix} 1 & 2 & 3 \\ 0 & 3 & -2 \\ 0 & 0 & 4 \end{pmatrix},\boldsymbol{B}=\begin{pmatrix} 1 & 2 & -1 & 3 & 2 \\ 0 & 0 & 1 & 0 & 4 \\ 0 & 0 & 0 & 0 & 3 \end{pmatrix},\boldsymbol{C}=\begin{pmatrix} 0 & 1 & 2 & 3 \\ 0 & 0 & 1 & 0 \\ 0 & 0 & 0 & 0 \\ 0 & 0 & 0 & 0 \end{pmatrix}$$

均为阶梯形矩阵.

小提示

阶梯形矩阵中非零行的第一个非零元通常称为主元.

小智囊

阶梯形矩阵的秩等于其非零行的行数.

定理 2.3.1 任一矩阵可经有限次初等行变换化为阶梯形矩阵.

定理 2.3.2 初等行变换不改变矩阵的秩.

证明从略.

小智囊

求矩阵的秩,首先利用初等行变换化为阶梯形矩阵,再根据阶梯形矩阵的非零行的行数得到原矩阵的秩.

小试牛刀

例 2.3.3 设矩阵 $\boldsymbol{A}=\begin{pmatrix}1&3&-9&3\\1&4&-12&7\\-1&0&0&9\end{pmatrix}$,求矩阵 $\boldsymbol{A}$ 的秩 $r(\boldsymbol{A})$.

解 $\boldsymbol{A}\xrightarrow{r_1\leftrightarrow r_3}\begin{pmatrix}-1&0&0&9\\1&4&-12&7\\1&3&-9&3\end{pmatrix}\xrightarrow[r_3+r_1]{r_2+r_1}\begin{pmatrix}-1&0&0&9\\0&4&-12&16\\0&3&-9&12\end{pmatrix}\xrightarrow[r_3\times\frac{1}{3}]{r_2\times\frac{1}{4}}$

$\begin{pmatrix}-1&0&0&9\\0&1&-3&4\\0&1&-3&4\end{pmatrix}\xrightarrow{r_3+r_2\times(-1)}\begin{pmatrix}-1&0&0&9\\0&1&-3&4\\0&0&0&0\end{pmatrix}$.

因此 $r(\boldsymbol{A})=2$.

大展身手

例 2.3.4 若矩阵 $\boldsymbol{A}=\begin{pmatrix}1&a&-1&2\\1&-1&a&2\\1&0&-1&2\end{pmatrix}$ 的秩为 2,求 a.

解 $\boldsymbol{A}\xrightarrow{r_1\leftrightarrow r_3}\begin{pmatrix}1&0&-1&2\\1&-1&a&2\\1&a&-1&2\end{pmatrix}\xrightarrow[r_3+r_1\times(-1)]{r_2+r_1\times(-1)}\begin{pmatrix}1&0&-1&2\\0&-1&a+1&0\\0&a&0&0\end{pmatrix}\xrightarrow{r_3+r_2\times a}$

$\begin{pmatrix}1&0&-1&2\\0&-1&a+1&0\\0&0&a(a+1)&0\end{pmatrix}=\boldsymbol{B}$,

$\boldsymbol{B}$ 为阶梯形矩阵.

$$r(\boldsymbol{A})=2=r(\boldsymbol{B}),$$

因此 $\boldsymbol{B}$ 的第三行为零行，即 $a(a+1)=0$，从而 $a=0$ 或 $a=-1$.

定义 2.3.4 在阶梯形矩阵中，若非零行的主元全为 1，且主元 1 所在列的其余元素全为零，则称该矩阵为**最简行阶梯形矩阵**.

例如

$$\boldsymbol{A}=\begin{pmatrix}1&0&1&0\\0&1&-2&0\\0&0&0&1\end{pmatrix},\boldsymbol{B}=\begin{pmatrix}1&0&-3&0&-5\\0&1&2&0&4\\0&0&0&1&2\\0&0&0&0&0\end{pmatrix}$$

均为最简行阶梯形矩阵.

小提示

最简行阶梯形矩阵在第四节线性方程组求解过程中起着十分重要的作用.

例 2.3.5 利用初等行变换将下列矩阵 $\boldsymbol{A}$ 化简为最简行阶梯形矩阵.

$$\boldsymbol{A}=\begin{pmatrix}1&3&-1&2\\1&4&-5&6\\-1&-4&5&-7\end{pmatrix}.$$

解
$$\boldsymbol{A}=\begin{pmatrix}1&3&-1&2\\1&4&-5&6\\-1&-4&5&-7\end{pmatrix}\xrightarrow[r_3+r_1]{r_2+r_1\times(-1)}\begin{pmatrix}1&3&-1&2\\0&1&-4&4\\0&-1&4&-5\end{pmatrix}$$

$$\xrightarrow{r_3+r_2}\begin{pmatrix}1&3&-1&2\\0&1&-4&4\\0&0&0&-1\end{pmatrix}\xrightarrow{r_3\times(-1)}\begin{pmatrix}1&3&-1&2\\0&1&-4&4\\0&0&0&1\end{pmatrix}$$

$$\xrightarrow{r_1+r_2\times(-3)}\begin{pmatrix}1&0&11&-10\\0&1&-4&4\\0&0&0&1\end{pmatrix}\xrightarrow[r_1+r_3\times 10]{r_2+r_3\times(-4)}\begin{pmatrix}1&0&11&0\\0&1&-4&0\\0&0&0&1\end{pmatrix}.$$

习题 2.3

小试牛刀

1. 利用初等行变换将下列矩阵化为阶梯形及最简行阶梯形矩阵，并求出矩阵的秩.

(1) $\boldsymbol{A}=\begin{pmatrix}1&2&3\\2&2&1\\3&4&3\end{pmatrix}$； (2) $\boldsymbol{B}=\begin{pmatrix}1&-1&3&0\\-2&1&-2&1\\-1&-1&5&2\end{pmatrix}$.

2. 求下列矩阵的秩.

(1) $\boldsymbol{A}=\begin{pmatrix}1 & -3 & 3\\ 4 & -2 & 8\\ 3 & 1 & 11\end{pmatrix}$；(2) $\boldsymbol{B}=\begin{pmatrix}1 & -2 & 3 & -1\\ 3 & -1 & 5 & -3\\ 2 & 1 & 2 & -2\end{pmatrix}$.

大展身手

3. 设矩阵 $\boldsymbol{A}=\begin{pmatrix}1 & -1 & 1 & 2\\ 3 & \lambda & -1 & 2\\ 5 & 3 & \mu & 6\end{pmatrix}$，已知 $r(\boldsymbol{A})=2$，求 λ 和 μ 的值.

4. 对于 λ 的不同取值，矩阵

$$\boldsymbol{A}=\begin{pmatrix}1 & \lambda & -1 & 2\\ 2 & -1 & \lambda & 5\\ 1 & 10 & -6 & 1\end{pmatrix}$$

的秩为多少？

第四节　线性方程组解的讨论

思考问题

三国时期，数学家张丘建在《张丘建算经》中提出了"中国百鸡问题"：公鸡每只值五文钱，母鸡每只值三文钱，小鸡三只值一文钱，现在用一百文钱买一百只鸡，问：在这一百只鸡中，公鸡、母鸡、小鸡各有多少只？如果设公鸡有 x 只，母鸡有 y 只，小鸡有 z 只，根据题意可列出下列线性方程组

$$\begin{cases}x+y+z=100\\ 5x+3y+\dfrac{1}{3}z=100\end{cases}.$$

线性方程组的解的理论和求解方法是线性代数的核心内容，第一章中介绍的克莱姆法则有其局限性，只适用于讨论方程个数与未知量个数相同且系数行列式不等于零的 n 阶线性方程组.对于方程个数与未知量个数不同的线性方程组，如何判定解的存在性、解的组数以及求解？本节利用矩阵理论建立线性方程组理论，解决以上问题.

一、线性方程组的相关概念

有 n 个未知量的方程组：

$$\begin{cases} a_{11}x_1 + a_{12}x_2 + \cdots + a_{1n}x_n = b_1 \\ a_{21}x_1 + a_{22}x_2 + \cdots + a_{2n}x_n = b_2 \\ \cdots\cdots \\ a_{m1}x_1 + a_{m2}x_2 + \cdots + a_{mn}x_n = b_m \end{cases} \tag{2-1}$$

称为 **n 元线性方程组**,其中 $a_{ij}(i=1,2,\cdots,m;j=1,2,\cdots,n)$ 为第 i 个方程中 x_j 的系数,b_i $(i=1,2,\cdots,m)$ 表示第 i 个方程的常数项.

矩阵

$$\boldsymbol{A} = \begin{pmatrix} a_{11} & a_{12} & \cdots & a_{1n} \\ a_{21} & a_{22} & \cdots & a_{2n} \\ \vdots & \vdots & & \vdots \\ a_{m1} & a_{m2} & \cdots & a_{mn} \end{pmatrix}$$

称为线性方程组(2-1)的**系数矩阵**.

当 $b_1=b_2=\cdots=b_m=0$ 时,方程组(2-1)形式变为:

$$\begin{cases} a_{11}x_1 + a_{12}x_2 + \cdots + a_{1n}x_n = 0 \\ a_{21}x_1 + a_{22}x_2 + \cdots + a_{2n}x_n = 0 \\ \cdots\cdots \\ a_{m1}x_1 + a_{m2}x_2 + \cdots + a_{mn}x_n = 0 \end{cases}, \tag{2-2}$$

称方程组(2-2)为**齐次线性方程组**.

当 $b_1,b_2,\cdots,b_m$ 不全为 0 时,方程组(2-1)称为**非齐次线性方程组**.

矩阵

$$\boldsymbol{B} = \begin{pmatrix} b_1 \\ b_2 \\ \vdots \\ b_m \end{pmatrix}$$

称为方程组(2-1)的**常数项列矩阵**.

矩阵

$$\boldsymbol{X} = \begin{pmatrix} x_1 \\ x_2 \\ \vdots \\ x_n \end{pmatrix}$$

称为方程组(2-1)和(2-2)的**未知量列矩阵**.

非齐次线性方程组(2-1)的矩阵表示形式:$\boldsymbol{AX}=\boldsymbol{B}$.

齐次线性方程组(2-2)的矩阵表示形式:$\boldsymbol{AX}=\boldsymbol{O}$.

以上两种表示形式也可称为矩阵方程.

矩阵

$$\overline{A}=(A\,\vdots\,B)=\begin{pmatrix} a_{11} & a_{12} & \cdots & a_{1n} & b_1 \\ a_{21} & a_{22} & \cdots & a_{2n} & b_2 \\ \vdots & \vdots & & \vdots & \vdots \\ a_{m1} & a_{m2} & \cdots & a_{mn} & b_m \end{pmatrix}$$

称为方程组(2-1)的**增广矩阵**.

二、非齐次线性方程组解的讨论

通过利用消元法求解方程组来观察消元和初等行变换之间的关联.

小试牛刀

引例 解三元线性方程组

$$\begin{cases} x_1+2x_2+3x_3=2 \\ 2x_1+2x_2+x_3=1 \\ 3x_1+4x_2+3x_3=4 \end{cases}.$$

解

$$\begin{cases} x_1+2x_2+3x_3=2 & (1) \\ 2x_1+2x_2+x_3=1 & (2) \\ 3x_1+4x_2+3x_3=4 & (3) \end{cases} \quad \overline{A}=\begin{pmatrix} 1 & 2 & 3 & 2 \\ 2 & 2 & 1 & 1 \\ 3 & 4 & 3 & 4 \end{pmatrix}$$

$$\xrightarrow[(3)+(1)\times(-3)]{(2)+(1)\times(-2)} \begin{cases} x_1+2x_2+3x_3=2 & (1) \\ -2x_2-5x_3=-3 & (2) \\ -2x_2-6x_3=-2 & (3) \end{cases} \quad \xrightarrow[r_3+r_1\times(-3)]{r_2+r_1\times(-2)} \begin{pmatrix} 1 & 2 & 3 & 2 \\ 0 & -2 & -5 & -3 \\ 0 & -2 & -6 & -2 \end{pmatrix}$$

$$\xrightarrow{(3)+(2)\times(-1)} \begin{cases} x_1+2x_2+3x_3=2 & (1) \\ -2x_2-5x_3=-3 & (2) \\ -x_3=1 & (3) \end{cases} \quad \xrightarrow{r_3+r_2\times(-1)} \begin{pmatrix} 1 & 2 & 3 & 2 \\ 0 & -2 & -5 & -3 \\ 0 & 0 & -1 & 1 \end{pmatrix}$$

$$\xrightarrow[(3)\times(-1)]{(2)\times\left(-\frac{1}{2}\right)} \begin{cases} x_1+2x_2+3x_3=2 & (1) \\ x_2+\dfrac{5}{2}x_3=\dfrac{3}{2} & (2) \\ x_3=-1 & (3) \end{cases} \quad \xrightarrow[r_3\times(-1)]{r_2\times\left(-\frac{1}{2}\right)} \begin{pmatrix} 1 & 2 & 3 & 2 \\ 0 & 1 & \dfrac{5}{2} & \dfrac{3}{2} \\ 0 & 0 & 1 & -1 \end{pmatrix}$$

$$\xrightarrow[(1)+(3)\times(-3)]{(2)+(3)\times\left(-\frac{5}{2}\right)} \begin{cases} x_1+2x_2=5 & (1) \\ x_2=4 & (2) \\ x_3=-1 & (3) \end{cases} \quad \xrightarrow[r_1+r_3\times(-3)]{r_2+r_3\times\left(-\frac{5}{2}\right)} \begin{pmatrix} 1 & 2 & 0 & 5 \\ 0 & 1 & 0 & 4 \\ 0 & 0 & 1 & -1 \end{pmatrix}$$

$$\xrightarrow{(1)+(2)\times(-2)} \begin{cases} x_1=-3 & (1) \\ x_2=4 & (2) \\ x_3=-1 & (3) \end{cases} \quad \xrightarrow{r_1+r_2\times(-2)} \begin{pmatrix} 1 & 0 & 0 & -3 \\ 0 & 1 & 0 & 4 \\ 0 & 0 & 1 & -1 \end{pmatrix}$$

小智囊

用消元法求解非齐次线性方程组的过程，恰为对增广矩阵 $\overline{\mathbf{A}}$ 进行初等行变换的过程，并且最终变换为最简行阶梯形矩阵.

小试牛刀

例 2.4.1 解非齐次线性方程组

$$\begin{cases} x_1 + 2x_2 - x_3 + 2x_4 = 1 \\ 2x_1 + 4x_2 + x_3 + x_4 = 5 \\ -x_1 - 2x_2 - 2x_3 + x_4 = -4 \end{cases}.$$

解 对方程组的增广矩阵 $\overline{\mathbf{A}}$ 施行初等行变换，得

$$\overline{\mathbf{A}} = \begin{pmatrix} 1 & 2 & -1 & 2 & 1 \\ 2 & 4 & 1 & 1 & 5 \\ -1 & -2 & -2 & 1 & -4 \end{pmatrix} \xrightarrow[r_3 + r_1]{r_2 + r_1 \times (-2)} \begin{pmatrix} 1 & 2 & -1 & 2 & 1 \\ 0 & 0 & 3 & -3 & 3 \\ 0 & 0 & -3 & 3 & -3 \end{pmatrix} \xrightarrow{r_3 + r_2}$$

$$\begin{pmatrix} 1 & 2 & -1 & 2 & 1 \\ 0 & 0 & 3 & -3 & 3 \\ 0 & 0 & 0 & 0 & 0 \end{pmatrix} \xrightarrow{r_2 \times \frac{1}{3}} \begin{pmatrix} 1 & 2 & -1 & 2 & 1 \\ 0 & 0 & 1 & -1 & 1 \\ 0 & 0 & 0 & 0 & 0 \end{pmatrix} \xrightarrow{r_1 + r_2} \begin{pmatrix} 1 & 2 & 0 & 1 & 2 \\ 0 & 0 & 1 & -1 & 1 \\ 0 & 0 & 0 & 0 & 0 \end{pmatrix}.$$

由最简行阶梯形矩阵得到对应的同解方程组为

$$\begin{cases} x_1 + 2x_2 + x_4 = 2 \\ x_3 - x_4 = 1 \end{cases}.$$

取未知量 x_2, x_4 作为自由未知量，得原方程组的解为：

$$\begin{cases} x_1 = 2 - 2x_2 - x_4 \\ x_2 = x_2 \\ x_3 = 1 + x_4 \\ x_4 = x_4 \end{cases}.$$

像上式这样含有自由未知量的解的表达式，称为**方程组的通解**.

小智囊

(1) 一般取阶梯形矩阵中非主元所在列对应的未知量为自由未知量；

(2) 自由未知量的取法往往不唯一，但是其个数是确定的，等于未知量的个数减去最简行阶梯形矩阵中非零行的行数.

例 2.4.2 解非齐次线性方程组

$$\begin{cases} x_1 + x_2 + x_3 + x_4 = 1 \\ 3x_1 + 2x_2 + x_3 - 3x_4 = 2. \\ x_2 + 2x_3 + 6x_4 = 3 \end{cases}$$

解 因为$\bar{A}=(A \mid B)=\begin{pmatrix}1&1&1&1&1\\3&2&1&-3&2\\0&1&2&6&3\end{pmatrix}\xrightarrow{r_2+r_1\times(-3)}\begin{pmatrix}1&1&1&1&1\\0&-1&-2&-6&-1\\0&1&2&6&3\end{pmatrix}$

$$\xrightarrow[r_2\times(-1)]{r_3+r_2}\begin{pmatrix}1&1&1&1&1\\0&1&2&6&1\\0&0&0&0&2\end{pmatrix}.$$

对应的方程组中出现了方程“0=2”，因此原方程组无解.

定理 2.4.1 n 元非齐次线性方程组(2-1)有解的充要条件是系数矩阵 $\boldsymbol{A}$ 的秩 $r(\boldsymbol{A})$ 等于增广矩阵 $\bar{\boldsymbol{A}}$ 的秩 $r(\bar{\boldsymbol{A}})$，且

(1) 当 $r(\boldsymbol{A})=r(\bar{\boldsymbol{A}})=n$ 时，方程组(2-1)有唯一解；

(2) 当 $r(\boldsymbol{A})=r(\bar{\boldsymbol{A}})<n$ 时，方程组(2-1)有无穷多解.

推论 2.4.1 n 元非齐次线性方程组(2-1)无解的充要条件是系数矩阵 $\boldsymbol{A}$ 的秩与增广矩阵 $\bar{\boldsymbol{A}}$ 的秩不相等.

大展身手

例 2.4.3 讨论 p,q 为何值时，非齐次线性方程组

$$\begin{cases}x_1+x_2+x_3+x_4+x_5=1\\3x_1+2x_2+x_3+x_4-3x_5=p\\x_2+2x_3+2x_4+6x_5=3\\5x_1+4x_2+3x_3+3x_4-x_5=q\end{cases}$$

有解、无解，有解时求其通解.

解 对方程组的增广矩阵 $\bar{\boldsymbol{A}}$ 施行初等行变换.

$$\bar{\boldsymbol{A}}=\begin{pmatrix}1&1&1&1&1&1\\3&2&1&1&-3&p\\0&1&2&2&6&3\\5&4&3&3&-1&q\end{pmatrix}\xrightarrow[r_4+r_1\times(-5)]{r_2+r_1\times(-3)}\begin{pmatrix}1&1&1&1&1&1\\0&-1&-2&-2&-6&p-3\\0&1&2&2&6&3\\0&-1&-2&-2&-6&q-5\end{pmatrix}$$

$$\xrightarrow[r_4+r_2\times(-1)]{r_3+r_2}\begin{pmatrix}1&1&1&1&1&1\\0&-1&-2&-2&-6&p-3\\0&0&0&0&0&p\\0&0&0&0&0&q-p-2\end{pmatrix}.$$

由此可见，$r(\boldsymbol{A})=2$，当

(1) $p=0$ 且 $q-p-2=0$ 时，$r(\bar{\boldsymbol{A}})=2=r(\boldsymbol{A})$，即 $p=0$ 且 $q=2$ 时，方程组有解，继续对方程组的增广矩阵 $\bar{\boldsymbol{A}}$ 施行初等行变换化为最简行阶梯形矩阵.

$$\begin{pmatrix}1&1&1&1&1&1\\0&-1&-2&-2&-6&-3\\0&0&0&0&0&0\\0&0&0&0&0&0\end{pmatrix}\xrightarrow[r_2\times(-1)]{r_1+r_2}\begin{pmatrix}1&0&-1&-1&-5&-2\\0&1&2&2&6&3\\0&0&0&0&0&0\\0&0&0&0&0&0\end{pmatrix}.$$

得同解方程组

$$\begin{cases}x_1-x_3-x_4-5x_5=-2\\x_2+2x_3+2x_4+6x_5=3\end{cases}.$$

取未知量 x_3,x_4,x_5 作为自由未知量,得原方程组的通解为:

$$\begin{cases}x_1=-2+x_3+x_4+5x_5\\x_2=3-2x_3-2x_4-6x_5\\x_3=x_3\\x_4=x_4\\x_5=x_5\end{cases}.$$

(2) $p\neq 0$ 时,$r(\bar{\mathbf{A}})\neq r(\mathbf{A})$,方程组无解;或 $p=0$ 且 $q-p-2\neq 0$,即 $p=0$ 且 $q\neq 2$ 时,$r(\bar{\mathbf{A}})\neq r(\mathbf{A})$,方程组无解,即 $p\neq 0$ 或 $p=0$ 且 $q\neq 2$ 时,原方程组无解.

根据上述所讲的求解非齐次线性方程组的方法可以来解决本节开头的【思考问题】,其未知量均为正整数,易求得其解为

$$\begin{cases}x=4\\y=18\\z=78\end{cases},\begin{cases}x=8\\y=11\\z=81\end{cases},\begin{cases}x=12\\y=4\\z=84\end{cases}.$$

三、齐次线性方程组解的讨论

齐次线性方程组(2-2)必定有解,因为 $x_1=x_2=\cdots=x_n=0$ 就是它的一个解,这个解称为零解,其他的解称为非零解.所以,对于齐次线性方程组的解的讨论,就是讨论是仅有唯一的解,即零解;还是有无穷多解,即既有零解又有非零解.

定理 2.4.2　n 元齐次线性方程组(2-2)有非零解的充要条件是系数矩阵 $\mathbf{A}$ 的秩 $r(\mathbf{A})<n$.

推论 2.4.2　n 元齐次线性方程组(2-2)只有零解的充要条件是系数矩阵 $\mathbf{A}$ 的秩 $r(\mathbf{A})=n$.

证明从略.

小试牛刀

例 2.4.4　解齐次线性方程组:

(1) $\begin{cases}x_1+2x_2-x_3=0\\3x_1+4x_2-2x_3=0\\5x_1-4x_2+x_3=0\end{cases}$;　(2) $\begin{cases}x_1+2x_2-x_3=0\\-2x_1-3x_2+4x_3=0\end{cases}$.

解　(1) 利用矩阵的初等行变换化简方程组的系数矩阵为阶梯形矩阵:

$$\mathbf{A}=\begin{pmatrix}1&2&-1\\3&4&-2\\5&-4&1\end{pmatrix}\xrightarrow[r_3+r_1\times(-5)]{r_2+r_1\times(-3)}\begin{pmatrix}1&2&-1\\0&-2&1\\0&-14&6\end{pmatrix}\xrightarrow{r_3+r_2\times(-7)}\begin{pmatrix}1&2&-1\\0&-2&1\\0&0&-1\end{pmatrix}.$$

$r(\boldsymbol{A})=3=n$，由推论 2.4.2 可知，该三元齐次线性方程组只有零解，即

$$\begin{cases}x_1=0\\x_2=0.\\x_3=0\end{cases}$$

(2) 用矩阵的初等行变换化简方程组的系数矩阵为阶梯形矩阵：

$$\boldsymbol{A}=\begin{pmatrix}1&2&-1\\-2&-3&4\end{pmatrix}\xrightarrow{r_2+r_1\times 2}\begin{pmatrix}1&2&-1\\0&1&2\end{pmatrix}.$$

$r(\boldsymbol{A})=2<3$，由定理 2.4.2 可知，该三元齐次线性方程组存在非零解，继续化简上述阶梯形矩阵为最简行阶梯形矩阵：

$$\begin{pmatrix}1&2&-1\\0&1&2\end{pmatrix}\xrightarrow{r_1+r_2\times(-2)}\begin{pmatrix}1&0&-5\\0&1&2\end{pmatrix}.$$

还原得到和原方程组同解的最简方程组：

$$\begin{cases}x_1-5x_3=0\\x_2+2x_3=0\end{cases}.$$

取未知量 x_3 作为自由未知量，得原方程组的通解为

$$\begin{cases}x_1=5x_3\\x_2=-2x_3.\\x_3=x_3\end{cases}$$

大展身手

例 2.4.5 解齐次线性方程组

$$\begin{cases}-x_1+2x_2+3x_3-x_4=0\\2x_1-x_2+4x_3+2x_4=0\\x_1+x_2+7x_3+x_4=0\end{cases}.$$

解 用矩阵的初等行变换化简方程组的系数矩阵为阶梯形矩阵

$$\boldsymbol{A}=\begin{pmatrix}-1&2&3&-1\\2&-1&4&2\\1&1&7&1\end{pmatrix}\xrightarrow[r_3+r_1]{r_2+r_1\times 2}\begin{pmatrix}-1&2&3&-1\\0&3&10&0\\0&3&10&0\end{pmatrix}\xrightarrow{r_3-r_2}\begin{pmatrix}-1&2&3&-1\\0&3&10&0\\0&0&0&0\end{pmatrix}.$$

$r(\boldsymbol{A})=2<4$，由定理 2.4.2 可知，该四元齐次线性方程组存在非零解，继续化简上述阶梯形矩阵为最简行阶梯形矩阵

$$\begin{pmatrix}-1&2&3&-1\\0&3&10&0\\0&0&0&0\end{pmatrix}\xrightarrow[r_1\times(-1)]{r_2\times\frac{1}{3}}\begin{pmatrix}1&-2&-3&1\\0&1&\frac{10}{3}&0\\0&0&0&0\end{pmatrix}\xrightarrow{r_1+r_2\times 2}\begin{pmatrix}1&0&\frac{11}{3}&1\\0&1&\frac{10}{3}&0\\0&0&0&0\end{pmatrix}.$$

还原得到和原方程组同解的最简方程组：

$$\begin{cases} x_1+\dfrac{11}{3}x_3+x_4=0 \\ x_2+\dfrac{10}{3}x_3=0 \end{cases}.$$

取未知量 x_3,x_4 作为自由未知量，得原方程组的通解为：

$$\begin{cases} x_1=-\dfrac{11}{3}x_3-x_4 \\ x_2=-\dfrac{10}{3}x_3 \\ x_3=x_3 \\ x_4=x_4 \end{cases}.$$

习题 2.4

小试牛刀

1. 判断下列线性方程组解的情况.

(1) $\begin{cases} x_1+2x_2+3x_3=0 \\ 2x_1+2x_2+x_3=0 \\ 3x_1+4x_2+3x_3=0 \end{cases}$；　(2) $\begin{cases} x_1-2x_2-x_3=1 \\ 2x_1+x_3=5 \\ -x_1+3x_2+2x_3=1 \end{cases}$；

(3) $\begin{cases} x_1+x_4=0 \\ x_1+2x_2-x_4=1 \\ 3x_1-x_2+4x_4=1 \\ x_1+4x_2+5x_3+x_4=2 \end{cases}$；　(4) $\begin{cases} 3x_1+3x_2-5x_3=-5 \\ x_1+x_2-3x_3=-3 \\ x_1+x_2+x_3=1 \\ 2x_1+2x_2-2x_3=-2 \end{cases}$.

2. 解下列齐次线性方程组：

(1) $\begin{cases} x_1+x_2+2x_3-x_4=0 \\ 2x_1+x_2+x_3-x_4=0 \\ 2x_1+2x_2+x_3+2x_4=0 \end{cases}$；　(2) $\begin{cases} x_1+2x_2+x_3-x_4=0 \\ 3x_1+6x_2-x_3-3x_4=0 \\ 5x_1+10x_2+x_3-5x_4=0 \end{cases}$.

3. 解下列非齐次线性方程组：

(1) $\begin{cases} 2x_1+2x_2+x_3=4 \\ x_1-2x_2+4x_3=-5 \\ 3x_1+8x_2-2x_3=13 \\ 4x_1-x_2+9x_3=-6 \end{cases}$；　(2) $\begin{cases} x_1-2x_2+3x_3-x_4=1 \\ 3x_1-x_2+5x_3-3x_4=2 \\ 2x_1+x_2+2x_3-2x_4=3 \end{cases}$；

(3) $\begin{cases} x_1+x_2-3x_3-x_4=1 \\ 3x_1-x_2-3x_3+4x_4=4; \\ x_1+5x_2-9x_3-8x_4=0 \end{cases}$ (4) $\begin{cases} x_1-x_2-x_3+x_4=0 \\ 3x_1-x_2+x_3-3x_4=1 \\ x_1-x_2-2x_3+3x_4=-\frac{1}{2} \end{cases}$.

大展身手

4. λ 取何值时,非齐次线性方程组

$$\begin{cases} \lambda x_1+x_2+x_3=1 \\ x_1+\lambda x_2+x_3=\lambda \\ x_1+x_2+\lambda x_3=\lambda^2 \end{cases}$$

有唯一解? 无解? 有无穷多解?

5. λ 取何值时,非齐次线性方程组

$$\begin{cases} -2x_1+x_2+x_3=-2 \\ x_1-2x_2+x_3=\lambda \\ x_1+x_2-2x_3=\lambda^2 \end{cases}$$

有解? 并求出它的全部解.

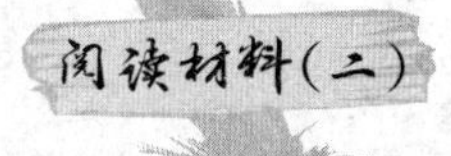

矩 阵

矩阵的研究历史悠久,拉丁方阵和幻方在史前年代已有人研究.

在数学中,矩阵(Matrix)是一个按照长方阵列排列的复数或实数集合,最早来自方程组的系数及常数所构成的方阵.这一概念由19世纪英国数学家凯利首先提出.作为解决线性方程的工具,矩阵也有不短的历史.成书最早在东汉前期的《九章算术》中,用分离系数法表示线性方程组,得到了其增广矩阵.在消元过程中,使用的把某行乘以某一非零实数、从某行中减去另一行等运算技巧,相当于矩阵的初等变换,但那时并没有现今理解的矩阵概念,虽然它与现有的矩阵形式上相同,在当时只是作为线性方程组的标准表示与处理方式.矩阵正式作为数学中的研究对象出现,则是在行列式的研究发展起来以后.逻辑上,矩阵的概念先于行列式,但在实际的历史上则恰好相反.日本数学家关孝和(1683年)与微积分的发现者之一戈特弗里德·威廉·莱布尼茨(1693年)近乎同时地独立建立了行列式论,其后行列式作为解线性方程组的工具逐步发展.1750年,加布里尔·克莱姆发现了克莱姆法则.

矩阵的概念在19世纪逐渐形成.19世纪初,高斯和威廉·若尔当建立了高斯-若尔当消去法.1844年,德国数学家费迪南·艾森斯坦(F.Eisenstein)讨论了“变换”(矩阵)及其乘积.1850年,英国数学家詹姆斯·约瑟夫·西尔维斯特(James Joseph Sylvester)首先使用“矩阵”一词.

英国数学家阿瑟·凯利被公认为矩阵论的奠基人,他开始将矩阵作为独立的数学对象研究时,许多与矩阵有关的性质已经在行列式的研究中被发现了,这也使得凯利认为矩阵的引进是十分自然的.他说:"我决然不是通过四元数而获得矩阵概念的;它或是直接从行列式的概念而来,或是作为一个表达线性方程组的方便方法而来的."他从1858年开始,发表了《矩阵论的研究报告》等一系列关于矩阵的专门论文,研究了矩阵的运算律、矩阵的逆以及转置和特征多项式方程,凯利还提出了凯莱-哈密尔顿定理,并验证了3×3矩阵的情况,又说进一步的证明是不必要的.哈密尔顿证明了4×4矩阵的情况,而一般情况下的证明是德国数学家弗罗贝尼乌斯(F.G.Frohenius)于1898年给出的.

1854年时法国数学家埃尔米特(C.Hermite)使用了"正交矩阵"这一术语,但他的正式定义直到1878年才由费罗贝尼乌斯发表.1879年,费罗贝尼乌斯引入矩阵秩的概念.至此,矩阵的体系基本上建立起来了.无限维矩阵的研究始于1884年,庞加莱在两篇不严谨地使用了无限维矩阵和行列式理论的文章后开始了对这一方面的专门研究.1906年,希尔伯特引入无限二次形(相当于无限维矩阵)对积分方程进行研究,极大地促进了无限维矩阵的研究.在此基础上,施密茨、赫林格和特普利茨发展出算子理论,而无限维矩阵成了研究函数空间算子的有力工具.

矩阵的概念最早在1922年见于中文.1922年,程廷熙在一篇介绍文章中将矩阵译为"纵横阵".1925年,科学名词审查会算学名词审查组在《科学》第十卷第四期刊登的审定名词表中,矩阵被翻译为"矩阵式",方块矩阵翻译为"方阵式",而各类矩阵如"正交矩阵"、"伴随矩阵"中的"矩阵"则被翻译为"方阵".1935年,中国数学会审查后,"中华民国"教育部审定的《数学名词》(并"通令全国各院校一律遵用,以昭划一")中,"矩阵"作为译名首次出现.1938年,曹惠群在接受科学名词审查会委托就数学名词加以校订的《算学名词汇编》中,认为应当的译名是"长方阵".中华人民共和国成立后编订的《数学名词》中,则将译名定为"矩阵".1993年,中国自然科学名词审定委员会公布的《数学名词》中,"矩阵"被定为正式译名,并沿用至今.

复习题二

小试牛刀

一、选择题

1. 若 $\boldsymbol{A},\boldsymbol{B}$ 均为 n 阶方阵,则必有(   ).

A. $|\boldsymbol{A}+\boldsymbol{B}|=|\boldsymbol{A}|+|\boldsymbol{B}|$　　B. $\boldsymbol{AB}=\boldsymbol{BA}$

C. $|\boldsymbol{AB}|=|\boldsymbol{BA}|$　　D. $(\boldsymbol{A}+\boldsymbol{B})^{-1}=\boldsymbol{A}^{-1}+\boldsymbol{B}^{-1}$

2. 若 $\boldsymbol{A},\boldsymbol{B}$ 均为 n 阶方阵,下列结论中正确的是(   ).

A. 若 $\boldsymbol{A},\boldsymbol{B}$ 均可逆,则 $\boldsymbol{A}+\boldsymbol{B}$ 可逆　　B. 若 $\boldsymbol{A},\boldsymbol{B}$ 均可逆,则 $\boldsymbol{AB}$ 可逆

C. 若 $\boldsymbol{A}+\boldsymbol{B}$ 均可逆,则 $\boldsymbol{A}-\boldsymbol{B}$ 可逆　　D. 若 $\boldsymbol{A}+\boldsymbol{B}$ 均可逆,则 $\boldsymbol{A},\boldsymbol{B}$ 可逆

3. 若 $\boldsymbol{A},\boldsymbol{B}$ 均为 n 阶方阵,且 $\boldsymbol{AB}=\boldsymbol{O}$,则必有(   ).

A. $|\boldsymbol{A}|=0$ 或 $|\boldsymbol{B}|=0$　　B. $\boldsymbol{A}+\boldsymbol{B}=\boldsymbol{O}$

C. $\boldsymbol{A}=\boldsymbol{O}$ 或 $\boldsymbol{B}=\boldsymbol{O}$　　D. $|\boldsymbol{A}|+|\boldsymbol{B}|=0$

4. 设 $\boldsymbol{A}$ 为任意矩阵，则必为对称矩阵的是(　　).

A. $\boldsymbol{A}+\boldsymbol{A}^{\mathrm{T}}$　　B. $\boldsymbol{A}\boldsymbol{A}^{\mathrm{T}}$　　C. $\boldsymbol{A}-\boldsymbol{A}^{\mathrm{T}}$　　D. $(\boldsymbol{A}+\boldsymbol{A}^{\mathrm{T}})^{\mathrm{T}}$

5. 若非齐次线性方程组 $\boldsymbol{AX}=\boldsymbol{B}$ 中方程的个数少于未知量的个数，则(　　).

A. $\boldsymbol{AX}=\boldsymbol{B}$ 必有无穷多解　　B. $\boldsymbol{AX}=\boldsymbol{B}$ 无解

C. $\boldsymbol{AX}=\boldsymbol{O}$ 必有非零解　　D. $\boldsymbol{AX}=\boldsymbol{O}$ 只有零解

二、填空题

1. 设 $\boldsymbol{A}$ 是 $m\times n$ 矩阵，$\boldsymbol{B}$ 是 $p\times n$ 矩阵，则 $\boldsymbol{AB}^{\mathrm{T}}$ 的行数为_______，列数为_______.

2. 若矩阵 $\boldsymbol{A}$ 满足 $\boldsymbol{A}^2=\boldsymbol{A}$，且 $\boldsymbol{A}$ 可逆，则 $\boldsymbol{A}=$_______.

3. 若 $\boldsymbol{A},\boldsymbol{B}$ 均为 3 阶方阵，$\boldsymbol{A}^*$ 为 $\boldsymbol{A}$ 的伴随矩阵，且 $|\boldsymbol{A}|=2$，$|\boldsymbol{B}|=3$，则 $|3\boldsymbol{A}^{-1}|=$_______，$|\boldsymbol{A}^*|=$_______，$|2\boldsymbol{AB}^{-1}|=$_______.

4. 四元非齐次线性方程组的增广矩阵施行初等行变换后得到矩阵 $\begin{pmatrix}1&2&3&4&5\\0&-1&2&1&1\\0&0&0&0&1\end{pmatrix}$，则原方程组解的情况为_______.(用“有解”或“无解”填空)

三、当 x 和 y 满足什么条件时，$\boldsymbol{A}=\begin{pmatrix}1&2\\4&3\end{pmatrix}$ 与 $\boldsymbol{B}=\begin{pmatrix}x&1\\y&2\end{pmatrix}$ 满足 $\boldsymbol{AB}=\boldsymbol{BA}$？

四、利用初等行变换法求矩阵的逆矩阵

$$\boldsymbol{A}=\begin{pmatrix}1&1&1&1\\1&1&-1&-1\\1&-1&1&-1\\1&-1&-1&1\end{pmatrix}.$$

五、解下列线性方程组

(1) $\begin{cases}x_1+x_2-2x_3+x_4+3x_5=0\\2x_1-x_2+2x_3+2x_4+6x_5=0\\3x_1+2x_2-4x_3-5x_4-7x_5=0\end{cases}$；

(2) $\begin{cases}3x_1+3x_3=0\\x_1-x_2+2x_3=-1\\2x_1+x_2+x_3=1\\5x_1+x_2+4x_3=1\end{cases}$.

大展身手

一、选择题

1. 若 $\boldsymbol{A},\boldsymbol{B},\boldsymbol{C}$ 均为 n 阶方阵，且 $\boldsymbol{ABC}=\boldsymbol{E}$，则有(　　).

A. $\boldsymbol{CAB}=\boldsymbol{E}$　　B. $\boldsymbol{ACB}=\boldsymbol{E}$　　C. $\boldsymbol{BAC}=\boldsymbol{E}$　　D. $\boldsymbol{CBA}=\boldsymbol{E}$

2. 若 $\boldsymbol{A}$、$\boldsymbol{B}$ 均为 n 阶可逆方阵，且 $\boldsymbol{AB}=\boldsymbol{BA}$，如下六个命题：① $\boldsymbol{AB}^{-1}=\boldsymbol{B}^{-1}\boldsymbol{A}$；② $\boldsymbol{BA}^{-1}=\boldsymbol{B}^{-1}\boldsymbol{A}$；③ $\boldsymbol{AB}=\boldsymbol{B}^{-1}\boldsymbol{A}^{-1}$；④ $\boldsymbol{A}^{-1}\boldsymbol{B}^{-1}=\boldsymbol{B}^{-1}\boldsymbol{A}^{-1}$；⑤ $\boldsymbol{A}=\boldsymbol{B}$；⑥ $\boldsymbol{A}^{-1}\boldsymbol{B}^{-1}\boldsymbol{AB}=\boldsymbol{E}$. 其中正确的命题是(　　).

A. ①②⑥　　B. ③④　　C. ①④⑥　　D. ①④⑤

3. 设 $\boldsymbol{A}$ 为 3 阶方阵，且 $|\boldsymbol{A}|=3$，$\boldsymbol{B}=2\boldsymbol{A}^{-1}-(2\boldsymbol{A})^{-1}$，则 $|\boldsymbol{B}|=$(   ).

A. 0　　B. 1　　C. $\frac{8}{9}$　　D. $\frac{9}{8}$

4. 设 $\boldsymbol{A}$ 为 n 阶方阵，且 $|\boldsymbol{A}|\neq 0$，则 $|\boldsymbol{A}^*|=$(   ).

A. $|\boldsymbol{A}|$　　B. $\frac{1}{|\boldsymbol{A}|}$　　C. $|\boldsymbol{A}|^n$　　D. $|\boldsymbol{A}|^{n-1}$

5. 3 个方程 4 个未知量的非齐次线性方程组满足什么条件时一定有解？(   )

A. $r(\boldsymbol{A})=1$　　B. $r(\boldsymbol{A})=2$　　C. $r(\boldsymbol{A})=3$　　D. $r(\bar{\boldsymbol{A}})=3$

二、填空题

1. 设 $\boldsymbol{A},\boldsymbol{B}$ 均为 3 阶方阵，$|\boldsymbol{A}|=2$，$|\boldsymbol{B}|=-3$，则 $|-2\boldsymbol{A}^2(\boldsymbol{B}^{\mathrm{T}})^{-1}|=$________.

2. 设 $\boldsymbol{A}=\begin{pmatrix}1 & -1 & 2\\ 0 & 2 & 5\\ 0 & 0 & -3\end{pmatrix}$，则 $(\boldsymbol{A}^*)^{-1}=$________.

3. 设 $\boldsymbol{A}$ 为 n 阶方阵，且 $\boldsymbol{A}=\frac{1}{2}(\boldsymbol{B}+\boldsymbol{E})$，则 $\boldsymbol{A}^2=\boldsymbol{A}$ 的充要条件是________.

4. 若线性方程组 $\begin{cases}x_1-3x_2+2x_3=1\\ 2x_1-6x_2-\lambda x_3=3\end{cases}$ 无解，则 $\lambda=$________.

三、利用初等行变换法将下列矩阵化为最简行阶梯形矩阵

1. $\boldsymbol{A}=\begin{pmatrix}1 & -2 & 3 & -4 & 4\\ 0 & 1 & -1 & 1 & -3\\ 1 & 3 & 0 & -3 & 1\\ 0 & -7 & 3 & 1 & -3\end{pmatrix}$；　　2. $\boldsymbol{B}=\begin{pmatrix}0 & 0 & 1 & 2 & -1\\ 1 & 3 & -2 & 2 & -1\\ 2 & 6 & -4 & 5 & 7\\ -1 & -3 & 4 & 0 & 5\end{pmatrix}$.

四、已知矩阵

$$\boldsymbol{A}=\begin{pmatrix}1 & 1 & 2 & a & 3\\ 2 & 2 & 3 & 1 & 4\\ 1 & 0 & 1 & 1 & 5\\ 2 & 3 & 5 & 5 & 4\end{pmatrix}$$

的秩是 3，求 a 的值.

五、解下列线性方程组

1. $\begin{cases}3x_1+x_2+2x_3-7x_4=0\\ 2x_1+3x_2-2x_3+5x_4=0\\ 4x_1+x_2-3x_3+6x_4=0\\ x_1-2x_2+4x_3-7x_4=0\end{cases}$；　　2. $\begin{cases}3x_1+3x_3=0\\ x_1-x_2+2x_3=-1\\ 2x_1+x_2+x_3=1\\ 5x_1+x_2+4x_3=1\end{cases}$；

3. $\begin{cases}2x_1+7x_2+3x_3+x_4=6\\ 3x_1+5x_2+2x_3+2x_4=4\\ 9x_1+4x_2+x_3+7x_4=2\end{cases}$；　　4. $\begin{cases}2x_1+x_2-x_3+x_4=1\\ 3x_1-2x_2+x_3-3x_4=4\\ x_1+4x_2-3x_3+5x_4=-2\end{cases}$.

第三章

无穷级数

无穷级数是高等数学的一个重要组成部分，它是表示函数、研究函数性质、进行数值计算以及近似求解微分方程的一种工具.本章先介绍常数项级数的一些基本内容，再介绍特殊的函数项级数——幂级数，然后研究在电工学、物理学等学科中经常用到的傅里叶级数，并讨论如何将函数展开为傅里叶级数的问题.

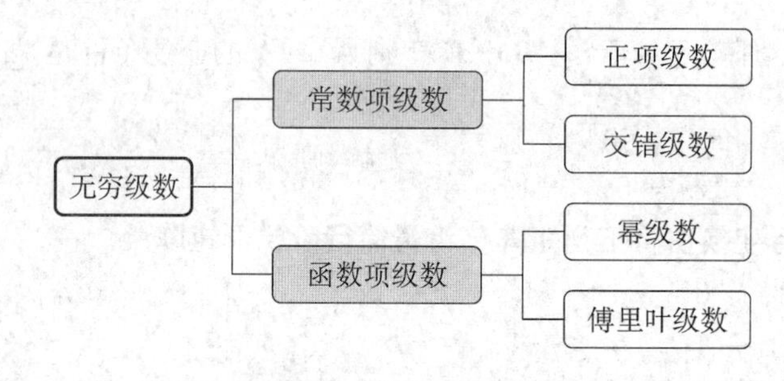

第一节　常数项级数

希腊的数学家芝诺提出了二分法悖论，其意思大概是：一位旅行者前往一个特定的地点，他必须先走完一半的路程，然后走剩下的一半路程的一半，然后再走又剩下的路程的一半……如此继续，由于他永远有剩下路程的一半要走，因此，这位旅行者永远走不到目的地.那么此说法正确吗？

此问题的关键是旅行者到达目的地的时间是有限值还是无穷大.在路程确定的前提下，要求解旅行时间还要讨论旅行者的行走速度.

情形 1　若旅行者匀速前进，且走完一半路程的时间为 T，则旅行者所用的总时间为：

$$T+\frac{T}{2}+\frac{T}{4}+\frac{T}{8}+\cdots$$

情形 2　若旅行者减速前进，不妨设走完第一个一半路程的时间为 T，走完第二个一半路程的时间为 $\frac{T}{2}$，走完第三个一半路程的时间为 $\frac{T}{3}$，以此类推，旅行者所用的总时间为：

$$T+\frac{T}{2}+\frac{T}{3}+\frac{T}{4}+\cdots$$

情形 3　若旅行者加速前进,与减速前进类似讨论.

由以上讨论可知,旅行者能否走到目的地关键在于上面两种无限项数列相加,其和是否存在.

一、常数项级数的基本概念

定义 3.1.1　给定一个数列 $\{u_n\}$,则表达式

$$u_1+u_2+u_3+\cdots+u_n+\cdots$$

称为**常数项无穷级数**,简称**数项级数**,记作 $\sum\limits_{n=1}^{\infty}u_n$,即

$$\sum_{n=1}^{\infty}u_n=u_1+u_2+u_3+\cdots+u_n+\cdots,$$

其中 u_n 称为级数的第 n 项,也称为**一般项**或**通项**.

例如:

$$\sum_{n=1}^{\infty}\frac{1}{3^n}=\frac{1}{3}+\frac{1}{9}+\cdots+\frac{1}{3^n}+\cdots,$$

$$\sum_{n=1}^{\infty}(-1)^n\frac{1}{n}=-1+\frac{1}{2}-\cdots+(-1)^n\frac{1}{n}+\cdots$$

均为数项级数.

分别取级数的前一项,前两项,……,前 n 项,……之和,得到一个新的数列 $\{S_n\}$. 其中

$$S_1=u_1,S_2=u_1+u_2,S_3=u_1+u_2+u_3,\cdots,S_n=u_1+u_2+\cdots+u_n,\cdots$$

这个数列的通项 $S_n=u_1+u_2+\cdots+u_n$ 称为级数 $\sum\limits_{n=1}^{\infty}u_n$ 的前 n 项的部分和,该数列称为级数的部分和数列.

定义 3.1.2　如果无穷级数 $\sum\limits_{n=1}^{\infty}u_n$ 的部分和数列 $\{S_n\}$ 当 $n\to\infty$ 时的极限存在且为 S,即 $\lim\limits_{n\to\infty}S_n=S$,则称无穷级数 $\sum\limits_{n=1}^{\infty}u_n$ 是**收敛**的,并称 S 为该级数的和,即

$$u_1+u_2+u_3+\cdots+u_n+\cdots=\sum_{n=1}^{\infty}u_n=S.$$

如果数列 $\{S_n\}$ 的极限不存在,则称该级数是**发散**的.

当级数 $\sum\limits_{n=1}^{\infty}u_n$ 收敛时,其和 S 与它的部分和 S_n 的差

$$r_n=S-S_n=u_{n+1}+u_{n+2}+u_{n+3}+\cdots$$

称为该级数的余项.以部分和 S_n 作为和 S 的近似值所产生的误差，就是这个余项的绝对值 $|r_n|$.

小智囊

级数收敛的充分必要条件是 $\lim\limits_{n\to\infty}r_n=0$.

小试牛刀

例 3.1.1 讨论下列级数的敛散性.

(1) $\sum\limits_{n=1}^{\infty}(-1)^{n-1}$；

(2) $\sum\limits_{n=1}^{\infty}\dfrac{1}{n(n+1)}$.

解 (1) 因为部分和 $S_n=\begin{cases}0 & n\text{ 为偶数时}\\ 1 & n\text{ 为奇数时}\end{cases}$，所以 $\lim\limits_{n\to\infty}S_n$ 不存在，故级数发散.

(2) 因为

$$\begin{aligned}S_n&=\frac{1}{1\cdot 2}+\frac{1}{2\cdot 3}+\cdots+\frac{1}{n(n+1)}\\&=\left(1-\frac{1}{2}\right)+\left(\frac{1}{2}-\frac{1}{3}\right)+\cdots+\left(\frac{1}{n}-\frac{1}{n+1}\right)=1-\frac{1}{n+1},\end{aligned}$$

所以

$$\lim_{n\to\infty}S_n=\lim_{n\to\infty}\left(1-\frac{1}{n+1}\right)=1,$$

从而这个级数是收敛的，且和为 1.

大展身手

例 3.1.2 讨论等比级数(几何级数)

$$\sum_{n=1}^{\infty}aq^{n-1}=a+aq+aq^2+\cdots+aq^n+\cdots$$

的敛散性.

解 根据等比数列前 n 项的求和公式可知，当 $q\neq 1$ 时，所给级数的部分和

$$S_n=\frac{a}{1-q}(1-q^n).$$

于是，当 $|q|<1$ 时，

$$\lim_{n\to\infty}S_n=\lim_{n\to\infty}\frac{a}{1-q}(1-q^n)=\frac{a}{1-q}.$$

当 $|q|>1$ 时，

$$\lim_{n\to\infty}S_n=\lim_{n\to\infty}\frac{a}{1-q}(1-q^n)=\infty.$$

当 $q=1$ 时，$S_n=na\to\infty$（当 $n\to\infty$ 时），即部分和数列 $\{S_n\}$ 不存在极限.

当 $q=-1$ 时，$S_n=a-a+a-a+\cdots+(-1)^{n-1}a=\begin{cases}a & n\text{ 为奇数时}\\ 0 & n\text{ 为偶数时}\end{cases}$，故部分和数列 $\{S_n\}$ 不存在极限.

综上可知，对于等比级数 $\sum\limits_{n=1}^{\infty}aq^{n-1}$，当公比 $|q|<1$ 时收敛，其和 $S=\dfrac{a}{1-q}$；当公比 $|q|\geqslant 1$ 时发散.

级数 $\sum\limits_{n=1}^{\infty}\dfrac{1}{n^p}=1+\dfrac{1}{2^p}+\dfrac{1}{3^p}+\cdots+\dfrac{1}{n^p}+\cdots$ 称为 p 级数，也称为广义调和级数.

p 级数的敛散性直接给出下面的结论，证明从略.

小智囊

当 $p>1$ 时，p 级数收敛；当 $p\leqslant 1$ 时，p 级数发散.

特别地，当 $p=1$ 时，p 级数 $\sum\limits_{n=1}^{\infty}\dfrac{1}{n}=1+\dfrac{1}{2}+\dfrac{1}{3}+\cdots+\dfrac{1}{n}+\cdots$ 称为调和级数，由 p 级数敛散性的结论可知，调和级数发散.

小提示

以后经常用等比级数和 p 级数的敛散性的结论判断数项级数的敛散性.

例如，由以上两个结论，很容易判断出来等比级数 $\sum\limits_{n=1}^{\infty}\dfrac{3}{2^n}$ 是收敛的，p 级数 $\sum\limits_{n=1}^{\infty}\dfrac{1}{\sqrt{n}}$ $\left(p=\dfrac{1}{2}\right)$ 是发散的.

二、常数项级数的基本性质

根据数项级数敛散性的概念，可以得出如下的基本性质.

性质 3.1.1　若级数 $\sum\limits_{n=1}^{\infty}u_n$ 收敛于和 S，k 为任意常数，则级数 $\sum\limits_{n=1}^{\infty}ku_n$ 也收敛，且其和为 kS.

【思考问题】的二分法悖论情形 1 中的级数 $T+\dfrac{T}{2}+\dfrac{T}{4}+\dfrac{T}{8}+\cdots=T\sum\limits_{n=0}^{\infty}\dfrac{1}{2^n}=2T$，因此，在此情形下，悖论是错误的.情形 2 中无穷级数 $T+\dfrac{T}{2}+\dfrac{T}{3}+\dfrac{T}{4}+\cdots=T\sum\limits_{n=1}^{\infty}\dfrac{1}{n}$ 是发散的，因此，在此情形下，悖论是正确的.

性质 3.1.2　若级数 $\sum\limits_{n=1}^{\infty}u_n$ 和 $\sum\limits_{n=1}^{\infty}v_n$ 都收敛，则级数 $\sum\limits_{n=1}^{\infty}(u_n\pm v_n)$ 也收敛，且

$$\sum_{n=1}^{\infty}(u_n \pm v_n)=\sum_{n=1}^{\infty}u_n \pm \sum_{n=1}^{\infty}v_n.$$

性质 3.1.3 若增加、去掉或改变级数 $\sum_{n=1}^{\infty}u_n$ 的有限项,不会改变级数的敛散性,但对于收敛的级数,其和要改变.

性质 3.1.4(级数收敛的必要条件) 若级数 $\sum_{n=1}^{\infty}u_n$ 收敛,则其一般项 u_n 趋于零,即

$$\lim_{n\to\infty}u_n=0.$$

小提示

性质 3.1.4 给出的是级数收敛的必要条件,但不是充分条件,即不能由 $\lim_{n\to\infty}u_n=0$ 就得出级数 $\sum_{n=1}^{\infty}u_n$ 收敛.

例如,对于调和级数 $\sum_{n=1}^{\infty}\frac{1}{n}$ 而言,虽然满足 $\lim_{n\to\infty}\frac{1}{n}=0$,但它是发散的.

小智囊

通常用性质 3.1.4 的逆否命题来证明级数是发散的,即:若 $\lim_{n\to\infty}u_n\neq 0$,则级数 $\sum_{n=1}^{\infty}u_n$ 一定发散.

小试牛刀

例 3.1.3 考察下列级数的敛散性.

(1) $\sum_{n=1}^{\infty}\frac{1}{\sqrt[n]{3}}$;　　　(2) $\sum_{n=1}^{\infty}\left(\frac{5}{4^n}+\frac{1}{n^2}\right)$.

解 (1) 因为 $\lim_{n\to\infty}u_n=\lim_{n\to\infty}\frac{1}{\sqrt[n]{3}}=1\neq 0$,所以此级数发散.

(2) 因为 $\sum_{n=1}^{\infty}\frac{5}{4^n}$ 是公比为 $q=\frac{1}{4}$ 的等比级数,由等比级数敛散性知,它是收敛的.又因为 $\sum_{n=1}^{\infty}\frac{1}{n^2}$ 是 $p=2$ 的 p 级数,由 p 级数敛散性的结论知,它是收敛的,则由性质 3.1.2 可知,$\sum_{n=1}^{\infty}\left(\frac{5}{4^n}+\frac{1}{n^2}\right)$ 收敛.

大展身手

例 3.1.4 考察下列级数的敛散性.

(1) $\sum_{n=1}^{\infty}\frac{1}{n+4}$;　　　(2) $\sum_{n=1}^{\infty}n\ln\left(\frac{n+1}{n}\right)$.

解　(1) 因为 $\sum_{n=1}^{\infty}\frac{1}{n+4}=\frac{1}{5}+\frac{1}{6}+\cdots\frac{1}{n}+\cdots$ 是调和级数 $\sum_{n=1}^{\infty}\frac{1}{n}$ 去掉前四项所得，又因为调和级数是发散的，由性质 3.1.4 可知：级数 $\sum_{n=1}^{\infty}\frac{1}{n+4}$ 发散.

(2) 因为 $\lim\limits_{n\to\infty}u_n=\lim\limits_{n\to\infty}n\ln\left(\frac{n+1}{n}\right)=\lim\limits_{n\to\infty}\ln\left(1+\frac{1}{n}\right)^n=1\neq 0$，所以此级数发散.

习题 3.1

小试牛刀

1. 根据级数敛散性的定义判别下列级数的敛散性.

(1) $\sum_{n=1}^{\infty}(\sqrt{n+1}-\sqrt{n})$；　　(2) $\sum_{n=1}^{\infty}\frac{1}{(2n-1)(2n+1)}$.

2. 利用级数的性质和已知结论，判定下列级数的敛散性.

(1) $\sum_{n=1}^{\infty}\left(-\frac{5}{6}\right)^n$；　　(2) $\sum_{n=1}^{\infty}\frac{1}{n^3}$；

(3) $\sum_{n=1}^{\infty}\frac{n}{2n+1}$；　　(4) $\sum_{n=1}^{\infty}\left(\frac{1}{2^n}+\frac{1}{3^n}\right)$.

大展身手

3. 判定下列级数的敛散性.

(1) $\sum_{n=1}^{\infty}\frac{1}{1+2+3+\cdots+n}$；　　(2) $\sum_{n=1}^{\infty}\ln\frac{n+1}{n}$；

(3) $\sum_{n=1}^{\infty}\frac{6-5n}{3+2n}$；　　(4) $\sum_{n=1}^{\infty}\frac{3\cdot 2^n-2\cdot 3^n}{6^n}$.

第二节　常数项级数的审敛法

思考问题

一位旅行者在路程的前一半以初始速度匀速运动，接下来的总路程的四分之一以初速度的二分之一匀速运动，随后的总路程的八分之一以初速度的三分之一匀速运动……如此继续，这位旅行者能走到目的地吗？

把这段路程和初始速度都取为单位长度 1，则旅行者整个路程的总时间为：

$$\frac{1}{2}+\frac{2}{4}+\frac{3}{8}+\cdots=\sum_{n=1}^{\infty}\frac{n}{2^n},$$

只要这个级数收敛,那么旅行者就能走到目的地.

一、正项级数审敛法

定义 3.2.1 若级数 $\sum_{n=1}^{\infty}u_n$ 中各项均为非负,即 $u_n\geqslant 0(n=1,2,3,\cdots)$,则称此级数为正项级数.

显然,正项级数的部分和数列 $\{S_n\}$ 是一个单调递增数列,即有

$$S_1\leqslant S_2\leqslant S_3\leqslant\cdots\leqslant S_n\leqslant\cdots.$$

我们知道,单调有界数列必有极限.据此,我们可得到判定正项级数收敛的一个定理.

定理 3.2.1 正项级数 $\sum_{n=1}^{\infty}u_n$ 收敛的充分必要条件是它的部分和数列有界.

直接应用定理 3.2.1 来判定正项级数是否收敛,常常不太方便,但由此定理可以得到常用的正项级数的比较审敛法.

定理 3.2.2(比较审敛法) 设 $\sum_{n=1}^{\infty}u_n$ 和 $\sum_{n=1}^{\infty}v_n$ 是两个正项级数,且 $u_n\leqslant v_n(n=1,2,\cdots)$. 若级数 $\sum_{n=1}^{\infty}v_n$ 收敛,则级数 $\sum_{n=1}^{\infty}u_n$ 也收敛;反之,若级数 $\sum_{n=1}^{\infty}u_n$ 发散,则级数 $\sum_{n=1}^{\infty}v_n$ 也发散.

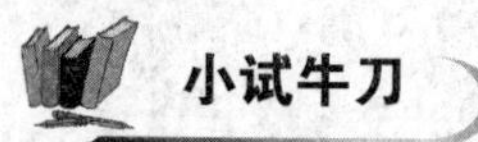

小试牛刀

例 3.2.1 用比较审敛法判别级数 $\sum_{n=1}^{\infty}\frac{1}{\sqrt{n(n+1)}}$ 的敛散性.

解 因为 $\frac{1}{\sqrt{n(n+1)}}>\frac{1}{n+1}$,且级数 $\sum_{n=1}^{\infty}\frac{1}{n+1}$ 发散,所以级数 $\sum_{n=1}^{\infty}\frac{1}{\sqrt{n(n+1)}}$ 是发散的.

用定理 3.2.2 判别级数的敛散性时,需要找到合适的级数与之比较大小,在实际应用的过程中,通常不是很方便.为了应用上的方便,我们给出比较审敛法的极限形式.

定理 3.2.3(比较审敛法的极限形式) 设 $\sum_{n=1}^{\infty}u_n$ 和 $\sum_{n=1}^{\infty}v_n$ 是两个正项级数,如果 $\lim\limits_{n\to\infty}\frac{u_n}{v_n}=l$, 于是有

(1) 若 $0<l<+\infty$,则级数 $\sum_{n=1}^{\infty}u_n$ 和 $\sum_{n=1}^{\infty}v_n$ 同时收敛或同时发散;

(2) 若 $l=0$,且级数 $\sum_{n=1}^{\infty}v_n$ 收敛,则 $\sum_{n=1}^{\infty}u_n$ 收敛;

(3) 若 $l=+\infty$,且级数 $\sum_{n=1}^{\infty}v_n$ 发散,则 $\sum_{n=1}^{\infty}u_n$ 发散.

证明从略.

例 3.2.2 用比较审敛法判别下列级数的敛散性.

(1) $\sum\limits_{n=1}^{\infty}\dfrac{1}{n(n+1)}$；　　(2) $\sum\limits_{n=1}^{\infty}\sin\dfrac{1}{n}$.

解 (1) 因为 $\lim\limits_{n\to\infty}\dfrac{\dfrac{1}{n(n+1)}}{\dfrac{1}{n^2}}=\lim\limits_{n\to\infty}\dfrac{n}{n+1}=1$，且级数 $\sum\limits_{n=1}^{\infty}\dfrac{1}{n^2}$ 收敛，所以级数 $\sum\limits_{n=1}^{\infty}\dfrac{1}{n(n+1)}$ 收敛.

(2) 因为 $\lim\limits_{n\to\infty}\dfrac{\sin\dfrac{1}{n}}{\dfrac{1}{n}}=1$，而级数 $\sum\limits_{n=1}^{\infty}\dfrac{1}{n}$ 发散，所以级数 $\sum\limits_{n=1}^{\infty}\sin\dfrac{1}{n}$ 发散.

大展身手

例 3.2.3 用比较审敛法判别下列级数的敛散性.

(1) $\sum\limits_{n=1}^{\infty}\ln\left(1+\dfrac{1}{n}\right)$；　　(2) $\sum\limits_{n=1}^{\infty}\dfrac{1}{3^n-n}$.

解 (1) 因为 $\lim\limits_{n\to\infty}\dfrac{\ln\left(1+\dfrac{1}{n}\right)}{\dfrac{1}{n}}=1$，而级数 $\sum\limits_{n=1}^{\infty}\dfrac{1}{n}$ 发散，所以级数 $\sum\limits_{n=1}^{\infty}\ln\left(1+\dfrac{1}{n}\right)$ 发散.

(2) 因为 $\lim\limits_{n\to\infty}\dfrac{\dfrac{1}{3^n-n}}{\dfrac{1}{3^n}}=\lim\limits_{n\to\infty}\dfrac{3^n}{3^n-n}=\lim\limits_{n\to\infty}\dfrac{1}{1-\dfrac{n}{3^n}}=1$，且级数 $\sum\limits_{n=1}^{\infty}\dfrac{1}{3^n}$ 收敛，所以级数 $\sum\limits_{n=1}^{\infty}\dfrac{1}{3^n-n}$ 收敛.

定理 3.2.4(比值审敛法，达朗贝尔判别法) 设有正项级数 $\sum\limits_{n=1}^{\infty}u_n$，如果极限 $\lim\limits_{n\to\infty}\dfrac{u_{n+1}}{u_n}=\rho$，则

(1) 当 $\rho<1$ 时，级数收敛；

(2) 当 $\rho>1$ 时，级数发散；

(3) 当 $\rho=1$ 时，级数可能收敛，也可能发散.

证明从略.

小提示

当正项级数的通项中含有幂 a^n 或因式 $n!$ 时,常用比值审敛法判定其敛散性.

小试牛刀

例 3.2.4 判别下列级数的敛散性.

(1) $\sum\limits_{n=1}^{\infty}\dfrac{n^2}{3^n}$; (2) $\sum\limits_{n=1}^{\infty}\dfrac{n!}{10^n}$.

解 (1) 因为

$$\lim_{n\to\infty}\frac{u_{n+1}}{u_n}=\lim_{n\to\infty}\frac{\dfrac{(n+1)^2}{3^{n+1}}}{\dfrac{n^2}{3^n}}=\lim_{n\to\infty}\frac{(n+1)^2}{3n^2}=\frac{1}{3}<1,$$

所以级数 $\sum\limits_{n=1}^{\infty}\dfrac{n^2}{3^n}$ 收敛.

(2) 因为

$$\lim_{n\to\infty}\frac{u_{n+1}}{u_n}=\lim_{n\to\infty}\frac{\dfrac{(n+1)!}{10^{n+1}}}{\dfrac{n!}{10^n}}=\lim_{n\to\infty}\frac{n+1}{10}=\infty,$$

所以级数 $\sum\limits_{n=1}^{\infty}\dfrac{n!}{10^n}$ 发散.

大展身手

例 3.2.5 判别下列级数的敛散性.

(1) $\sum\limits_{n=1}^{\infty}\dfrac{3^n n!}{n^n}$; (2) $\sum\limits_{n=1}^{\infty}2^n\sin\dfrac{\pi}{3^n}$.

解 (1) 因为

$$\lim_{n\to\infty}\frac{u_{n+1}}{u_n}=\lim_{n\to\infty}\frac{\dfrac{3^{n+1}(n+1)!}{(n+1)^{n+1}}}{\dfrac{3^n n!}{n^n}}=\lim_{n\to\infty}3\left(\frac{n}{n+1}\right)^n=3\lim_{n\to\infty}\left(1+\frac{1}{n}\right)^{-n}=\frac{3}{e}>1,$$

所以级数 $\sum\limits_{n=1}^{\infty}\dfrac{3^n n!}{n^n}$ 发散.

(2) 因为

$$\lim_{n\to\infty}\frac{u_{n+1}}{u_n}=\lim_{n\to\infty}\frac{2^{n+1}\sin\frac{\pi}{3^{n+1}}}{2^n\sin\frac{\pi}{3^n}}=\lim_{n\to\infty}2\frac{\frac{\pi}{3^{n+1}}}{\frac{\pi}{3^n}}=\frac{2}{3}<1,$$

所以级数 $\sum_{n=1}^{\infty}2^n\sin\frac{\pi}{3^n}$ 收敛.

【思考问题】中的级数为 $\sum_{n=1}^{\infty}\frac{n}{2^n}$，由比值审敛法，$\lim_{n\to\infty}\frac{u_{n+1}}{u_n}=\lim_{n\to\infty}\frac{\frac{n+1}{2^{n+1}}}{\frac{n}{2^n}}=\lim_{n\to\infty}\frac{n+1}{2n}=\frac{1}{2}<1$，因此级数 $\sum_{n=1}^{\infty}\frac{n}{2^n}$ 收敛，那么旅行者是可以走到终点的.

二、交错级数审敛法

定义 3.2.2　级数 $\sum_{n=1}^{\infty}(-1)^{n-1}u_n(u_n>0)$ 或 $\sum_{n=1}^{\infty}(-1)^n u_n(u_n>0)$ 称为**交错级数**.

关于交错级数敛散性的判定，有下面的重要定理.

定理 3.2.5(莱布尼茨审敛法)　如果交错级数 $\sum_{n=1}^{\infty}(-1)^{n-1}u_n(u_n>0)$ 满足条件：

(1) $u_n\geqslant u_{n+1}(n=1,2,3,\cdots)$；

(2) $\lim\limits_{n\to\infty}u_n=0$.

则交错级数收敛，且其和 $S\leqslant u_1$，其余项 r_n 的绝对值 $|r_n|\leqslant u_{n+1}$.

证明从略.

小试牛刀

例 3.2.6　判别下列交错级数的敛散性.

(1) $\sum_{n=1}^{\infty}(-1)^{n-1}\frac{1}{n}$；　　(2) $\sum_{n=1}^{\infty}(-1)^{n-1}\frac{n}{3^n}$.

解　(1) 因为　$u_n=\frac{1}{n}>\frac{1}{n+1}=u_{n+1}$，$\lim\limits_{n\to\infty}u_n=\lim\limits_{n\to\infty}\frac{1}{n}=0$，

所以由莱布尼茨审敛法知，交错级数 $\sum_{n=1}^{\infty}(-1)^{n-1}\frac{1}{n}$ 收敛.

(2) 因为　$u_n-u_{n+1}=\frac{n}{3^n}-\frac{n+1}{3^{n+1}}=\frac{2n-1}{3^{n+1}}>0(n=1,2,3,\cdots)$，

所以　$u_n>u_{n+1}(n=1,2,3,\cdots)$.

又　$\lim\limits_{n\to\infty}u_n=\lim\limits_{n\to\infty}\frac{n}{3^n}=0$，

从而由莱布尼茨审敛法知,交错级数 $\sum_{n=1}^{\infty}(-1)^{n-1}\frac{n}{3^n}$ 收敛.

大展身手

例 3.2.7 证明交错 p 级数

$$\sum_{n=1}^{\infty}(-1)^{n-1}\frac{1}{n^p}=1-\frac{1}{2^p}+\frac{1}{3^p}-\frac{1}{4^p}+\cdots+(-1)^{n-1}\frac{1}{n^p}+\cdots$$

当 $p>0$ 时收敛;当 $p\leqslant 0$ 时发散.

证明 当 $p>0$ 时,$u_n=\frac{1}{n^p}>\frac{1}{(n+1)^p}=u_{n+1}$,$\lim\limits_{n\to\infty}u_n=\lim\limits_{n\to\infty}\frac{1}{n^p}=0$,从而由莱布尼茨审敛法知,此时交错 p 级数收敛.

当 $p=0$ 时,$\sum_{n=1}^{\infty}(-1)^{n-1}\frac{1}{n^p}=\sum_{n=1}^{\infty}(-1)^{n-1}$,此时级数发散.

当 $p<0$ 时,$\lim\limits_{n\to\infty}(-1)^{n-1}\frac{1}{n^p}\neq 0$,由性质 3.1.4,此时级数发散.

综上,当 $p>0$ 时,交错 p 级数收敛;当 $p\leqslant 0$ 时,交错 p 级数发散.

三、绝对收敛与条件收敛

定义 3.2.3 如果级数 $\sum_{n=1}^{\infty}u_n$ 的各项取绝对值后所构成的正项级数 $\sum_{n=1}^{\infty}|u_n|$ 收敛,则称级数 $\sum_{n=1}^{\infty}u_n$ 绝对收敛;如果 $\sum_{n=1}^{\infty}u_n$ 收敛,而级数 $\sum_{n=1}^{\infty}|u_n|$ 发散,则称级数 $\sum_{n=1}^{\infty}u_n$ 条件收敛.

定理 3.2.6 如果级数 $\sum_{n=1}^{\infty}u_n$ 绝对收敛,则级数 $\sum_{n=1}^{\infty}u_n$ 必定收敛.

证明从略.

小智囊

定理 3.2.6 说明,对于一般的级数 $\sum_{n=1}^{\infty}u_n$,如果用正项级数的审敛法来判定级数 $\sum_{n=1}^{\infty}|u_n|$ 收敛,则级数 $\sum_{n=1}^{\infty}u_n$ 收敛,从而常将一般级数的敛散性判别问题转化为正项级数的敛散性判别问题.

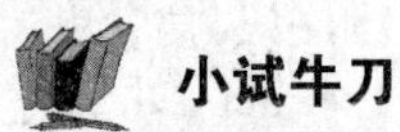

小试牛刀

例 3.2.8 判定级数 $\sum_{n=1}^{\infty}(-1)^n\frac{1}{n^2}$ 的收敛性.

解 因为 $\sum_{n=1}^{\infty}\left|(-1)^n\frac{1}{n^2}\right|=\sum_{n=1}^{\infty}\frac{1}{n^2}$ 收敛,所以级数 $\sum_{n=1}^{\infty}(-1)^n\frac{1}{n^2}$ 是收敛的.

例 3.2.9　证明交错级数 $\sum\limits_{n=1}^{\infty}(-1)^{n-1}\frac{1}{n}$ 条件收敛.

证明　由调和级数的敛散性可知,级数

$$\sum_{n=1}^{\infty}\left|(-1)^{n-1}\frac{1}{n}\right|=\sum_{n=1}^{\infty}\frac{1}{n}$$

发散;另一方面

$$u_n=\frac{1}{n}>\frac{1}{n+1}=u_{n+1}\quad 且\quad \lim_{n\to\infty}u_n=\lim_{n\to\infty}\frac{1}{n}=0.$$

所以由莱布尼茨审敛法可知,交错级数 $\sum\limits_{n=1}^{\infty}(-1)^{n-1}\frac{1}{n}$ 收敛且条件收敛.

大展身手

例 3.2.10　讨论交错级数 $\sum\limits_{n=1}^{\infty}(-1)^{n-1}2^n\sin\frac{1}{3^n}$ 的绝对收敛性.

解　因为 $\lim\limits_{n\to\infty}\dfrac{2^n\sin\frac{1}{3^n}}{\left(\frac{2}{3}\right)^n}=\lim\limits_{n\to\infty}\dfrac{\sin\frac{1}{3^n}}{\frac{1}{3^n}}=1$ 且 $\sum\limits_{n=1}^{\infty}\left(\frac{2}{3}\right)^n$ 收敛,

所以 $\sum\limits_{n=1}^{\infty}\left|(-1)^{n-1}2^n\sin\frac{1}{3^n}\right|=\sum\limits_{n=1}^{\infty}2^n\sin\frac{1}{3^n}$ 收敛,从而 $\sum\limits_{n=1}^{\infty}(-1)^{n-1}2^n\sin\frac{1}{3^n}$ 绝对收敛.

习题 3.2

小试牛刀

1. 判别下列正项级数的敛散性.

(1) $\sum\limits_{n=1}^{\infty}\frac{1}{n\sqrt{n+1}}$;　　(2) $\sum\limits_{n=1}^{\infty}\frac{n+5}{n^2+2n+3}$;

(3) $\sum\limits_{n=1}^{\infty}\frac{n!}{n^n}$;　　(4) $\sum\limits_{n=1}^{\infty}\frac{n^2}{4^n}$.

2. 用莱布尼茨审敛法判别下列级数的收敛性.

(1) $\sum\limits_{n=1}^{\infty}\frac{(-1)^{n-1}}{n^3}$;　　(2) $\sum\limits_{n=1}^{\infty}(-1)^{n-1}\frac{1}{\sqrt{n}}$.

大展身手

3. 判别下列级数的敛散性.

(1) $\sum\limits_{n=1}^{\infty}\left(1-\cos\frac{1}{n}\right)$;　　(2) $\sum\limits_{n=1}^{\infty}\frac{1}{1+a^n}(a>0)$.

4. 判别下列级数是否收敛？如果是收敛的，是绝对收敛还是条件收敛？

(1) $\sum_{n=1}^{\infty}(-1)^{n-1}\frac{\sqrt{n}}{n+1}$；　　　　(2) $\sum_{n=1}^{\infty}(-1)^{n}\left(\frac{2}{3}\right)^{n}$.

第三节　幂级数

思考问题

极限计算是高等数学课程中的重要内容，其计算方法多样且灵活，有四则运算法则，两个重要极限，夹逼定理，等价无穷小的替换，洛必达法则等.但当遇到无穷项和的极限计算时，就变得比较棘手，需要面临无穷项的和的确定和有效缩放等困难.例如：

$$\lim_{n\to\infty}\left(\frac{1}{a}+\frac{2}{a^{2}}+\cdots+\frac{n}{a^{n}}\right)(a>1)$$

该如何求解呢？

一、函数项级数的概念

定义 3.3.1　设有定义在同一个区间 I 上的函数列

$$u_1(x),u_2(x),u_3(x),\cdots,u_n(x),\cdots,$$

则表达式

$$\sum_{n=1}^{\infty}u_n(x)=u_1(x)+u_2(x)+u_3(x)+\cdots+u_n(x)+\cdots$$

称为定义在区间 I 上的**函数项无穷级数**，简称**(函数项)级数**.

显然，对于每一个确定的值 $x_0\in I$，级数 $\sum_{n=1}^{\infty}u_n(x_0)$ 为一个数项级数.如果该级数收敛，则称 x_0 是函数项级数 $\sum_{n=1}^{\infty}u_n(x)$ 的**收敛点**，所有收敛点的全体称为级数 $\sum_{n=1}^{\infty}u_n(x)$ 的**收敛域**.如果级数 $\sum_{n=1}^{\infty}u_n(x_0)$ 发散，则称 x_0 是函数项级数 $\sum_{n=1}^{\infty}u_n(x)$ 的**发散点**，所有发散点的全体称为级数 $\sum_{n=1}^{\infty}u_n(x)$ 的**发散域**.

类似于数项级数，称

$$S_n(x)=u_1(x)+u_2(x)+u_3(x)+\cdots+u_n(x)$$

为级数 $\sum_{n=1}^{\infty}u_n(x)$ 的部分和.对于 $\sum_{n=1}^{\infty}u_n(x)$ 的收敛域上任意一点 x，有

$$\sum_{n=1}^{\infty}u_n(x)=\lim_{n\to\infty}S_n(x)=S(x),$$

称 $S(x)$ 为级数的和函数.

二、幂级数及其敛散性

定义 3.3.2　形如

$$\sum_{n=0}^{\infty}a_n(x-x_0)^n=a_0+a_1(x-x_0)+a_2(x-x_0)^2+\cdots+a_n(x-x_0)^n+\cdots$$

的函数项级数称为 $(x-x_0)$ 的**幂级数**,其中 $a_n(n=0,1,2,\cdots)$ 均为常数,称为幂级数的对应项**系数**.特别地,当 $x_0=0$ 时的函数项级数

$$\sum_{n=0}^{\infty}a_nx^n=a_0+a_1x+a_2x^2+\cdots+a_nx^n+\cdots$$

称为 x 的**幂级数**.

对于幂级数,我们所关心的是收敛域.

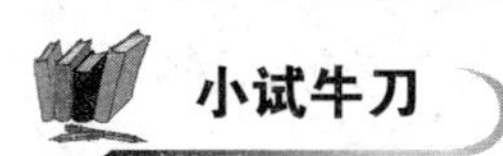

例 3.3.1　求幂级数 $\sum_{n=0}^{\infty}x^n$ 的和函数与收敛域.

解　幂级数 $\sum_{n=0}^{\infty}x^n=1+x+x^2+\cdots+x^n+\cdots$ 是公比为 x 的等比级数,所以当 $|x|<1$ 时收敛;当 $|x|\geqslant 1$ 时发散.因此,幂级数 $\sum_{n=0}^{\infty}x^n$ 的和函数为 $S(x)=\dfrac{1}{1-x}$,收敛域为$(-1,1)$.

对于一般的幂级数的收敛域如何求解呢?通常我们用下面的定理来求解.

定理 3.3.1　设幂级数 $\sum_{n=0}^{\infty}a_nx^n$,令

$$\lim_{n\to\infty}\left|\frac{a_{n+1}}{a_n}\right|=\rho,$$

则当

(1) $0<\rho<+\infty$ 时,幂级数的收敛半径为 $R=\dfrac{1}{\rho}$,幂级数在 $(-R,R)$ 内收敛;

(2) $\rho=0$ 时,幂级数的收敛半径为 $R=+\infty$,幂级数在 $(-\infty,+\infty)$ 内收敛;

(3) $\rho=+\infty$ 时,幂级数的收敛半径为 $R=0$,幂级数在除 $x=0$ 外发散.

证明从略.

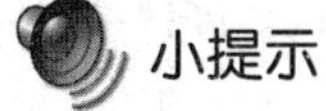

(1) 此定理适用于幂级数"不缺项"的情形,即 $a_n\neq 0(n=0,1,2,\cdots)$.

(2) 讨论幂级数收敛域的问题主要在于寻求收敛半径.由定理 3.3.1 可知,若幂级数的收敛半径为 R,则其收敛区间是 $(-R,R)$;当 $|x|=R$ 时,级数的敛散性不能由定理 3.3.1 来判定,需另行讨论,那么此时收敛域可能是 $(-R,R)$,$(-R,R]$,$[-R,R)$ 或 $[-R,R]$.

小试牛刀

例 3.3.2 求下列级数的收敛域.

(1) $\sum\limits_{n=1}^{\infty}(-1)^{n-1}\frac{x^n}{n}$；　　(2) $\sum\limits_{n=0}^{\infty}n!\ x^n$；　　(3) $\sum\limits_{n=1}^{\infty}(-1)^n\frac{(x-3)^n}{n}$.

解 (1) $\rho=\lim\limits_{n\to\infty}\left|\frac{a_{n+1}}{a_n}\right|=\lim\limits_{n\to\infty}\frac{n}{n+1}=1$, 则 $R=1$, 收敛域为 $(-1,1)$.

当 $x=-1$ 时,级数为 $\sum\limits_{n=1}^{\infty}\frac{-1}{n}$ 发散,当 $x=1$ 时,级数为 $\sum\limits_{n=1}^{\infty}\frac{(-1)^{n-1}}{n}$ 收敛,所以收敛域为 $(-1,1]$.

(2) $\rho=\lim\limits_{n\to\infty}\left|\frac{a_{n+1}}{a_n}\right|=\lim\limits_{n\to\infty}\frac{(n+1)!}{n!}=+\infty$, 则 $R=0$, 即级数仅在 $x=0$ 处收敛.

(3) 令 $t=x-3$, 则 $\sum\limits_{n=1}^{\infty}(-1)^n\frac{(x-3)^n}{n}=\sum\limits_{n=1}^{\infty}(-1)^n\frac{t^n}{n}$,

$\rho=\lim\limits_{n\to\infty}\left|\frac{a_{n+1}}{a_n}\right|=\lim\limits_{n\to\infty}\frac{n}{n+1}=1$, 则 $R=1$.

当 $t=-1$ 时,级数为 $\sum\limits_{n=1}^{\infty}\frac{1}{n}$ 发散,当 $t=1$ 时,级数为 $\sum\limits_{n=1}^{\infty}\frac{(-1)^n}{n}$ 收敛.因此 $\sum\limits_{n=1}^{\infty}(-1)^n\frac{t^n}{n}$ 收敛域为 $t\in(-1,1]$, 那么 $\sum\limits_{n=1}^{\infty}(-1)^n\frac{(x-3)^n}{n}$ 的收敛域为 $(2,4]$.

大展身手

例 3.3.3 求幂级数 $\sum\limits_{n=0}^{\infty}\frac{(2n)!}{(n!)^2}x^{2n}$ 的收敛半径.

解 该幂级数不含奇次项,从而定理 3.3.1 不能直接应用.运用正项级数比值审敛法

$$\rho=\lim_{n\to\infty}\left|\frac{a_{n+1}}{a_n}\right|=\lim_{n\to\infty}\left|\frac{\frac{[2(n+1)]!}{[(n+1)!]^2}x^{2(n+1)}}{\frac{(2n)!}{(n!)^2}x^{2n}}\right|=4x^2.$$

当 $\rho<1$, 即 $4x^2<1$, $|x|<\frac{1}{2}$ 时,级数收敛;当 $\rho>1$ 即 $4x^2>1$, $|x|>\frac{1}{2}$ 时,级数发散,所以该幂级数的收敛半径为 $R=\frac{1}{2}$.

三、幂级数的运算性质

性质 3.3.1(加、减法) 设幂级数 $\sum\limits_{n=0}^{\infty}a_nx^n$ 与 $\sum\limits_{n=0}^{\infty}b_nx^n$ 分别在区间 $(-R_1,R_1)$ 与 $(-R_2$,

R_2）内收敛，$R=\min\{R_1,R_2\}$，则在 R 内有 $\sum\limits_{n=0}^{\infty}(a_n \pm b_n)x^n$ 收敛，且

$$\sum_{n=0}^{\infty}a_n x^n \pm \sum_{n=0}^{\infty}b_n x^n=\sum_{n=0}^{\infty}(a_n \pm b_n)x^n.$$

性质 3.3.2(逐项求导) 幂级数 $\sum\limits_{n=0}^{\infty}a_n x^n$ 的和函数 $S(x)$ 在其收敛区间 $(-R,R)$ 内可导，且有逐项求导公式

$$S'(x)=(\sum_{n=0}^{\infty}a_n x^n)'=\sum_{n=0}^{\infty}(a_n x^n)'=\sum_{n=0}^{\infty}na_n x^{n-1},$$

逐项求导后的幂级数与原幂级数有相同的收敛半径.

性质 3.3.3(逐项积分) 幂级数 $\sum\limits_{n=0}^{\infty}a_n x^n$ 的和函数 $S(x)$ 在其收敛区间 $(-R,R)$ 内可积，且有逐项积分公式

$$\int_0^x S(x)\mathrm{d}x=\int_0^x \sum_{n=0}^{\infty}a_n x^n \mathrm{d}x=\sum_{n=0}^{\infty}\int_0^x a_n x^n \mathrm{d}x=\sum_{n=0}^{\infty}\frac{1}{n+1}a_n x^{n+1},$$

逐项积分后的幂级数与原幂级数有相同的收敛半径.

大展身手

例 3.3.4 求幂级数 $\sum\limits_{n=1}^{\infty}nx^{n-1}$ 在其收敛区间 $(-1,1)$ 内的和函数.

解 设幂级数的和函数为

$$S(x)=\sum_{n=1}^{\infty}nx^{n-1},x\in(-1,1).$$

根据性质 3.3.3，对其进行逐项积分，得

$$\int_0^x S(t)\mathrm{d}t=\sum_{n=1}^{\infty}x^n=\frac{x}{1-x},x\in(-1,1).$$

对上式求导，得和函数

$$\left[\int_0^x S(x)\mathrm{d}x\right]'=\left(\frac{x}{1-x}\right)'=\frac{1}{(1-x)^2},x\in(-1,1),$$

即
$$S(x)=\frac{1}{(1-x)^2},x\in(-1,1).$$

【思考问题】中的极限就可以根据例 3.3.4 的结论求解：

显然 $\sum\limits_{n=1}^{\infty}nx^n=x\sum\limits_{n=1}^{\infty}nx^{n-1}=\dfrac{x}{(1-x)^2}(-1<x<1)$，只要令此式中的 $x=\dfrac{1}{a}(a>1)$，即可得到：$\sum\limits_{n=1}^{\infty}\dfrac{n}{a^n}=\dfrac{a}{(1-a)^2}$，也就是 $\lim\limits_{n\to\infty}\left(\dfrac{1}{a}+\dfrac{2}{a^2}+\cdots+\dfrac{n}{a^n}\right)=\dfrac{a}{(1-a)^2}(a>1)$.

例 3.3.5 求幂级数 $\sum\limits_{n=0}^{\infty}(-1)^n\dfrac{1}{n+1}x^{n+1}$ 的和函数.

解 设此幂级数的和函数为

$$S(x)=\sum_{n=0}^{\infty}(-1)^n\frac{1}{n+1}x^{n+1},x\in(-1,1].$$

根据性质 3.3.2,对其进行逐项求导,得

$$S'(x)=\sum_{n=0}^{\infty}(-1)^n x^n=\sum_{n=0}^{\infty}(-x)^n=\frac{1}{1+x},$$

所以 $S(x)=\int_0^x S'(x)\mathrm{d}x=\int_0^x\dfrac{1}{1+x}\mathrm{d}x=\ln(1+x),x\in(-1,1]$.

那么此级数和函数为 $S(x)=\ln(1+x)$, 收敛域为 $(-1,1]$.

习题 3.3

小试牛刀

1. 求下列幂级数的收敛域.

(1) $\sum\limits_{n=1}^{\infty}nx^{n-1}$;　　(2) $\sum\limits_{n=0}^{\infty}\dfrac{x^n}{n!}$;

(3) $\sum\limits_{n=0}^{\infty}\dfrac{1}{(n+1)7^n}x^n$;　　(4) $\sum\limits_{n=0}^{\infty}\dfrac{(-1)^n}{3^n}(x-3)^n$.

大展身手

2. 求下列幂级数的收敛域.

(1) $\sum\limits_{n=1}^{\infty}\left(\dfrac{1}{2^n}+3^n\right)x^n$;　　(2) $\sum\limits_{n=1}^{\infty}\dfrac{x^{2n-1}}{2^n}$.

3. 求下列级数的和函数.

(1) $\sum\limits_{n=1}^{\infty}(-1)^n\dfrac{x^n}{n}$;　　(2) $\sum\limits_{n=1}^{\infty}2nx^{2n-1}$.

第四节　函数的幂级数展开式

思考问题

上一节内容中讨论了幂级数的收敛域与和函数.但实际上我们经常遇到相反的问题,即

给定函数 $f(x)$，要将它展开成幂级数.例如，牛顿发现了二项式定理 $(1+x)^n=1+nx+\frac{n(n-1)}{2!}x^2+\frac{n(n-1)(n-2)}{3!}x^3+\cdots$. 墨卡托(Mercator，1512—1594)得到著名结论 $\ln(1+x)=x-\frac{x^2}{2}+\frac{x^3}{3}-\cdots$. 那么如果给我们一个函数，例如 e^{-x^2}，能够将之展开为幂级数，并求出收敛区间吗?

一、泰勒(Taylor)级数

定义 3.4.1 如果函数 $f(x)$ 在点 x_0 的某邻域内具有任意阶导数，则称级数

$$f(x_0)+\frac{f'(x_0)}{1!}(x-x_0)+\frac{f''(x_0)}{2!}(x-x_0)^2+\cdots+\frac{f^{(n)}(x_0)}{n!}(x-x_0)^n+\cdots$$

为函数 $f(x)$ 的**泰勒级数**.

函数 $f(x)$ 在 $x_0=0$ 处的泰勒级数

$$f(0)+\frac{f'(0)}{1!}x+\frac{f''(0)}{2!}x^2+\cdots+\frac{f^{(n)}(0)}{n!}x^n+\cdots$$

称为 $f(x)$ 的**麦克劳林(Maclauric)级数**.

关于函数 $f(x)$ 在什么条件下能展开成泰勒级数的问题，我们不加证明地给出如下定理.

定理 3.4.1 如果函数 $f(x)$ 在点 x_0 的某邻域 $U(x_0)$ 内具有任意阶导数，则 $f(x)$ 在该邻域内能展开成泰勒级数的充分必要条件为

$$\lim_{n\to\infty}R_n(x)=0,$$

其中 $R_n(x)=\frac{f^{(n+1)}(\xi)}{(n+1)!}(x-x_0)^{n+1}$($\xi$ 介于 x_0 与 x 之间).

说明，函数 $f(x)$ 某邻域 $U(x_0)$ 内能展开成泰勒级数的充分必要条件就是 $f(x)$ 的泰勒级数在 $U(x_0)$ 内收敛，且收敛到 $f(x)$.

二、函数展开成幂级数

1. 直接展开法

利用麦克劳林公式将函数 $f(x)$ 展开成 x 的幂级数的方法，称为直接展开法，其一般步骤如下：

第一步 求出函数 $f(x)$ 的各阶导数 $f^{(n)}(x)$ $(n=1,2,3,\cdots)$. 如果在 $x=0$ 处某阶导数不存在，就停止进行.

第二步 求出函数值 $f(0)$ 及其 $f(x)$ 的各阶导数在 $x=0$ 处的值 $f^{(n)}(0)(n=1,2,3,\cdots)$.

第三步 写出幂级数

$$f(0)+\frac{f'(0)}{1!}x+\frac{f''(0)}{2!}x^2+\cdots+\frac{f^{(n)}(0)}{n!}x^n+\cdots$$

并求出其收敛半径 R.

第四步　考察当 x 在区间 $(-R,R)$ 内时，余项 $R_n(x)$ 的极限

$$\lim_{n\to\infty}R_n(x)=\lim_{n\to\infty}\frac{f^{(n+1)}(\xi)}{(n+1)!}x^{n+1}\quad(\xi \text{ 介于 } 0 \text{ 与 } x \text{ 之间})$$

是否为零.如果为零，则函数 $f(x)$ 在 $x=0$ 处的幂级数展开式为

$$f(x)=f(0)+\frac{f'(0)}{1!}x+\frac{f''(0)}{2!}x^2+\cdots+\frac{f^{(n)}(0)}{n!}x^n+\cdots\quad x\in(-R,R).$$

小试牛刀

例 3.4.1　将函数 $f(x)=e^x$ 展开成 x 的幂级数.

解

第一步　$f(x)$ 的各阶导数为 $f^{(n)}(x)=e^x\ (n=1,2,3,\cdots)$；

第二步　$f(0)=1,\quad f^{(n)}(0)=1\quad(n=1,2,3,\cdots)$；

第三步　写出幂级数：$1+x+\dfrac{x^2}{2!}+\dfrac{x^3}{3!}+\cdots+\dfrac{x^n}{n!}+\cdots\quad x\in(-\infty,+\infty)$；

第四步　考查余项的极限.

$$|R_n(x)|=\left|\frac{e^{\xi}}{(n+1)!}x^{n+1}\right|<e^{|x|}\cdot\frac{|x|^{n+1}}{(n+1)!}\quad(\xi \text{ 介于 } 0 \text{ 与 } x \text{ 之间}).$$

因为 $e^{|x|}$ 为有限数，且 $\dfrac{|x|^{n+1}}{(n+1)!}$ 为收敛级数 $\sum\limits_{n=0}^{\infty}\dfrac{|x|^{n+1}}{(n+1)!}$ 的一般项，所以

$$\lim_{n\to\infty}e^{|x|}\cdot\frac{|x|^{n+1}}{(n+1)!}=0,$$

即 $\lim\limits_{n\to\infty}|R_n(x)|=0$.

从而得 $f(x)=e^x$ 的幂级数展开式为

$$e^x=1+x+\frac{x^2}{2!}+\frac{x^3}{3!}+\cdots+\frac{x^n}{n!}+\cdots=\sum_{n=0}^{\infty}\frac{1}{n!}x^n\quad(-\infty<x<+\infty).\tag{3-1}$$

用类似的方法，还可以得到以下常用幂级数展开式，均可作为公式使用：

$$\begin{aligned}\sin x&=x-\frac{x^3}{3!}+\frac{x^5}{5!}-\cdots+(-1)^n\frac{x^{2n+1}}{(2n+1)!}+\cdots\\&=\sum_{n=0}^{\infty}(-1)^n\frac{x^{2n+1}}{(2n+1)!}\quad(-\infty<x<+\infty);\end{aligned}\tag{3-2}$$

$$\cos x=1-\frac{x^2}{2!}+\frac{x^4}{4!}-\cdots+(-1)^n\frac{x^{2n}}{(2n)!}+\cdots$$

$$=\sum_{n=0}^{\infty}(-1)^n\frac{x^{2n}}{(2n)!}\quad(-\infty<x<+\infty);\tag{3-3}$$

$$\frac{1}{1-x}=1+x+x^2+\cdots+x^n+\cdots=\sum_{n=0}^{\infty}x^n\quad(-1<x<1);\tag{3-4}$$

$$(1+x)^m=1+mx+\frac{m(m-1)}{2!}x^2+\cdots+\frac{m(m-1)\cdots(m-n+1)}{n!}x^n+\cdots\quad(-1<x<1).\tag{3-5}$$

2. 间接展开法

直接展开法虽然步骤明确,但是运算常常过于繁琐,因而人们经常利用一些已知函数的幂级数展开式,通过幂级数的运算求得另外一些函数的幂级数展开式.这种求函数的幂级数展开式的方法称为间接展开法.

小试牛刀

例 3.4.2 将下列函数展开成 x 的幂级数.

(1) $\frac{1}{1+x}$; (2) e^{-x^2}; (3) $\sin^2 x$.

解 (1) 只要把式(3-4)中的 x 换成 $-x$,得

$$\frac{1}{1+x}=1+(-x)+(-x)^2+\cdots+(-x)^n+\cdots\quad(-1<-x<1),$$

即:$\frac{1}{1+x}=1-x+x^2-\cdots+(-1)^nx^n+\cdots\quad(-1<x<1).$

(2) 只要把式(3-1)中的 x 换成 $-x^2$,即可得:

$$e^{-x^2}=1-x^2+\frac{x^4}{2!}-\frac{x^6}{3!}+\cdots+\frac{(-1)^nx^{2n}}{n!}+\cdots\quad(-\infty<x<+\infty).$$

(3) $\sin^2 x=\frac{1}{2}-\frac{1}{2}\cos 2x=\frac{1}{2}-\frac{1}{2}\left[1-\frac{(2x)^2}{2!}+\frac{(2x)^4}{4!}-\cdots+(-1)^n\frac{(2x)^{2n}}{(2n)!}+\cdots\right]$

$$=\frac{2^2}{2\cdot 2!}x^2-\frac{2^4}{2\cdot 4!}x^4+\cdots+(-1)^{n+1}\frac{2^{2n}}{2\cdot(2n)!}x^{2n}+\cdots$$

$$=\frac{2}{2!}x^2-\frac{2^3}{4!}x^4+\cdots+(-1)^{n+1}\frac{2^{2n-1}}{(2n)!}x^{2n}+\cdots\quad(-\infty<x<+\infty).$$

大展身手

例 3.4.3 将函数 $f(x)=\ln(1+x)$ 展开成 x 的幂级数.

解 因为 $[\ln(1+x)]'=\frac{1}{1+x}$,所以 $\ln(1+x)=\int_0^x\frac{1}{1+x}dx$,利用

$$\frac{1}{1+x}=1-x+x^2-\cdots+(-1)^nx^n+\cdots=\sum_{n=0}^{\infty}(-x)^n\quad(-1<x<1).$$

将该式两端同时积分,得

$$\ln(1+x)=x-\frac{1}{2}x^2+\frac{1}{3}x^3-\cdots+(-1)^n\frac{1}{n+1}x^{n+1}+\cdots=\sum_{n=0}^{\infty}(-1)^n\frac{1}{n+1}x^{n+1},$$

因为幂级数逐项积分后收敛半径不变,所以上式右端级数的收敛半径仍为 $R=1$, 且该级数当 $x=-1$ 时发散,当 $x=1$ 时收敛,故收敛域为 $(-1,1]$.

小提示

例 3.4.3 的结论也可作为公式使用,即:

$$\begin{aligned}\ln(1+x)&=x-\frac{1}{2}x^2+\frac{1}{3}x^3-\cdots+(-1)^n\frac{1}{n+1}x^{n+1}+\cdots\\&=\sum_{n=0}^{\infty}(-1)^n\frac{1}{n+1}x^{n+1}\quad(-1<x\leqslant 1).\end{aligned}\tag{3-6}$$

例 3.4.4 将函数 $f(x)=\dfrac{1}{2-x}$ 展开成 $x+1$ 的幂级数.

解 因为 $f(x)=\dfrac{1}{2-x}=\dfrac{1}{3-(x+1)}=\dfrac{1}{3}\cdot\dfrac{1}{1-\dfrac{x+1}{3}}$,

由式(3-4)得

$$\frac{1}{1-\dfrac{x+1}{3}}=1+\frac{x+1}{3}+\left(\frac{x+1}{3}\right)^2+\cdots+\left(\frac{x+1}{3}\right)^n+\cdots,$$

从而

$$\begin{aligned}\frac{1}{2-x}&=\frac{1}{3}\left[1+\frac{x+1}{3}+\left(\frac{x+1}{3}\right)^2+\cdots+\left(\frac{x+1}{3}\right)^n+\cdots\right]\\&=\frac{1}{3}\left[1+\frac{x+1}{3}+\frac{(x+1)^2}{3^2}+\cdots+\frac{(x+1)^n}{3^n}+\cdots\right]\\&=\frac{1}{3}+\frac{x+1}{3^2}+\frac{(x+1)^2}{3^3}+\cdots+\frac{(x+1)^n}{3^{n+1}}+\cdots,\end{aligned}$$

且收敛域为 $\left|\dfrac{x+1}{3}\right|<1$, 即 $-4<x<2$, 所以

$$\frac{1}{2-x}=\frac{1}{3}+\frac{x+1}{3^2}+\frac{(x+1)^2}{3^3}+\cdots+\frac{(x+1)^n}{3^{n+1}}+\cdots\quad(-4<x<2).$$

三、幂级数在近似计算中的应用

利用函数 $f(x)$ 的幂级数展开式,可以在其收敛区间上按精确度要求进行近似计算.

小试牛刀

例 3.4.5　求 e 的近似值,要求误差不超过 10^{-4}.

解　因为函数 e^x 的幂级数的展开式为

$$e^x=1+x+\frac{x^2}{2!}+\frac{x^3}{3!}+\cdots+\frac{x^n}{n!}+\cdots\quad(-\infty<x<+\infty).$$

令 $x=1$,得　$e=1+1+\frac{1}{2!}+\frac{1}{3!}+\cdots+\frac{1}{n!}+\cdots.$

当 $n=7$ 时,$\frac{1}{7!}\approx2.0\times10^{-4}$,当 $n=8$ 时,$\frac{1}{8!}\approx2.5\times10^{-5}$,所以取展开式的前 8 项作近似计算即可满足误差要求,即

$$e\approx1+1+\frac{1}{2!}+\frac{1}{3!}+\frac{1}{4!}+\frac{1}{5!}+\frac{1}{6!}+\frac{1}{7!}\approx2.718\,3.$$

大展身手

例 3.4.6　求 $\int_0^{\frac{1}{2}}\frac{1}{1+x^4}dx$ 的近似值,要求误差不超过 10^{-4}.

解　在函数 $f(x)=\frac{1}{1+x}$ 的幂级数展开式

$$\frac{1}{1+x}=1-x+x^2-x^3+\cdots+(-1)^nx^n+\cdots\quad(-1<x<1)$$

中,用 x^4 代替 x,得

$$\frac{1}{1+x^4}=1-x^4+x^8-x^{12}+x^{16}-x^{20}+\cdots\quad(-1<x<1),$$

逐项积分,得

$$\int_0^{\frac{1}{2}}\frac{1}{1+x^4}dx=\int_0^{\frac{1}{2}}(1-x^4+x^8-x^{12}+x^{16}-x^{20}+\cdots)dx$$
$$=\frac{1}{2}-\frac{1}{5\cdot2^5}+\frac{1}{9\cdot2^9}-\frac{1}{13\cdot2^{13}}+\cdots.$$

上式右端是一个收敛的交错级数,其误差余项

$$|R_2|\leqslant u_3=\frac{1}{9\cdot2^9}\approx2.2\times10^{-4},|R_3|\leqslant u_4=\frac{1}{13\cdot2^{13}}\approx9.4\times10^{-6}.$$

所以取展开式的前 3 项作近似计算,即可满足误差要求,即

$$\int_0^{\frac{1}{2}}\frac{1}{1+x^4}dx\approx\frac{1}{2}-\frac{1}{5\cdot2^5}+\frac{1}{9\cdot2^9}\approx0.494\,0.$$

习题 3.4

小试牛刀

1. 利用间接展开法，将下列函数展开成 x 的幂级数，并求其收敛区间.

(1) e^{-2x}；　(2) xe^x；　(3) $\ln(7+x)$；

(4) $\cos^2 x$；　(5) $\dfrac{1}{3-x}$；　(6) $\dfrac{x^2}{1-x}$.

大展身手

2. 将函数 $f(x)=\sin x$ 展开成 $\left(x-\dfrac{\pi}{4}\right)$ 的幂级数.

3. 将函数 $f(x)=\dfrac{1}{x}$ 展开成 $(x-3)$ 的幂级数.

4. 利用函数幂级数展开式，求 $\ln 1.04$ 的近似值，要求误差不超过 10^{-4}.

5. 利用函数幂级数展开式，求 $\sin\dfrac{\pi}{20}$ 的近似值，要求误差不超过 10^{-5}.

第五节　傅里叶级数

思考问题

自然界中周期现象的数学描述就是周期函数，正弦函数就是一种常见而简单的周期函数，例如，单摆的摆动就可用正弦函数 $y=A\sin(\omega t+\varphi)$ 表示.

在实际问题中，还会遇到非正弦函数的周期函数，如电子技术中常用的周期为 T 的矩形波(如图 3-1)，又如控制示波器阴极射线电子束的扫描发生器产生的周期三角波(如图 3-2)，都是非正弦周期函数.

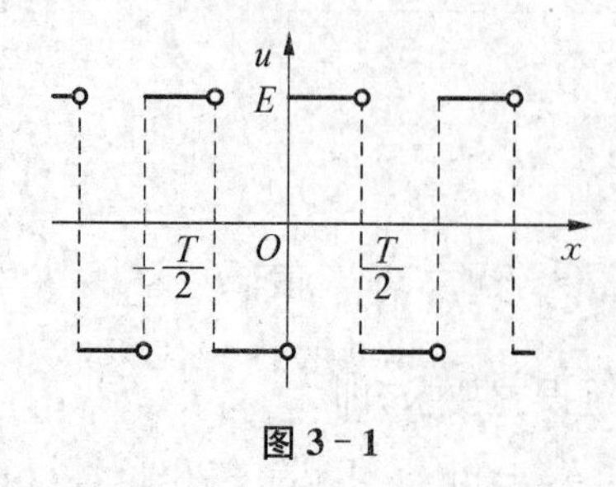

图 3-1

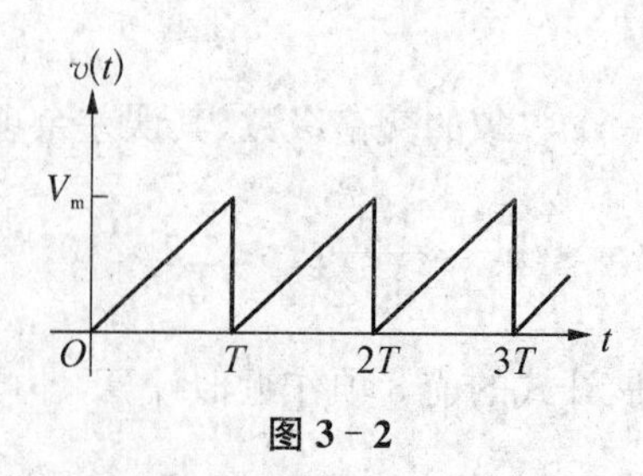

图 3-2

如何深入研究非正弦周期函数呢？能否将周期函数展开成由简单的周期函数例如三角

函数组成的级数呢?

19 世纪初傅里叶提出:任何函数都可以表示成单纯的正弦与余弦之和,但没有给出严格的证明,引起很多争议.后来,法国数学家狄利克雷给出了更精确的证明.

一、三角函数系的正交性与三角级数

函数列

$$1,\cos x,\sin x,\cos 2x,\sin 2x,\cdots,\cos nx,\sin nx,\cdots,$$

称为**三角函数系**.

三角函数系的正交性是指,如果从三角函数系中任取两个不同的函数相乘,其积在区间 $[-\pi,\pi]$ 上的定积分都为零,而每个函数自身的平方在区间 $[-\pi,\pi]$ 上的积分不为零,即对于非负自然数 m,n,下列等式成立.

$$\int_{-\pi}^{\pi}\sin mx\sin nx\,\mathrm{d}x=\begin{cases}0 & m\neq n\\ \pi & m=n\end{cases},$$

$$\int_{-\pi}^{\pi}\sin mx\cos nx\,\mathrm{d}x=0,$$

$$\int_{-\pi}^{\pi}\cos mx\cos nx\,\mathrm{d}x=\begin{cases}0 & m\neq n\\ \pi & m=n\end{cases}.$$

二、傅里叶级数

设 $f(x)$ 是周期为 T 的周期函数,且能展开成三角级数

$$f(x)=\frac{a_0}{2}+\sum_{n=1}^{\infty}\left(a_n\cos\frac{2n\pi x}{T}+b_n\sin\frac{2n\pi x}{T}\right),\tag{3-7}$$

则由三角函数的正交性,可得

$$\begin{cases}a_n=\dfrac{2}{T}\displaystyle\int_{-\frac{T}{2}}^{\frac{T}{2}}f(x)\cos\frac{2n\pi x}{T}\mathrm{d}x\quad(n=0,1,2,3,\cdots)\\ b_n=\dfrac{2}{T}\displaystyle\int_{-\frac{T}{2}}^{\frac{T}{2}}f(x)\sin\frac{2n\pi x}{T}\mathrm{d}x\quad(n=1,2,3,\cdots)\end{cases},\tag{3-8}$$

其中 a_n,b_n 称为函数 $f(x)$ 的**傅里叶系数**.由傅里叶系数确定的三角级数称为**傅里叶级数**.

在这里,我们所关心和要研究的是这样三个问题.一是函数 $f(x)$ 满足什么条件时才能展开为三角级数?二是若 $f(x)$ 能展开为三角级数,那么系数 a_0,a_n,b_n 怎样求得?三是展开后的三角级数在哪些点上收敛于 $f(x)$?

关于函数展开成傅里叶级数的条件及其收敛性的问题,有如下收敛定理.

定理 3.5.1(收敛定理,狄利克雷(Dirichlet)条件)　设函数 $f(x)$ 是周期为 T 的周期函数,如果它满足条件:

(1) 在一个周期内连续或只有有限个第一类间断点;

(2) 在一个周期内至多只有有限个极值点.

则 $f(x)$ 的傅里叶级数收敛,并且

(1) 当 x 是 $f(x)$ 的连续点时,级数收敛于 $f(x)$;

(2) 当 x 是 $f(x)$ 的间断点时,级数收敛于 $\frac{1}{2}[f(x-0)+f(x+0)]$.

其中 $f(x-0)$ 表示 $f(x)$ 在 x 处的左极限, $f(x+0)$ 表示 $f(x)$ 在 x 处的右极限.

小试牛刀

例 3.5.1 设 $f(x)$ 是周期为 2π 的周期函数,它在 $[-\pi,\pi)$ 上的表达式为

$$f(x)=\begin{cases}-1 & -\pi\leqslant x<0\\ 1 & 0\leqslant x<\pi\end{cases},$$

将 $f(x)$ 展开成傅里叶级数.

解 显然函数 $f(x)$ 满足收敛定理的条件.因此,在不连续的点 $x=k\pi(k=0,\pm1,\pm2,\cdots)$ 处, $f(x)$ 的傅里叶级数收敛于 $\frac{-1+1}{2}=0$, 在其他点处, $f(x)$ 的傅里叶级数收敛于 $f(x)$.

$f(x)$ 的傅里叶系数为:

$$a_0=\frac{1}{\pi}\int_{-\pi}^{\pi}f(x)\mathrm{d}x=-\frac{1}{\pi}\int_{-\pi}^{0}1\mathrm{d}x+\frac{1}{\pi}\int_{0}^{\pi}1\mathrm{d}x=0.$$

$$a_n=\frac{1}{\pi}\int_{-\pi}^{\pi}f(x)\cos nx\,\mathrm{d}x=-\frac{1}{\pi}\int_{-\pi}^{0}\cos nx\,\mathrm{d}x+\frac{1}{\pi}\int_{0}^{\pi}\cos nx\,\mathrm{d}x$$

$$=-\frac{1}{\pi}\left.\frac{\sin nx}{n}\right|_{-\pi}^{0}+\frac{1}{\pi}\left.\frac{\sin nx}{n}\right|_{0}^{\pi}=0\quad(n=1,2,3,\cdots).$$

$$b_n=\frac{1}{\pi}\int_{-\pi}^{\pi}f(x)\sin nx\,\mathrm{d}x=-\frac{1}{\pi}\int_{-\pi}^{0}\sin nx\,\mathrm{d}x+\frac{1}{\pi}\int_{0}^{\pi}\sin nx\,\mathrm{d}x$$

$$=\frac{1}{\pi}\left.\frac{\cos nx}{n}\right|_{-\pi}^{0}-\frac{1}{\pi}\left.\frac{\cos nx}{n}\right|_{0}^{\pi}=\frac{2}{n\pi}[1-(-1)^n]=\begin{cases}\frac{4}{n\pi} & n=1,3,5,\cdots\\ 0 & n=2,4,6,\cdots\end{cases}.$$

则得到 $f(x)$ 的傅里叶级数展开式为

$$f(x)=\frac{4}{\pi}\left[\sin x+\frac{1}{3}\sin 3x+\cdots+\frac{1}{2n-1}\sin(2n-1)x+\cdots\right].$$

$$(-\infty<x<+\infty,x\neq k\pi,k\in\mathbf{Z})$$

此级数在 $x\neq k\pi(k\in\mathbf{Z})$ 处收敛于 $f(x)$, 在 $x=k\pi(k\in\mathbf{Z})$ 处收敛于 0,因此,它的和函数的图形如图 3-3 所示.

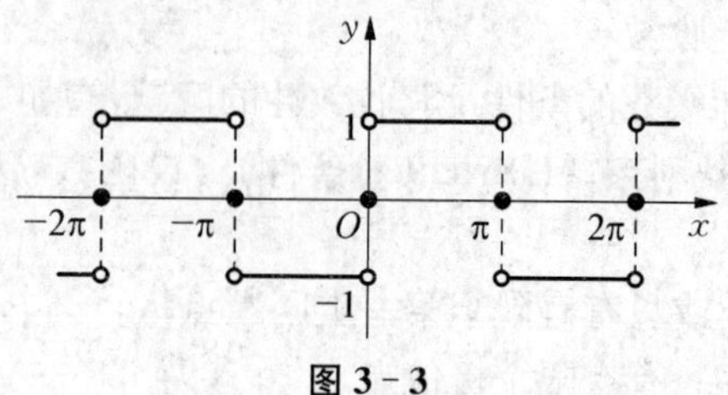

图 3-3

大展身手

例 3.5.2 设 $f(x)$ 是周期为 4 的周期函数，它在$[-2,2)$上的表达式

$$f(x)=\begin{cases}0 & -2\leqslant x\leqslant 0\\ x & 0<x<2\end{cases}$$

将 $f(x)$ 展开成傅里叶级数.

解 显然函数 $f(x)$ 满足收敛定理的条件.因此，在不连续的点 $x=2(2k+1)(k=0,\pm1,\pm2,\cdots)$ 处，$f(x)$ 的傅里叶级数收敛于 $\dfrac{2+0}{2}=1$，在其他点处，$f(x)$ 的傅里叶级数收敛于 $f(x)$.

$f(x)$ 的傅里叶系数为：

$$a_0=\frac{1}{2}\int_{-2}^{2}f(x)\mathrm{d}x=\frac{1}{2}\int_{0}^{2}x\mathrm{d}x=1.$$

$$a_n=\frac{1}{2}\int_{-2}^{2}f(x)\cos\frac{n\pi x}{2}\mathrm{d}x=\frac{1}{2}\int_{0}^{2}x\cos\frac{n\pi x}{2}\mathrm{d}x$$

$$=\frac{1}{n\pi}\int_{0}^{2}x\mathrm{d}\left(\sin\frac{n\pi x}{2}\right)=\frac{1}{n\pi}\left(x\sin\frac{n\pi x}{2}\bigg|_0^2+\frac{2}{n\pi}\cos\frac{n\pi x}{2}\bigg|_0^2\right)$$

$$=\frac{2}{n^2\pi^2}[(-1)^n-1]\quad(n=1,2,3,\cdots).$$

$$b_n=\frac{1}{2}\int_{-2}^{2}f(x)\sin\frac{n\pi x}{2}\mathrm{d}x=\frac{1}{2}\int_{0}^{2}x\sin\frac{n\pi x}{2}\mathrm{d}x$$

$$=-\frac{1}{n\pi}\int_{0}^{2}x\mathrm{d}\left(\cos\frac{n\pi x}{2}\right)=-\frac{1}{n\pi}\left(x\cos\frac{n\pi x}{2}\bigg|_0^2-\frac{2}{n\pi}\sin\frac{n\pi x}{2}\bigg|_0^2\right)$$

$$=(-1)^{n+1}\frac{2}{n\pi}\quad(n=1,2,3,\cdots).$$

则得到 $f(x)$ 的傅里叶级数展开式为

$$f(x)=\frac{1}{2}-\frac{4}{\pi^2}\sum_{n=1}^{\infty}\frac{1}{(2n-1)^2}\cos\frac{(2n-1)\pi x}{2}+\frac{2}{\pi}\sum_{n=1}^{\infty}\frac{(-1)^{n+1}}{n}\sin\frac{n\pi x}{2}$$

$$(-\infty<x<+\infty,x\neq 2(2k+1),k\in\mathbf{Z}).$$

此级数在 $x\neq 2(2k+1)(k\in\mathbf{Z})$ 处收敛于 $f(x)$，在 $x=2(2k+1)(k\in\mathbf{Z})$ 处收敛于 1，因此，它的和函数的图形如图 3-4 所示.

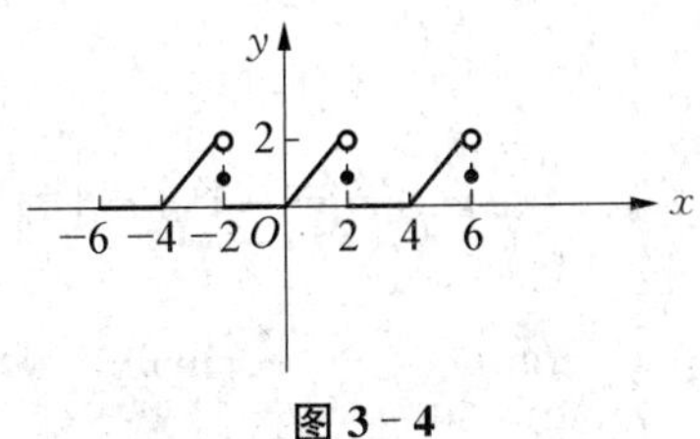

图 3-4

三、正弦级数与余弦级数

一般来说，一个函数的傅里叶级数既含有正弦函数，又含有余弦函数，但也有一些函数的傅里叶级数只含其中一种函数（如例 3.5.1），这些情况是与函数的奇偶性密切相关的.

对于周期为 T 的函数 $f(x)$：

若 $f(x)$ 为奇函数，则它的傅里叶系数为

$$\begin{cases} a_n=0 & (n=0,1,2,3,\cdots) \\ b_n=\dfrac{4}{T}\displaystyle\int_0^{\frac{T}{2}} f(x)\sin\dfrac{2n\pi x}{T}\mathrm{d}x & (n=1,2,3,\cdots) \end{cases}. \tag{3-9}$$

此时，傅里叶级数成为只含有正弦项的**正弦级数**

$$\sum_{n=1}^{\infty} b_n \sin\frac{2n\pi x}{T}. \tag{3-10}$$

若 $f(x)$ 为偶函数，则它的傅里叶系数为

$$\begin{cases} a_n=\dfrac{4}{T}\displaystyle\int_0^{\frac{T}{2}} f(x)\cos\dfrac{2n\pi x}{T}\mathrm{d}x & (n=0,1,2,3,\cdots) \\ b_n=0 & (n=1,2,3,\cdots) \end{cases}. \tag{3-11}$$

此时，傅里叶级数成为只含有常数项和余弦项的余弦级数

$$\frac{a_0}{2}+\sum_{n=1}^{\infty} a_n \cos\frac{2n\pi x}{T}. \tag{3-12}$$

例 3.5.3 设 $f(x)$ 是周期为 2π 的周期函数，它在 $[-\pi,\pi)$ 上的表达式为

$$f(x)=x,$$

将 $f(x)$ 展开成傅里叶级数.

解 显然函数 $f(x)$ 满足收敛定理的条件.因此，在不连续的点 $x=(2k+1)\pi(k=0,\pm1,\pm2,\cdots)$ 处，$f(x)$ 的傅里叶级数收敛于 $\dfrac{-\pi+\pi}{2}=0$，在其他点处，$f(x)$ 的傅里叶级数收敛于 $f(x)$.

显然，若不考虑 $x\neq(2k+1)\pi(k=0,\pm1,\pm2,\cdots)$，$f(x)$ 为奇函数，则 $f(x)$ 的傅里叶系数为：

$$a_n=0(n=0,1,2,\cdots),$$

$$\begin{aligned} b_n&=\frac{2}{\pi}\int_0^{\pi} f(x)\sin nx\,\mathrm{d}x=\frac{2}{\pi}\int_0^{\pi} x\sin nx\,\mathrm{d}x \\ &=-\frac{2}{n\pi}\left(x\cos nx\,\Big|_0^{\pi}-\frac{1}{n}\sin nx\,\Big|_0^{\pi}\right) \end{aligned}$$

$$=(-1)^{n+1}\frac{2}{n}\quad (n=1,2,3,\cdots).$$

则得到 $f(x)$ 的傅里叶级数展开式为

$$f(x)=2\left[\sin x-\frac{1}{2}\sin 2x+\frac{1}{3}\sin 3x-\cdots+\frac{(-1)^{n+1}}{n}\sin nx+\cdots\right]$$

$$(-\infty<x<+\infty, x\neq(2k+1)\pi, k\in\mathbf{Z}).$$

此级数在 $x\neq(2k+1)\pi(k\in\mathbf{Z})$ 处收敛于 $f(x)$，在 $x=(2k+1)\pi(k\in\mathbf{Z})$ 处收敛于 0，因此，它的和函数的图形如图 3－5 所示.

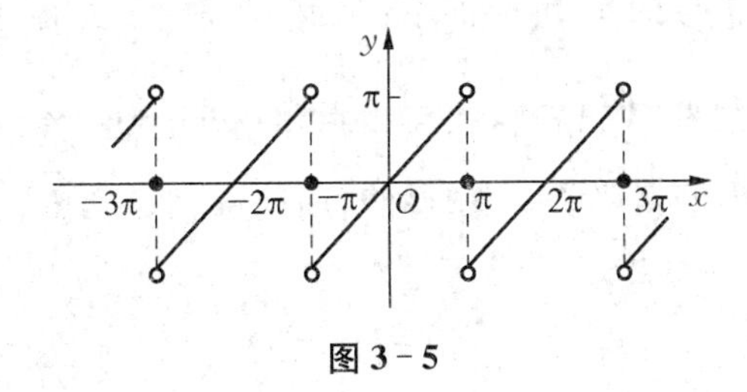

图 3－5

大展身手

例 3.5.4　设 $f(x)$ 是周期为 2π 的周期函数，它在 $[-\pi,\pi)$ 上的表达式为

$$f(x)=|x|.$$

将 $f(x)$ 展开成傅里叶级数.

解　显然函数 $f(x)$ 满足收敛定理的条件，且 $f(x)$ 在 $(-\infty,+\infty)$ 上连续.

因为 $f(x)$ 为偶函数.则 $f(x)$ 的傅里叶系数为：

$b_n=0\quad (n=1,2,3,\cdots)$，

$$a_0=\frac{2}{\pi}\int_0^\pi f(x)\mathrm{d}x=\frac{2}{\pi}\int_0^\pi x\mathrm{d}x=\pi,$$

$$a_n=\frac{2}{\pi}\int_0^\pi f(x)\cos nx\mathrm{d}x=\frac{2}{\pi}\int_0^\pi x\cos nx\mathrm{d}x$$

$$=\frac{2}{n\pi}\int_0^\pi x\mathrm{d}(\sin nx)=\frac{2}{n\pi}\left(x\sin nx\Big|_0^\pi+\frac{\cos nx}{n}\Big|_0^\pi\right)$$

$$=\frac{2}{n^2\pi}[(-1)^n-1]\quad (n=1,2,3,\cdots).$$

则得到 $f(x)$ 的傅里叶级数展开式为

$$f(x)=\frac{\pi}{2}-\frac{4}{\pi}\left[\cos x+\frac{1}{3^2}\cos 3x+\frac{1}{5^2}\cos 5x+\cdots+\frac{1}{(2n-1)^2}\cos(2n-1)x+\cdots\right]$$

$$(-\infty<x<+\infty).$$

此级数在 $(-\infty<x<+\infty)$ 收敛于 $f(x)$，因此，它的和函数的图形如图 3－6 所示.

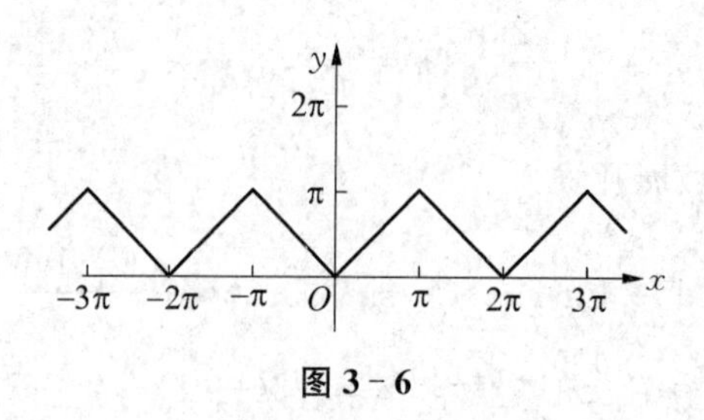

图 3-6

如果给出的函数 $f(x)$ 定义在区间 $\left[0,\dfrac{T}{2}\right]$ 上且满足收敛定理，那么如何将它展开为傅里叶级数呢？经常使用的方法是周期延拓的方法.具体做法为：补充 $f(x)$ 在 $\left(-\dfrac{T}{2},0\right)$ 上的定义，使 $f(x)$ 在 $\left(-\dfrac{T}{2},\dfrac{T}{2}\right]$ 上成为奇(偶)函数，然后再延拓为以 T 为周期的函数，这种延拓称为周期奇(偶)延拓.显然，周期奇(偶)延拓后函数 $f(x)$ 可展开为正(余)弦级数.

大展身手

例 3.5.5 将函数 $f(x)=x-1\ (0\leqslant x\leqslant 2)$ 展开为余弦级数.

解 函数 $f(x)$ 满足收敛定理的条件.要将函数 $f(x)$ 展开为余弦级数，也就是要对 $f(x)$ 在$[-2,2]$上做周期偶延拓.

若 $f(x)$ 为偶函数，则它的傅里叶系数为

$$b_n=0\quad(n=1,2,3,\cdots),$$

$$a_0=\int_0^2 f(x)\mathrm{d}x=\int_0^2(x-1)\mathrm{d}x=0,$$

$$\begin{aligned}a_n&=\int_0^2 f(x)\cos\frac{n\pi x}{2}\mathrm{d}x=\int_0^2(x-1)\cos\frac{n\pi x}{2}\mathrm{d}x\\&=\frac{2}{n\pi}\int_0^2(x-1)\mathrm{d}\left(\sin\frac{n\pi x}{2}\right)\\&=\frac{2}{n\pi}\left[(x-1)\sin\frac{n\pi x}{2}\Big|_0^2+\frac{2}{n\pi}\cos\frac{n\pi x}{2}\Big|_0^2\right]\\&=\frac{4}{n^2\pi^2}[(-1)^n-1]\quad(n=1,2,3,\cdots),\end{aligned}$$

则得到 $f(x)$ 在$[0,2]$上的傅里叶级数展开式为

$$\begin{aligned}f(x)=-\frac{8}{\pi^2}\Big[&\cos\frac{\pi x}{2}+\frac{1}{3^2}\cos\frac{3\pi x}{2}+\frac{1}{5^2}\cos\frac{5\pi x}{2}+\cdots\\&+\frac{1}{(2n-1)^2}\cos\frac{(2n-1)\pi x}{2}+\cdots\Big]\\&(0\leqslant x\leqslant 2).\end{aligned}$$

习题 3.5

小试牛刀

1. 将下列周期为 2π 的周期函数 $f(x)$ 展开为傅氏级数，其中 $f(x)$ 在 $[-\pi,\pi)$ 上的表达式为：

(1) $f(x)=\begin{cases}0 & -\pi\leqslant x<0\\ 1 & 0\leqslant x<\pi\end{cases}$；

(2) $f(x)=\dfrac{\pi-x}{2}$；

(3) $f(x)=\begin{cases}bx & -\pi\leqslant x<0\\ ax & 0\leqslant x<\pi\end{cases}$ (a,b 为常数，且 $a>b>0$).

大展身手

2. 设 $f(x)$ 是周期为 6 的函数，它在 $[-3,3)$ 上的表达式为

$$f(x)=\begin{cases}2x+1 & -3\leqslant x<0\\ 1 & 0\leqslant x<3\end{cases}.$$

试将函数 $f(x)$ 展开成傅氏级数.

3. 设 $f(x)$ 是周期为 2π 的周期函数，它在 $[-\pi,\pi)$ 上的表达式为 $f(x)=3x^2+1$，将 $f(x)$ 展开成傅氏级数.

4. 将函数 $f(x)=x-x^2(0\leqslant x\leqslant\pi)$ 展开为余弦级数.

阅读材料(三)

级数的发展

无穷级数在数学科学中出现得很早，最早的无穷级数起源于哲学和逻辑的悖论，出现在原始的极限观念中.例如中国古代的《庄子·天下》中提及“一尺之棰，日取其半，万世不可竭”，其中蕴含极限的思想，用数学式子表示出来也是无穷级数的形式.在古希腊时期，伊利亚学派的芝诺提出的两分法悖论和阿基里斯悖论，其讨论可以归结为无穷级数的求和问题.阿基米德在他的《抛物线图形求积法》中求抛物线的弦截面积，其实就是求无穷级数 $1+\dfrac{1}{4}+\dfrac{1}{4^2}+\dfrac{1}{4^3}+\cdots$ 的和.

到了中世纪，很多哲学家和数学家对“级数”产生了浓厚的兴趣，其中最杰出的代表人物是奥雷姆(Oresme)，他生于法国卡昂，是 14 世纪欧洲最重要的数学家和神学家之一.他在无穷级数理论方面做出了非常大的贡献：他明确指出了几何级数敛散性的结论；在《欧几里得

几何问题》还严格证明了如果无穷级数的项逐渐减少，但不是按比例的，其和也可以是无穷的，并且在书中以调和级数为例子进行探讨，但是由于当时只限于文字叙述和几何方法，级数的研究并未继续取得重大进步.

到了17—18世纪，数学家逐渐开始应用无穷级数作为表示数量的工具，同时研究各种无穷级数的求和问题.例如，门戈里1650年研究图形数的倒数的求和问题，并第二次证明了调和级数的发散性问题；莱布尼茨(Leibniz)解决了惠更斯提出的 $\sum\limits_{n=1}^{\infty}\dfrac{1}{n(n-1)}$ 问题，还得出 $1-\dfrac{1}{3}+\dfrac{1}{5}-\dfrac{1}{7}+\cdots=\dfrac{\pi}{4}$；伯努利兄弟再一次证明了调和级数是发散的，并证明了 $\sum\limits_{n=1}^{\infty}\dfrac{1}{n^2}$ 的和是有限数，但其和的精确值 $\dfrac{\pi^2}{6}$ 是由欧拉在1737年给出的.

直到19世纪初，数学家才认真思考级数的收敛与发散问题.1821年，柯西在其《分析教程》中，首次给出级数收敛的精确定义，并给出柯西收敛准则.随后又陆续出现了一系列的审敛法：比较判别法、达朗贝尔判别法、柯西判别法、拉阿贝判别法、高斯判别法、柯西积分判别法、对数判别法等等.至此，无穷级数理论才算比较成熟了，其理论体系基本完整了.

在19世纪，傅里叶推导出著名的热传导方程，并在求解该方程时发现解的函数可以由三角函数构成的级数形式表示，从而提出任一函数都可以展开成用三角函数表示的无穷级数.人们把三角级数叫作傅里叶级数，后来，傅里叶级数的应用非常广泛.

在近代数学发展过程中，数学家们又开始寻求更合理的发展和利用发散级数的新途径.

复习题三

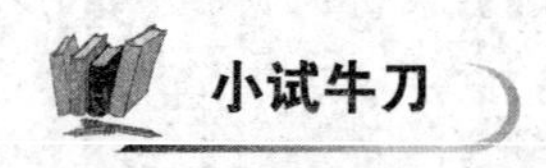

小试牛刀

一、选择题

1. 如果级数 $\sum\limits_{n=1}^{\infty}u_n$ 收敛，下列级数发散的是(　　).

A. $\sum\limits_{n=1}^{\infty}(u_n+99)$　　B. $\sum\limits_{n=1}^{\infty}u_{n+99}$　　C. $\sum\limits_{n=1}^{\infty}99u_n$　　D. $99+10\sum\limits_{n=1}^{\infty}u_n$

2. 若幂级数 $\sum\limits_{n=1}^{\infty}a_nx^n$ 的收敛半径为 R，则幂级数 $\sum\limits_{n=1}^{\infty}a_n(x-2)^n$ 的收敛区间为(　　).

A. $(-R,R)$　　B. $(1-R,1+R)$　　C. $(-\infty,+\infty)$　　D. $(2-R,2+R)$

二、填空题

1. 若级数 $\sum\limits_{n=1}^{\infty}(2-u_n)$ 收敛，则 $\lim\limits_{n\to\infty}u_n=$________.

2. 对级数 $\sum\limits_{n=1}^{\infty}u_n$，$\lim\limits_{n\to\infty}u_n=0$ 是它收敛的________条件，不是它收敛的________条件.(填“充分”或“必要”)

3. 幂函数 $\sum_{n=1}^{\infty}\frac{x^n}{n^2\cdot 2^n}$ 的收敛半径为________.

4. 级数 $\sum_{n=1}^{\infty}\frac{(-1)^{n-1}}{n^p}$ 当 p ________时收敛;当 p ________时发散.

三、判别下列级数的敛散性

1. $\sum_{n=1}^{\infty}\left(\frac{1}{2^n}+\frac{1}{3^n}\right)$.

2. $\sum_{n=1}^{\infty}\frac{1}{n^3}$.

3. $\sum_{n=1}^{\infty}\sqrt{\frac{n}{2n+1}}$.

4. $\sum_{n=1}^{\infty}\frac{3^n 3!}{n^n}$.

四、求下列幂级数的收敛区间

1. $\sum_{n=1}^{\infty}\frac{x^n}{2\cdot 4\cdot \cdots \cdot (2n)}$.

2. $\sum_{n=1}^{\infty}\frac{x^n}{n\cdot 3^n}$.

3. $\sum_{n=1}^{\infty}\frac{2^n}{n^2+1}x^n$.

4. $\sum_{n=1}^{\infty}\frac{(x-5)^n}{\sqrt{n}}$.

五、将下列展开成 x 的幂级数,并求收敛区间.

1. $x\ln(1+x)$.

2. $\frac{1}{1+x^2}$.

大展身手

一、选择题

1. 下列级数收敛的是( ).

A. $\sum_{n=1}^{\infty}\frac{1}{\sqrt{n}}$ B. $\sum_{n=1}^{\infty}\frac{1}{n\sqrt{n}}$ C. $\sum_{n=1}^{\infty}\frac{1}{\sqrt[4]{n^3}}$ D. $\sum_{n=1}^{\infty}\sqrt{\frac{n}{n+1}}$

2. 下列级数中,绝对收敛的是( ).

A. $\sum_{n=1}^{\infty}(-1)^{n+1}\frac{1}{\sqrt{3n-2}}$ B. $\sum_{n=1}^{\infty}(-1)^n\left(\frac{3}{2}\right)^n$

C. $\sum_{n=1}^{\infty}(-1)^{n+1}\frac{1}{\sqrt{n^3+1}}$ D. $\sum_{n=1}^{\infty}(-1)^n\frac{n-1}{n^2+1}$

二、填空题

1. 若级数 $\sum_{n=1}^{\infty}u_n$ 绝对收敛,则级数 $\sum_{n=1}^{\infty}u_n$ 必定__________;若级数 $\sum_{n=1}^{\infty}u_n$ 条件收敛,则级数 $\sum_{n=1}^{\infty}|u_n|$ 必定__________.(填"收敛"或"发散")

2. 幂级数 $\sum_{n=1}^{\infty}\frac{1}{2^n}(x-1)^n$ 的收敛域是__________.

3. 函数 $f(x)$ 的泰勒级数中,$(x-x_0)^5$ 的系数是__________.

4. 将 $\ln(1+2x)$ 展开成 x 的幂级数,则其收敛域是__________.

三、判别下列级数的敛散性，若收敛，指出是条件收敛还是绝对收敛

1. $\sum\limits_{n=1}^{\infty}(-1)^n\dfrac{n+\sin 2n}{3n}$.

2. $\sum\limits_{n=1}^{\infty}(-1)^{n+1}\dfrac{1}{n+\ln n}$.

3. $\sum\limits_{n=1}^{\infty}(-1)^{n-1}\dfrac{\ln n}{n!}$.

4. $\sum\limits_{n=1}^{\infty}(-1)^n\dfrac{\cos n\pi}{\sqrt{n\pi}}$.

四、将下列函数展开成 x 的幂级数，并求其收敛区间

1. $f(x)=\dfrac{1}{\sqrt{1+x^2}}$.

2. $f(x)=\ln\dfrac{1-x}{1+x}$.

五、将函数 $f(x)=\begin{cases}2x & -\pi\leqslant x<0\\ x & 0\leqslant x<\pi\end{cases}$ 展开成以 2π 为周期的傅里叶级数.

第四章

傅里叶变换

在自然科学和工程技术中，为了把较复杂的运算简单化，常常采取一种变换的方法来达到目的.本章所介绍的傅里叶(Fourier)变换是在傅氏级数基础上形成的一种重要的积分变换，即通过某种积分运算将一个函数化为另一个函数，同时还形成了具有对称形式的逆变换.它既能简化运算又具有非常特殊的物理意义，因此，在许多科学技术领域尤其是在电子工程技术中有着十分重要的运用.

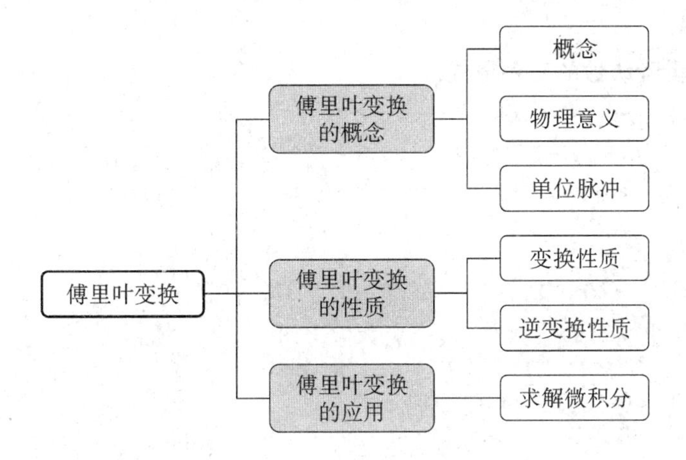

第一节　傅里叶变换的概念

傅里叶(Fourier，1768—1830)，法国著名数学家、物理学家.他 1807 年在论文《固体中的热运动理论》中增加了在无穷大物体中热扩散的新分析，但由于运用的三角级数具有周期性而不能用，所以引入了傅里叶积分.在傅里叶积分的基础上，又推导出傅里叶变换和逆变换.

一、傅里叶积分

1. 傅里叶级数的两种形式

根据定理 3.5.1 可知：任何一个以 T 为周期的周期函数 $f_T(t)$，只要在 $\left[-\frac{T}{2},\frac{T}{2}\right]$ 满

足狄利克雷条件,则在 $\left[-\frac{T}{2},\frac{T}{2}\right]$ 上 $f_T(t)$ 就可以展开成傅里叶级数,即在 $f_T(t)$ 的连续点处,

$$f_T(t)=\frac{a_0}{2}+\sum_{n=1}^{\infty}\left(a_n\cos\frac{2n\pi t}{T}+b_n\sin\frac{2n\pi t}{T}\right).$$

若令 $\omega=\frac{2\pi}{T}$,则

$$f_T(t)=\frac{a_0}{2}+\sum_{n=1}^{\infty}(a_n\cos n\omega t+b_n\sin n\omega t),\tag{4-1}$$

其中 $\begin{cases} a_n=\frac{2}{T}\int_{-\frac{T}{2}}^{\frac{T}{2}}f_T(t)\cos n\omega t\,\mathrm{d}t \quad (n=0,1,2,\cdots) \\ b_n=\frac{2}{T}\int_{-\frac{T}{2}}^{\frac{T}{2}}f_T(t)\sin n\omega t\,\mathrm{d}t \quad (n=1,2,3,\cdots) \end{cases}$,

(4-1)式称为**傅里叶级数的三角形式**.

由欧拉(Euler)公式 $\mathrm{e}^{\mathrm{j}\varphi}=\cos\varphi+\mathrm{j}\sin\varphi$,可得

$$\cos n\omega t=\frac{\mathrm{e}^{\mathrm{j}n\omega t}+\mathrm{e}^{-\mathrm{j}n\omega t}}{2},\sin n\omega t=\frac{\mathrm{e}^{\mathrm{j}n\omega t}-\mathrm{e}^{-\mathrm{j}n\omega t}}{2\mathrm{j}}.\tag{4-2}$$

小提示

"j"为工程学中惯用的虚数单位,一般数学上用"i".

将(4-2)式代入(4-1)式,并化简得

$$f_T(t)=\frac{1}{T}\sum_{n=-\infty}^{+\infty}\left[\int_{-\frac{T}{2}}^{\frac{T}{2}}f_T(\tau)\mathrm{e}^{-\mathrm{j}n\omega\tau}\mathrm{d}\tau\right]\mathrm{e}^{\mathrm{j}n\omega t}.\tag{4-3}$$

(4-3)式称为傅里叶级数的复指数形式.

小提示

工程上通常采用傅里叶级数的复指数形式.

2. 傅里叶积分存在定理

前面所讲的是在一定条件下,一个周期函数可以展开成傅里叶级数的形式,那么一个非周期函数是否也可以用类似的形式展开呢?

若 $f(t)$ 是定义在 $(-\infty,+\infty)$ 上的非周期函数,则可以将其看成由某个周期为 T 的周期函数 $f_T(t)$ 当 $T\to+\infty$ 时转化而来的,从而有

$$f(t)=\lim_{T\to+\infty}f_T(t)=\lim_{T\to+\infty}\frac{1}{T}\sum_{n=-\infty}^{+\infty}\left[\int_{-\frac{T}{2}}^{\frac{T}{2}}f_T(\tau)\mathrm{e}^{-\mathrm{j}n\omega\tau}\mathrm{d}\tau\right]\mathrm{e}^{\mathrm{j}n\omega t}.\tag{4-4}$$

令　$\Delta\omega_n=\omega_n-\omega_{n-1}=\dfrac{2\pi}{T}$，其中 $\omega_n=n\omega\,(n=0,\pm1,\pm2,\cdots)$，$\omega=\dfrac{2\pi}{T}$，则 $T\to\infty$ 时，$\Delta\omega_n\to0$，那么(4-4)式可转化为：

$$f(t)=\lim_{\Delta\omega_n\to0}\frac{1}{2\pi}\sum_{n=-\infty}^{+\infty}\left[\int_{-\frac{T}{2}}^{\frac{T}{2}}f_T(\tau)\mathrm{e}^{-\mathrm{j}\omega_n\tau}\mathrm{d}\tau\right]\mathrm{e}^{\mathrm{j}\omega_n t}\Delta\omega_n.$$

根据积分定义，上式可化为

$$f(t)=\frac{1}{2\pi}\int_{-\infty}^{+\infty}\left[\int_{-\infty}^{+\infty}f(\tau)\mathrm{e}^{-\mathrm{j}\omega\tau}\mathrm{d}\tau\right]\mathrm{e}^{\mathrm{j}\omega t}\mathrm{d}\omega. \tag{4-5}$$

式(4-5)称为函数 $f(t)$ 的傅里叶积分公式，结论由下面的定理来保证.

小提示

(4-5)式的推导过程是不严格的，严格的证明可参考数学分析方面的相关教材.

定理 4.1.1(傅里叶积分存在定理)　若函数 $f(t)$ 在 $(-\infty,+\infty)$ 满足下列条件：

(1) $f(t)$ 在任一区间上满足狄利克雷条件；

(2) $f(t)$ 在无穷区间 $(-\infty,+\infty)$ 上绝对可积$\left(\text{即积分}\int_{-\infty}^{+\infty}|f(t)|\mathrm{d}t\text{ 收敛}\right)$，则在 $f(t)$ 的连续点处有

$$f(t)=\frac{1}{2\pi}\int_{-\infty}^{+\infty}\left[\int_{-\infty}^{+\infty}f(\tau)\mathrm{e}^{-\mathrm{j}\omega\tau}\mathrm{d}\tau\right]\mathrm{e}^{\mathrm{j}\omega t}\mathrm{d}\omega \tag{4-6}$$

成立.而 $f(t)$ 在它的间断点 t 处，应以 $\dfrac{f(t+0)+f(t-0)}{2}$ 来代替.

小提示

定理 4.1.1 的条件是充分的，定理的证明涉及较多的数学知识，此处从略.

二、傅里叶变换的概念

若记

$$F(\omega)=\int_{-\infty}^{+\infty}f(t)\mathrm{e}^{-\mathrm{j}\omega t}\mathrm{d}t, \tag{4-7}$$

则(4-6)式可写成：

$$f(t)=\frac{1}{2\pi}\int_{-\infty}^{+\infty}F(\omega)\mathrm{e}^{\mathrm{j}\omega t}\mathrm{d}\omega. \tag{4-8}$$

定义 4.1.1　称(4-7)式为函数 $f(t)$ 的**傅里叶变换**，简称为傅氏变换，其中 $F(\omega)$ 称为 $f(t)$ 的象函数，记作 $\mathscr{F}[f(t)]$，即

$$F(\omega)=\mathscr{F}[f(t)]=\int_{-\infty}^{+\infty}f(t)\mathrm{e}^{-\mathrm{j}\omega t}\mathrm{d}t. \tag{4-9}$$

称(4-8)式为函数 $F(\omega)$ 的**傅里叶逆变换**，简称为傅氏逆变换，其中 $f(t)$ 称为 $F(\omega)$ 的象原函数，记作 $\mathscr{F}^{-1}[F(\omega)]$，即

$$f(t)=\mathscr{F}^{-1}[F(\omega)]=\frac{1}{2\pi}\int_{-\infty}^{+\infty}F(\omega)e^{j\omega t}d\omega. \qquad (4-10)$$

小提示

$f(t)$ 与 $F(\omega)$ 构成了一组傅氏变换对，它们是一一对应的关系.

小试牛刀

例 4.1.1 求矩形脉冲函数 $f(t)=\begin{cases}E & -\frac{\tau}{2}\leqslant t\leqslant\frac{\tau}{2}\\ 0 & 其他\end{cases}$ 的傅氏变换.

解 由式(4-9)可知：

$$\begin{aligned}F(\omega)=\mathscr{F}[f(t)]&=\int_{-\infty}^{+\infty}f(t)e^{-j\omega t}dt\\&=\int_{-\frac{\tau}{2}}^{\frac{\tau}{2}}Ee^{-j\omega t}dt=\frac{E}{-j\omega}e^{-j\omega t}\Big|_{-\frac{\tau}{2}}^{\frac{\tau}{2}}\\&=\frac{E}{-j\omega}(e^{-\frac{j\omega\tau}{2}}-e^{\frac{j\omega\tau}{2}})=\frac{2E}{\omega}\sin\frac{\omega\tau}{2}.\end{aligned}$$

例 4.1.2 求指数衰减函数 $f(t)=\begin{cases}0 & t<0\\ e^{-\beta t} & t\geqslant 0\end{cases}$ $(\beta>0)$ 的傅氏变换.

解 由式(4-9)可知：

$$\begin{aligned}F(\omega)=\mathscr{F}[f(t)]&=\int_{-\infty}^{+\infty}f(t)e^{-j\omega t}dt\\&=\int_{0}^{+\infty}e^{-\beta t}e^{-j\omega t}dt=\int_{0}^{+\infty}e^{-(\beta+j\omega)t}dt\\&=-\frac{1}{\beta+j\omega}e^{-(\beta+j\omega)t}\Big|_{0}^{+\infty}=\frac{1}{\beta+j\omega}=\frac{\beta-j\omega}{\beta^2+\omega^2}.\end{aligned}$$

大展身手

例 4.1.3 求函数 $F(\omega)=\begin{cases}1 & |\omega|\leqslant\omega_0\\ 0 & 其他\end{cases}$ $(\omega_0>0)$ 的傅氏逆变换.

解 由式(4-10)可知：

$$f(t)=\mathscr{F}^{-1}[F(\omega)]=\frac{1}{2\pi}\int_{-\infty}^{+\infty}F(\omega)e^{j\omega t}d\omega=\frac{1}{2\pi}\int_{-\omega_0}^{\omega_0}e^{j\omega t}d\omega=\frac{1}{2\pi jt}e^{j\omega t}\Big|_{-\omega_0}^{\omega_0}=\frac{\sin\omega_0 t}{\pi t}.$$

三、傅里叶变换的物理意义——频谱

在无线电技术、电子振动学、声学等领域中，频谱理论与傅里叶变换有着紧密的联系.在

频谱分析中，时间变量的函数 $f(t)$ 的傅氏变换 $F(\omega)$ 称为 $f(t)$ 的**频谱函数**，频谱函数的模 $|F(\omega)|$ 称为 $f(t)$ 的**振幅频谱**，简称**频谱**. 由于 ω 是连续变化的，称之为**连续频谱**.

例 4.1.4　作单个矩形脉冲函数(如图 4-1)的频谱图.

解　例 4.1.2 可知，单个矩形脉冲函数的频谱函数为：$F(\omega)=\dfrac{2E}{\omega}\sin\dfrac{\omega\tau}{2}$，则频谱为：

$$|F(\omega)|=2E\left|\frac{\sin\frac{\omega\tau}{2}}{\omega}\right|.$$

显然，频谱 $|F(\omega)|$ 为偶函数，则频谱图只需画出 $\omega\geqslant 0$ 的一半，如图 4-2 所示.

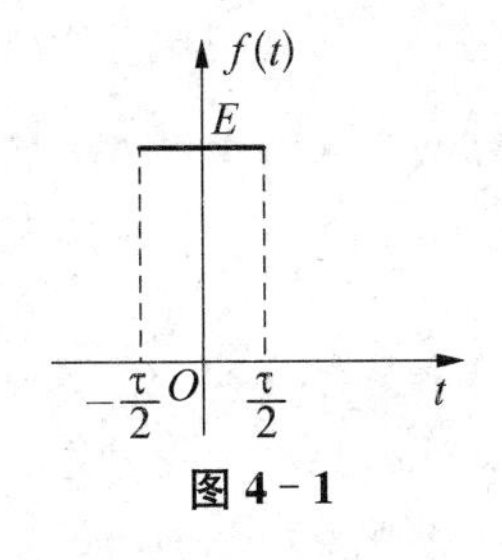

图 4-1

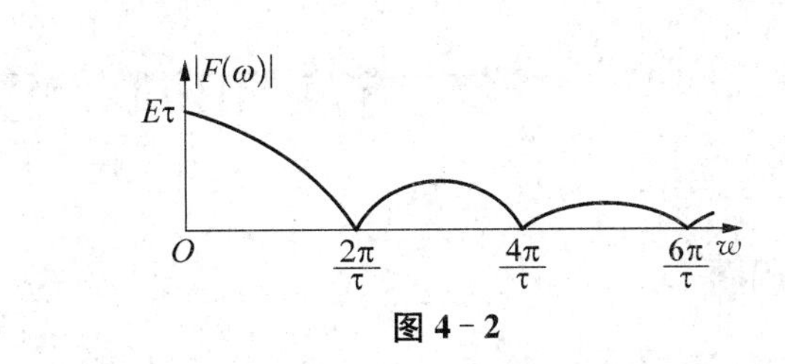

图 4-2

例 4.1.5　求指数衰减函数 $f(t)=\begin{cases}0 & t<0\\ e^{-\beta t} & t\geqslant 0\end{cases}$ $(\beta>0)$ (如图 4-3)的频谱图.

解　例 4.1.2 可知，指数衰减函数的频谱函数为：$F(\omega)=\dfrac{\beta-j\omega}{\beta^2+\omega^2}$，则频谱为：$|F(\omega)|=\dfrac{1}{\sqrt{\beta^2+\omega^2}}$，频谱图如图 4-4 所示.

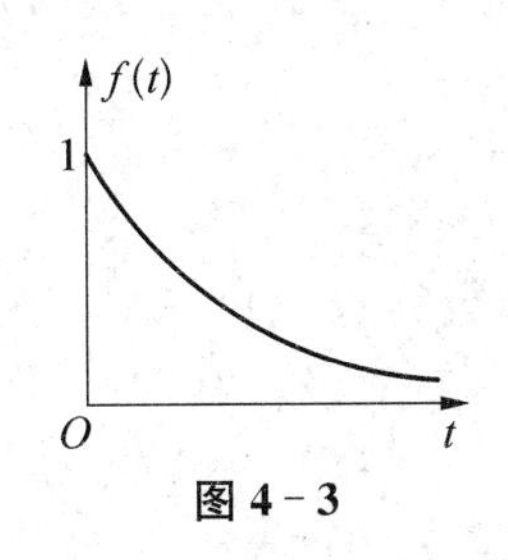

图 4-3

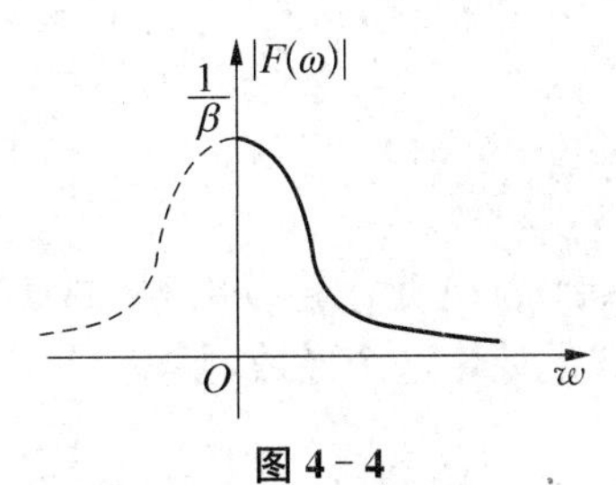

图 4-4

习题 4.1

小试牛刀

1. 求函数 $f(t)=\begin{cases}1 & |t|\leqslant 1\\ 0 & |t|>1\end{cases}$ 的傅氏变换.

2. 求函数 $f(t)=\begin{cases}e^{\alpha t} & t\leqslant 0\\ 0 & t>0\end{cases}$ $(\alpha>0)$ 的傅氏变换.

大展身手

3. 求函数 $f(t)=\begin{cases}t & |t|\leqslant 1\\ 0 & |t|>1\end{cases}$ 的傅氏变换.

4. 求函数 $f(t)=\begin{cases}\sin t & |t|\leqslant \pi\\ 0 & |t|>\pi\end{cases}$ 的傅氏变换.

5. 求矩形脉冲函数 $f(t)=\begin{cases}A & 0\leqslant t\leqslant \tau\\ 0 & 其他\end{cases}$ $(\tau>0)$ 的频谱.

第二节　单位脉冲函数

思考问题

在物理和工程技术中，除了用到指数衰减函数外，还会常用到单位脉冲函数.也就是工程实际问题中，有许多物理现象具有脉冲特征，它们仅在一瞬间或某一点出现.例如：电学中电势作用后所产生的电流；力学中，机械系统受冲击力使用后的运动情况等，这些都不能用通常的函数形式来描述.

引例　在原来电流为 0 的电路中，在时间 $t=0$ 时刻输入一单位电量的脉冲，求电路上的电流 $I(t)$.

解　用 $Q(t)$ 表示电路中的电荷数，则

$$Q(t)=\begin{cases}0 & t\neq 0\\ 1 & t=0\end{cases}.$$

当 $t\neq 0$ 时，$I(t)=0$.

当 $t=0$ 时，由于 $Q(t)$ 是不连续的，从而在普通导数的意义下，$Q(t)$ 在这一点是不能求导的.如果我们形式地计算这个导数，则得

$$I(0)=\lim_{\Delta t\to 0}\frac{Q(\Delta t)-Q(0)}{\Delta t}=\lim_{\Delta t\to 0}\frac{-1}{\Delta t}=\infty.$$

显然，这个电流强度是不能用普通意义下的函数表示，为此需要引入一个新的函数，即所谓的单位脉冲函数，又称为狄拉克(Dirac)函数，记为 δ 函数.

一、$\boldsymbol{\delta}$ 函数

定义 4.2.1　满足如下两个条件的函数称为 $\boldsymbol{\delta}$ **函数**：

(1) $\delta(t)=\begin{cases}0 & t\neq 0\\ \infty & t=0\end{cases}$；

(2) $\int_{-\infty}^{+\infty}\delta(t)\mathrm{d}t=1$.

小提示

定义 4.2.1 是由物理学家狄拉克(Dirac)给出的直观定义，它理论上是不严格的，只是对 δ 函数的某种描述.

有时，人们将 δ 函数直观地理解为：

$$\delta(t)=\lim_{\varepsilon\to 0}\delta_{\varepsilon}(t),$$

其中 $\delta_{\varepsilon}(t)=\begin{cases}\dfrac{1}{\varepsilon} & 0\leqslant t\leqslant \varepsilon\\ 0 & \text{其他}\end{cases}$ 是宽度为 ε，高度为 $\dfrac{1}{\varepsilon}$ 的矩形脉冲函数，如图 4－5 所示.

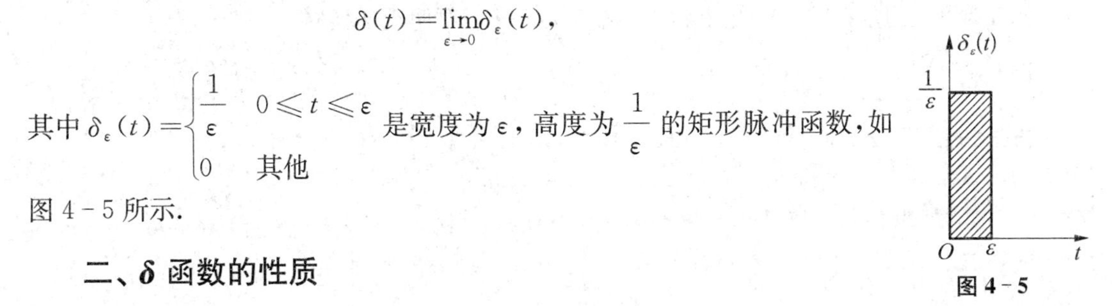

图 4－5

二、δ 函数的性质

下面直接给出 δ 函数的几个性质，不加以证明，有兴趣的同学可参考广义函数论的相关书籍.

性质 4.2.1(筛选性质)　设 $f(t)$ 是定义在实数域 $\mathbf{R}$ 上的有界函数，且在 t_0 处连续，则

$$\int_{-\infty}^{+\infty}\delta(t-t_0)f(t)\mathrm{d}t=f(t_0).$$

特别地，当 $t_0=0$ 时，有

$$\int_{-\infty}^{+\infty}\delta(t)f(t)\mathrm{d}t=f(0).$$

性质 4.2.2(奇偶性)　δ 函数是偶函数，即 $\delta(-t)=\delta(t)$.

性质 4.2.3　设 $u(t)=\begin{cases}0 & t<0\\ 1 & t>0\end{cases}$ 为单位阶跃函数，则

$$\int_{-\infty}^{t}\delta(\tau)\mathrm{d}\tau=u(t),\frac{\mathrm{d}}{\mathrm{d}t}u(t)=\delta(t).$$

性质 4.2.4　设 $f(t)$ 为无穷次可微的函数，则有

$$\int_{-\infty}^{+\infty}\delta'(t)f(t)\mathrm{d}t=-f'(0).$$

一般地，有

$$\int_{-\infty}^{+\infty}\delta^{(n)}(t)f(t)\mathrm{d}t=(-1)^n f^{(n)}(0).$$

小试牛刀

例 4.2.1　求 δ 函数的傅氏变换.

解　由傅氏变换的定义和 δ 函数的筛选性质，可知：

$$\mathscr{F}[\delta(t)]=\int_{-\infty}^{+\infty}\delta(t)\mathrm{e}^{-\mathrm{j}\omega t}\mathrm{d}t=\mathrm{e}^{-\mathrm{j}\omega t}\big|_{t=0}=1.$$

小智囊

由例 4.2.1 以及傅氏变换与逆变换的一一对应关系可知：

$$\mathscr{F}^{-1}[1]=\frac{1}{2\pi}\int_{-\infty}^{+\infty}e^{j\omega t}d\omega=\delta(t).$$

例 4.2.2 证明 $f(t)=1$ 与 $F(\omega)=2\pi\delta(\omega)$ 是一对傅氏变换对.

证明

方法一：$\mathscr{F}^{-1}[F(\omega)]=\frac{1}{2\pi}\int_{-\infty}^{+\infty}F(\omega)e^{j\omega t}d\omega=\frac{1}{2\pi}\int_{-\infty}^{+\infty}2\pi\delta(\omega)e^{j\omega t}d\omega$

$$=e^{j\omega t}\big|_{\omega=0}=1.$$

方法二：$\mathscr{F}[f(t)]=\int_{-\infty}^{+\infty}f(t)e^{-j\omega t}dt=\int_{-\infty}^{+\infty}e^{-j\omega t}dt\xlongequal{t=-\tau}\int_{-\infty}^{+\infty}e^{j\omega\tau}d\tau=2\pi\delta(\omega)$，

所以 $f(t)=1$ 与 $F(\omega)=2\pi\delta(\omega)$ 是一对傅氏变换对.

小智囊

用例 4.2.2 类似的方法可以得出：

$$f(t)=e^{j\omega_0 t}\text{ 与 }F(\omega)=2\pi\delta(\omega-\omega_0)\text{ 是一对傅氏变换对.}$$

即：

$$\int_{-\infty}^{+\infty}e^{j\omega_0 t}e^{-j\omega t}dt=\int_{-\infty}^{+\infty}e^{-j(\omega-\omega_0)t}dt=2\pi\delta(\omega-\omega_0).$$

大展身手

例 4.2.3 求函数 $f(t)=\cos\omega_0 t$ 的傅氏变换.

解 由傅氏变换的定义，有：

$$F(\omega)=\mathscr{F}[f(t)]=\int_{-\infty}^{+\infty}\cos\omega_0 t\cdot e^{-j\omega t}dt=\int_{-\infty}^{+\infty}\frac{e^{j\omega_0 t}+e^{-j\omega_0 t}}{2}e^{-j\omega t}dt$$

$$=\frac{1}{2}\left[\int_{-\infty}^{+\infty}e^{-j(\omega-\omega_0)t}dt+\int_{-\infty}^{+\infty}e^{-j(\omega+\omega_0)t}dt\right]=\pi[\delta(\omega-\omega_0)+\delta(\omega+\omega_0)].$$

例 4.2.4 证明单位阶跃函数 $u(t)=\begin{cases}0 & t<0\\ 1 & t>0\end{cases}$ 的傅氏变换为 $F(\omega)=\frac{1}{j\omega}+\pi\delta(\omega)$.

证明 由傅氏逆变换的定义，有：

$$f(t)=\mathscr{F}^{-1}[F(\omega)]=\frac{1}{2\pi}\int_{-\infty}^{+\infty}\left[\frac{1}{j\omega}+\pi\delta(\omega)\right]e^{j\omega t}d\omega$$

$$=\frac{1}{2\pi}\int_{-\infty}^{+\infty}\frac{e^{j\omega t}}{j\omega}d\omega+\frac{1}{2}\int_{-\infty}^{+\infty}\delta(\omega)e^{j\omega t}d\omega=\frac{1}{2\pi}\int_{-\infty}^{+\infty}\frac{\sin\omega t}{\omega}d\omega+\frac{1}{2}e^{j\omega t}\big|_{\omega=0}$$

$$=\frac{1}{\pi}\int_{0}^{+\infty}\frac{\sin\omega t}{\omega}\mathrm{d}\omega+\frac{1}{2}.$$

根据狄利克雷积分 $\int_{0}^{+\infty}\frac{\sin\omega}{\omega}\mathrm{d}\omega=\frac{\pi}{2}$，有

当 $t>0$ 时，令 $u=\omega t$，则 $\int_{0}^{+\infty}\frac{\sin\omega t}{\omega}\mathrm{d}\omega=\int_{0}^{+\infty}\frac{\sin u}{u}\mathrm{d}u=\frac{\pi}{2}$.

当 $t<0$ 时，令 $v=-\omega t$，则 $\int_{0}^{+\infty}\frac{\sin\omega t}{\omega}\mathrm{d}\omega=-\int_{0}^{+\infty}\frac{\sin v}{v}\mathrm{d}v=-\frac{\pi}{2}$.

所以

$$f(t)=\begin{cases}\frac{1}{\pi}\left(-\frac{\pi}{2}\right)+\frac{1}{2} & t<0\\ \frac{1}{\pi}\cdot\frac{\pi}{2}+\frac{1}{2} & t>0\end{cases}=\begin{cases}0 & t<0\\ 1 & t>0\end{cases}.$$

即 $f(t)=u(t)$，也就是 $\mathscr{F}[u(t)]=F(\omega)=\frac{1}{\mathrm{j}\omega}+\pi\delta(\omega)$.

小提示

狄利克雷积分在第五章第三节中给出了具体的计算.

习题 4.2

小试牛刀

1. 证明 $f(t)=\mathrm{e}^{\mathrm{j}\omega_0 t}$ 与 $F(\omega)=2\pi\delta(\omega-\omega_0)$ 是一对傅氏变换对.

2. 求正弦函数 $f(t)=\sin\omega_0 t$ 的傅氏变换.

大展身手

3. 求函数 $\delta'(t+1)$ 的傅氏变换.

第三节　傅里叶变换的性质

傅里叶变换建立了时间函数与频谱函数之间的转换关系.在实际信号分析中，经常需要对信号时域和频域之间的对应关系及转换规律进行深入研究，例如，如果信号函数 $f(t)$ 沿时间轴平移、压缩或扩展之后，频谱函数发生了什么变化？反之亦然.因此我们很希望有简化的运算，为此傅氏变换的性质的讨论就非常重要.

本节将介绍傅氏变换的几个重要性质，并不做详细证明，同时在这里我们假定凡是需要求傅氏变换的函数都满足傅氏积分定理中的条件.

性质 4.3.1(线性性质) 设 $F_1(\omega)=\mathscr{F}[f_1(t)]$, $F_2(\omega)=\mathscr{F}[f_2(t)]$, α,β 是常数,则

$$\mathscr{F}[\alpha f_1(t)+\beta f_2(t)]=\alpha\mathscr{F}[f_1(t)]+\beta\mathscr{F}[f_2(t)]=\alpha F_1(\omega)+\beta F_2(\omega)$$

或 $\mathscr{F}^{-1}[\alpha F_1(\omega)+\beta F_2(\omega)]=\alpha\mathscr{F}^{-1}[F_1(\omega)]+\beta\mathscr{F}^{-1}[F_2(\omega)]=\alpha f_1(t)+\beta f_2(t)$.

例如,$\mathscr{F}[\sin^2 t]=\mathscr{F}\left[\dfrac{1-\cos 2t}{2}\right]=\dfrac{1}{2}\mathscr{F}[1]-\dfrac{1}{2}\mathscr{F}[\cos 2t]$

$$=\pi\delta(\omega)-\frac{\pi}{2}[\delta(\omega+2)+\delta(\omega-2)].$$

性质 4.3.2(位移性质) 若 $\mathscr{F}[f(t)]=F(\omega)$,则 $\mathscr{F}[f(t\pm t_0)]=\mathrm{e}^{\pm \mathrm{j}\omega t_0}F(\omega)$.

例如:$\mathscr{F}[\sin(t-2)]=\mathrm{e}^{-2\mathrm{j}\omega}\mathscr{F}[\sin t]=\mathrm{e}^{-2\mathrm{j}\omega}\mathrm{j}\pi[\delta(\omega+1)-\delta(\omega-1)]$.

同样,傅氏逆变换也有类似的位移性质,即:

$$\mathscr{F}^{-1}[F(\omega\mp\omega_0)]=\mathrm{e}^{\pm \mathrm{j}\omega_0 t}f(t).$$

小提示

性质 4.3.2 在无线电技术中称为时移性,它表示时间函数 $f(t)$ 沿时间轴向左或向右平移 t_0 时的傅氏变换等于 $f(t)$ 的傅氏变换乘以因子 $\mathrm{e}^{\mathrm{j}\omega t_0}$ 或 $\mathrm{e}^{-\mathrm{j}\omega t_0}$.

性质 4.3.3(相似性质) 若 $\mathscr{F}[f(t)]=F(\omega)$,则

$$\mathscr{F}[f(kt)]=\frac{1}{|k|}F\left(\frac{\omega}{k}\right)\ (k\neq 0 \text{ 为常数}).$$

例如,若 $\mathscr{F}[f(t)]=F(\omega)$,则

$$\mathscr{F}[f(2t-3)]=\mathscr{F}\left[f\left[2\left(t-\frac{3}{2}\right)\right]\right]=\mathrm{e}^{-\frac{3}{2}\mathrm{j}\omega}\mathscr{F}[f(2t)]=\mathrm{e}^{-\frac{3}{2}\mathrm{j}\omega}\ \frac{1}{2}F\left(\frac{\omega}{2}\right).$$

同样,傅氏逆变换也有类似性质,即

$$\mathscr{F}^{-1}[F(k\omega)]=\frac{1}{|k|}f\left(\frac{t}{k}\right)\quad (k\neq 0 \text{ 为常数}).$$

小提示

性质 4.3.3 说明在信号分析系统中,信号在时域中压缩,在频域中就扩展;反之,信号在时域中扩展,在频域中就一定压缩.

性质 4.3.4(对称性质) 若 $\mathscr{F}[f(t)]=F(\omega)$,则 $\mathscr{F}[F(t)]=2\pi f(-\omega)$.

例如:$\mathscr{F}[\delta(t)]=1$,则 $\mathscr{F}[1]=2\pi\delta(-\omega)=2\pi\delta(\omega)$,与之前的结论一致.

性质 4.3.5(微分性质) 若 $f(t)$ 在 $(-\infty,+\infty)$ 上连续或只有有限个可去间断点,且当 $|t|\to+\infty$ 时,$f(t)\to 0$,$\mathscr{F}[f(t)]=F(\omega)$,则 $\mathscr{F}[f'(t)]=\mathrm{j}\omega\mathscr{F}[f(t)]=\mathrm{j}\omega F(\omega)$.

小提示

性质 4.3.5 表明一个函数导数的傅氏变换等于这个函数的傅氏变换乘以因子 $j\omega$.

推论 4.3.1 若 $f^{(k)}(t)$ 在 $(-\infty,+\infty)$ 上连续或只有有限个可去间断点,且当 $|t|\to+\infty$ 时, $f^{(k)}(t)\to 0\ (k=0,1,\cdots,n-1)$, $\mathscr{F}[f(t)]=F(\omega)$, 则

$$\mathscr{F}[f^{(n)}(t)]=(j\omega)^n\mathscr{F}[f(t)]=(j\omega)^nF(\omega).$$

同样,有象函数的导数公式.

设 $\mathscr{F}[f(t)]=F(\omega)$, 则 $\dfrac{d}{d\omega}F(\omega)=\mathscr{F}[-jtf(t)]$.

一般地
$$\frac{d^n}{d\omega^n}F(\omega)=(-j)^n\mathscr{F}[t^nf(t)]. \tag{4-11}$$

小智囊

在实际应用中,经常利用象函数的微分性质计算 $\mathscr{F}[t^nf(t)]$,也就是把式(4-11)转化为下面的形式:

$$\mathscr{F}[t^nf(t)]=\frac{1}{(-j)^n}\frac{d^n}{d\omega^n}F(\omega)=j^n\frac{d^n}{d\omega^n}F(\omega). \tag{4-12}$$

例如,因为 $\mathscr{F}[1]=2\pi\delta(\omega)$, 则 $\mathscr{F}[t^n]=j^n\dfrac{d^n}{d\omega^n}[2\pi\delta(\omega)]=2\pi j^n\delta^{(n)}(\omega)$.

性质 4.3.6(积分性质) 若 $\mathscr{F}[f(t)]=F(\omega)$, $\lim\limits_{t\to+\infty}\int_{-\infty}^{t}f(\tau)d\tau=0$, 则

$$\mathscr{F}\left[\int_{-\infty}^{t}f(t)dt\right]=\frac{1}{j\omega}\mathscr{F}[f(t)]=\frac{1}{j\omega}F(\omega).$$

小试牛刀

例 4.3.1 求 $F(\omega)=2\pi\delta(\omega)+6\pi\delta(\omega+2)$ 的傅氏逆变换.

解 $\mathscr{F}^{-1}[F(\omega)]=\mathscr{F}^{-1}[2\pi\delta(\omega)]+3\mathscr{F}^{-1}[2\pi\delta(\omega+2)]=1+3e^{-2jt}$.

例 4.3.2 求函数 $f(t)=\sin\left(2t-\dfrac{\pi}{4}\right)$ 的傅氏变换.

解法 1 由性质 4.3.1,可知

$$\mathscr{F}[f(t)]=\frac{\sqrt{2}}{2}\mathscr{F}[\sin 2t]-\frac{\sqrt{2}}{2}\mathscr{F}[\cos 2t]$$
$$=\frac{\sqrt{2}}{2}\pi[j\delta(\omega+2)-j\delta(\omega-2)-\delta(\omega+2)-\delta(\omega-2)].$$

解法 2 因为 $\mathscr{F}[\sin 2t]=j\pi[\delta(\omega+2)-\delta(\omega-2)]$,

所以 $\mathscr{F}[f(t)]=\mathscr{F}\left[\sin 2\left(t-\frac{\pi}{8}\right)\right]=\mathrm{e}^{-\frac{\pi}{8}\mathrm{j}\omega}\mathscr{F}[\sin 2t]=\mathrm{e}^{-\frac{\pi}{8}\mathrm{j}\omega}\mathrm{j}\pi[\delta(\omega+2)-\delta(\omega-2)]$.

小提示

例 4.3.2 两种解法的结果看似不一样，其实是一致的.有兴趣的同学课后可用傅氏逆变换的定义和筛选性质去验证这两个结果的逆变换都是 $f(t)=\sin\left(2t-\frac{\pi}{4}\right)$.

例 4.3.3 求函数 $f(t)=t\sin t$ 的傅氏变换.

解 由式(4-12)，可知：

$$\mathscr{F}[f(t)]=\mathscr{F}[t\sin t]=\mathrm{j}\frac{\mathrm{d}}{\mathrm{d}\omega}\mathscr{F}[\sin t].$$

又因为 $\mathscr{F}[\sin t]=\mathrm{j}\pi[\delta(\omega+1)-\delta(\omega-1)]$，

所以 $\mathscr{F}[f(t)]=\mathrm{j}\cdot\mathrm{j}\pi[\delta(\omega+1)-\delta(\omega-1)]'=\pi[\delta'(\omega-1)-\delta'(\omega+1)]$.

例 4.3.4 求函数 $F(\omega)=\frac{1}{(3+\mathrm{j}\omega)(4+3\mathrm{j}\omega)}$ 的傅氏逆变换.

解 因为 $F(\omega)=\frac{1}{5}\left(\frac{1}{\frac{4}{3}+\mathrm{j}\omega}-\frac{1}{3+\mathrm{j}\omega}\right)$，且 $\mathscr{F}^{-1}\left[\frac{1}{\beta+\mathrm{j}\omega}\right]=\begin{cases}0 & t<0\\ \mathrm{e}^{-\beta t} & t\geqslant 0\end{cases}(\beta>0)$，

所以 $\mathscr{F}^{-1}[F(\omega)]=\frac{1}{5}\begin{cases}0 & t<0\\ \mathrm{e}^{-\frac{4}{3}t} & t\geqslant 0\end{cases}-\frac{1}{5}\begin{cases}0 & t<0\\ \mathrm{e}^{-3t} & t\geqslant 0\end{cases}=\begin{cases}0 & t<0\\ \frac{1}{5}(\mathrm{e}^{-\frac{4}{3}t}-\mathrm{e}^{-3t}) & t\geqslant 0\end{cases}$.

大展身手

例 4.3.5 求矩形单脉冲函数 $f(t)=\begin{cases}E & 0<t<\tau\\ 0 & \text{其他}\end{cases}$ 的频谱函数 $F(\omega)$.

解 例 4.1.1 说明，矩形脉冲函数 $f_1(t)=\begin{cases}E & -\frac{\tau}{2}\leqslant t\leqslant\frac{\tau}{2}\\ 0 & \text{其他}\end{cases}$ 的频谱函数为：

$F_1(\omega)=\frac{2E}{\omega}\sin\frac{\omega\tau}{2}$. 由性质 4.3.2，得：

$$F(\omega)=\mathscr{F}[f(t)]=\mathscr{F}\left[f_1\left(t-\frac{\tau}{2}\right)\right]=\mathrm{e}^{-\frac{\tau}{2}\mathrm{j}\omega}F_1(\omega)=\mathrm{e}^{-\frac{\tau}{2}\mathrm{j}\omega}\frac{2E}{\omega}\sin\frac{\omega\tau}{2}.$$

例 4.3.6 求函数 $F(\omega)=\frac{1}{\beta+\mathrm{j}(\omega+\omega_0)}$ $(\beta>0,\omega_0$ 为常数)的傅氏逆变换.

解 由性质 4.3.2 可知：

$$\mathscr{F}^{-1}[F(\omega)]=\mathrm{e}^{-\mathrm{j}\omega_0 t}\mathscr{F}^{-1}\left[\frac{1}{\beta+\mathrm{j}\omega}\right]=\begin{cases}0 & t<0\\ \mathrm{e}^{-(\beta+\mathrm{j}\omega_0)t} & t\geqslant 0\end{cases}.$$

例 4.3.7　求函数 $f(t)=t^2u(t)$ 的傅氏变换,其中 $u(t)$ 为单位阶跃函数.

解　因为 $\mathscr{F}[u(t)]=\dfrac{1}{\mathrm{j}\omega}+\pi\delta(\omega)$,则由式(4-12)可知

$$\mathscr{F}[t^2u(t)]=\mathrm{j}^2\frac{\mathrm{d}^2}{\mathrm{d}\omega^2}\mathscr{F}[u(t)]=-\frac{\mathrm{d}^2}{\mathrm{d}\omega^2}\left[\frac{1}{\mathrm{j}\omega}+\pi\delta(\omega)\right]=-\frac{2}{\mathrm{j}\omega^3}-\pi\delta''(\omega).$$

习题 4.3

小试牛刀

1. 求函数 $f(t)=\sin\left(5t+\dfrac{\pi}{3}\right)$ 的傅氏变换.
2. 求函数 $f(t)=t\cos t$ 的傅氏变换.
3. 求函数 $F(\omega)=\delta(\omega+2)-\delta(\omega-2)$ 的傅氏逆变换.
4. 求函数 $F(\omega)=\dfrac{1}{2+\omega^2}$ 的傅氏逆变换.

大展身手

5. 已知 $\mathscr{F}[f(t)]=F(\omega)$,利用傅氏变换的性质求下列函数的傅氏变换.

(1) $tf(2t)$;　　(2) $tf'(t)$;　　(3) $f(2t-5)$.

6. 求函数 $f(t)=\mathrm{e}^{-2\mathrm{j}t}\sin 3t$ 的傅氏变换.
7. 求函数 $F(\omega)=\dfrac{1}{\mathrm{j}\omega}+\mathrm{j}\pi\delta'(\omega)$ 的傅氏逆变换.

第四节　傅里叶变换的应用

思考问题

傅里叶变换在数学理论分析、电路理论、信号分析、自动控制等众多领域都有着广泛的应用.我们在利用数学知识来解决其他学科的问题时,一般都是先建立相应的数学模型,其中线性模型是最好的选择,而微分方程、积分方程、微积分方程就是典型的线性系统的数学模型.

例如,求图 4-6 中具有电动势 $f(t)$ 的 LRC 电路的电流,其中 L 是电感,R 是电阻,C 是电容.

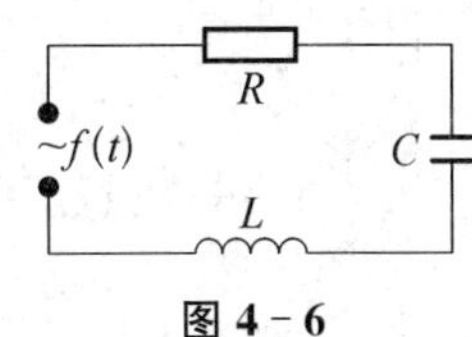

图 4-6

设 $i(t)$ 表示电路在 t 时刻的电流,根据基尔霍夫(Kirchhoff)定律,其满足微积分方程:

$$L\frac{\mathrm{d}i}{\mathrm{d}t}+Ri+\frac{1}{C}\int_{-\infty}^{t}i\,\mathrm{d}t=f(t). \tag{4-13}$$

所以要求 $i(t)$，只要求解微积分方程(4-13)即可.

本节将介绍利用傅氏变换求解微积分方程.

利用傅氏变换求解微积分方程的解法大致分为以下三个基本步骤：

第一步　对含有未知函数 $y(t)$ 的微积分方程的两边同时取傅氏变换，得到一个关于 $y(t)$ 的象函数 $Y(\omega)$ 的代数方程，称为象方程；

第二步　解象方程式，得到象函数 $Y(\omega)$；

第三步　对 $Y(\omega)$ 取傅氏逆变换，得微积分方程的解 $y(t)$.

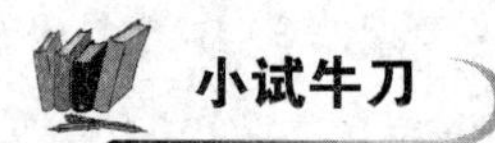

小试牛刀

例 4.4.1　求微分方程 $y''(t)-y(t)=-\delta(t)$ 的解.

解　设 $\mathscr{F}[y(t)]=Y(\omega)$，方程两边同时取傅氏变换，由傅氏变换的微分性质、线性性质，得

$$(\mathrm{j}\omega)^2Y(\omega)-Y(\omega)=-1,$$

整理得
$$Y(\omega)=\frac{1}{1+\omega^2}=\frac{1}{2}\left(\frac{1}{1+\mathrm{j}\omega}+\frac{1}{1-\mathrm{j}\omega}\right).$$

两边取傅氏逆变换，得

$$y(t)=\mathscr{F}^{-1}[Y(\omega)]=\frac{1}{2}\mathscr{F}^{-1}\left[\frac{1}{1+\mathrm{j}\omega}\right]+\frac{1}{2}\mathscr{F}^{-1}\left[\frac{1}{1-\mathrm{j}\omega}\right]$$

$$=\frac{1}{2}\begin{cases}0 & t<0\\ \mathrm{e}^{-t} & t\geqslant 0\end{cases}+\frac{1}{2}\begin{cases}\mathrm{e}^{t} & t\leqslant 0\\ 0 & t>0\end{cases}=\begin{cases}\frac{1}{2}\mathrm{e}^{t} & t<0\\ \frac{1}{2} & t=0\\ \frac{1}{2}\mathrm{e}^{-t} & t>0\end{cases}=\frac{1}{2}\mathrm{e}^{-|t|}.$$

例 4.4.2　求微积分方程

$$ax'(t)+bx(t)+c\int_{-\infty}^{t}x(t)\mathrm{d}t=h(t)$$

的解，其中 a,b,c 为常数，$h(t)$ 为已知函数.

解　设 $\mathscr{F}[x(t)]=X(\omega)$，$\mathscr{F}[h(t)]=H(\omega)$，方程两边同时取傅氏变换，可得：

$$a\mathrm{j}\omega X(\omega)+bX(\omega)+\frac{c}{\mathrm{j}\omega}X(\omega)=H(\omega).$$

整理得：$X(\omega)=\dfrac{H(\omega)}{a\mathrm{j}\omega+b+\dfrac{c}{\mathrm{j}\omega}}$.

两边同时取傅氏逆变换，得：

$$x(t)=\mathscr{F}^{-1}\left[\frac{H(\omega)}{aj\omega+b+\frac{c}{j\omega}}\right]=\frac{1}{2\pi}\int_{-\infty}^{+\infty}\frac{H(\omega)}{aj\omega+b+\frac{c}{j\omega}}e^{j\omega t}d\omega.$$

【思考问题】中的微积分方程(4－13)也可用傅氏变换求解.对方程两边同时取傅氏变换，并记$\mathscr{F}[i(t)]=I(\omega)$，$\mathscr{F}[f(t)]=F(\omega)$，得

$$Lj\omega I(\omega)+RI(\omega)+\frac{1}{C}\frac{1}{j\omega}I(\omega)=F(\omega).$$

整理得：
$$I(\omega)=\frac{j\omega F(\omega)}{-L\omega^2+Rj\omega+\frac{1}{C}}.$$

两边同时取傅氏逆变换，得：

$$i(t)=\mathscr{F}^{-1}[I(\omega)]=\frac{1}{2\pi}\int_{-\infty}^{+\infty}\frac{j\omega F(\omega)}{-L\omega^2+Rj\omega+\frac{1}{C}}e^{j\omega t}d\omega.$$

例 4.4.3　求微积分方程

$$x'(t)-4\int_{-\infty}^{t}x(t)dt=e^{-|t|}\ (-\infty<t<+\infty)$$

的解 $x(t)$.

解　设$\mathscr{F}[x(t)]=X(\omega)$，对方程两边同时取傅氏变换，得：

$$j\omega X(\omega)-\frac{4}{j\omega}X(\omega)=\mathscr{F}[e^{-|t|}],$$

而
$$\mathscr{F}[e^{-|t|}]=\int_{-\infty}^{+\infty}e^{-|t|}e^{-j\omega t}dt=\int_{-\infty}^{0}e^{(1-j\omega)t}dt+\int_{0}^{+\infty}e^{-(1+j\omega)t}dt$$
$$=\frac{1}{1-j\omega}+\frac{1}{1+j\omega}=\frac{2}{1+\omega^2},$$

所以
$$X(\omega)=\frac{-2j\omega}{(1+\omega^2)(4+\omega^2)}=-\frac{2}{3}j\omega\left(\frac{1}{1+\omega^2}-\frac{1}{4+\omega^2}\right)$$
$$=\frac{1}{3}\left(\frac{1}{1+j\omega}-\frac{1}{1-j\omega}+\frac{1}{2-j\omega}-\frac{1}{2+j\omega}\right).$$

两边取傅氏逆变换，得

$$x(t)=\mathscr{F}^{-1}[X(\omega)]=\frac{1}{3}\mathscr{F}^{-1}\left[\frac{1}{1+j\omega}\right]-\frac{1}{3}\mathscr{F}^{-1}\left[\frac{1}{1-j\omega}\right]$$

$$+\frac{1}{3}\mathscr{F}^{-1}\left[\frac{1}{2-\mathrm{j}\omega}\right]-\frac{1}{3}\mathscr{F}^{-1}\left[\frac{1}{2+\mathrm{j}\omega}\right]$$

$$=\frac{1}{3}\begin{cases}0 & t<0\\ \mathrm{e}^{-t} & t\geqslant 0\end{cases}-\frac{1}{3}\begin{cases}\mathrm{e}^{t} & t\leqslant 0\\ 0 & t>0\end{cases}+\frac{1}{3}\begin{cases}\mathrm{e}^{2t} & t\leqslant 0\\ 0 & t>0\end{cases}-\frac{1}{3}\begin{cases}0 & t<0\\ \mathrm{e}^{-2t} & t\geqslant 0\end{cases}$$

$$=\begin{cases}\frac{1}{3}(\mathrm{e}^{2t}-\mathrm{e}^{t}) & t<0\\ 0 & t=0.\\ \frac{1}{3}(\mathrm{e}^{-t}-\mathrm{e}^{-2t}) & t>0\end{cases}$$

习题 4.4

小试牛刀

1. 求微分方程 $x'(t)+x(t)=\delta(t)\ (-\infty<t<+\infty)$ 的解 $x(t)$.

2. 求微积分方程 $f'(t)-\int_{-\infty}^{t}f(t)\mathrm{d}t=\delta(t)$ 的解 $f(t)$.

大展身手

3. 求微积分方程 $2x'(t)-6\int_{-\infty}^{t}x(t)\mathrm{d}t=\mathrm{e}^{-|t|}\ (-\infty<t<+\infty)$ 的解 $x(t)$.

傅里叶变换的应用

法国数学家、物理学家傅里叶(1768—1830)一生中的学术成就最突出的贡献就是对热传导问题的研究,开创了“傅里叶分析”这一重要分支,为数学物理方程开辟了广阔的道路. 1807 年傅里叶在论文《固体中的热运动理论》中增加了在无穷大物体中热扩散的新分析,但由于运用的三角级数具有周期性而不能用,所以引入了傅里叶积分.利用积分变换可以将数学物理方程中的未知数个数减少,转化为常微分方程或代数方程,这样使得许多问题的分析与求解得到简化.傅里叶积分与傅里叶变换便是常用的积分变换,在数据处理、信号分析等领域中广泛应用.

在信号处理教材中,信号频谱分析的基本方法是经典的傅里叶变换,传统的傅里叶分析是一种纯频域的分析方法.如果一个信号函数 $f(t)\in L^2(\mathbf{R})$($\mathbf{R}$ 为实数)代表模拟信号,且能量有限,其傅里叶变换为 $F(\omega)=\mathscr{F}[f(t)]=\int_{-\infty}^{+\infty}f(t)\mathrm{e}^{-\mathrm{j}\omega t}\mathrm{d}t$. 它用频率不同的各复正弦分量的叠加来拟合原函数,也即用 $F(\omega)$ 来分辨 $f(t)$. $F(\omega)$ 可以刻画 $f(t)$在整个时间域$(-\infty,+\infty)$上的频谱特征.

信息光学是在激光、全息术和光学传递函数的基础上，利用数学中的傅里叶变换和通信系统中的线性系统理论结合来研究光信息技术中光信息的调制、存储、传输和处理.傅里叶变换可以将复杂的问题简单化，利用频谱分析的方法研究光波的传播、衍射、成像等现象，将傅里叶变换的理论基础实际应用到不同的应用领域，比如全息术、空间滤波、图像识别、散板测量术等.

密码学中，大数相乘是一种关键运算，其性能影响许多密码算法.对于大整数相乘，将大整数看成由若干个离散的十进制数据位组成，在此基础上运用快速傅里叶变换算法(FFT)就可以得到大整数相乘结果.FFT 是根据离散傅里叶变换(DFT)的奇、偶、虚、实等特性，对离散傅里叶变换的算法进行改进获得的，能使计算机计算离散傅里叶变换所需要的乘法次数极大减少.因此，FFT 算法的时间效率显著高于其他大整数相乘算法.但是，FFT 乘法算法时间效率的提升是否在所有数据范围内有效是一个值得研究的问题.

在海洋学中，海浪模拟一直是热门的研究，并已被逐步应用到电影、游戏、航海模拟器仿真和虚拟战场环境等军事和民用领域中.海浪运动是复杂而随机的过程，利用 FFT 方法可以快速实现不同风速和不同风向下大尺寸海面的起伏特性仿真，不仅计算效率高、速度快，而且仿真所生成的海面细节特征较为明显，这在海洋动力学研究中得到了广泛的应用.

复习题四

小试牛刀

一、选择题

1. 设 $f(t)=\delta(t-t_0)$，则 $\mathscr{F}[f(t)]=($　　$)$.

A. 1　　B. 2π　　C. $e^{j\omega t_0}$　　D. $e^{-j\omega t_0}$

2. $\mathscr{F}[\cos(t-3)]=($　　$)$.

A. $\pi e^{-3j\omega}[\delta(\omega+1)+\delta(\omega-1)]$　　B. $\pi e^{3j\omega}[\delta(\omega+1)+\delta(\omega-1)]$

C. $\pi e^{-3j\omega}[\delta(\omega+1)-\delta(\omega-1)]$　　D. $j\pi e^{3j\omega}[\delta(\omega+1)-\delta(\omega-1)]$

3. $\int_{-\infty}^{+\infty}\delta(t+t_0)e^{-j\omega t}dt=($　　$)$.

A. $e^{-j\omega t_0}$　　B. $e^{j\omega t_0}$　　C. $e^{-j\omega_0 t}$　　D. 1

4. 若 $\mathscr{F}[f(t)]=6\pi\delta(\omega)$，则 $f(t)=($　　$)$.

A. 1　　B. 2　　C. 3　　D. 4

5. 设 $f(t)=te^{j\omega_0 t}$，则 $\mathscr{F}[f(t)]=($　　$)$.

A. $2\pi\delta'(\omega+\omega_0)$　　B. $2\pi j\delta'(\omega+\omega_0)$　　C. $2\pi\delta'(\omega-\omega_0)$　　D. $2\pi j\delta'(\omega-\omega_0)$

二、填空题

1. $\mathscr{F}\left[\delta(t+a)+\delta\left(t+\frac{a}{2}\right)\right]=$____________.

2. $\mathscr{F}[\sin t\cos t]=$____________.

3. 若 $f(t)$ 为无穷次可微函数，则 $\int_{-\infty}^{+\infty}\delta(t)f(t)dt=$____________.

4. 已知 $\mathscr{F}[f(t)]=F(\omega)$，则 $\mathscr{F}[f(t-1)]=$____________.

三、用傅氏变换的定义,求 $f(t)=\begin{cases}0 & |t|>2 \\ 1 & |t|<2\end{cases}$ 的傅氏变换.

四、利用傅氏变换的性质,求下列函数的傅氏变换.

(1) $f(t)=t\mathrm{e}^{-\mathrm{j}t}$;　　(2) $f(t)=\cos\left(6t+\dfrac{\pi}{4}\right)$;　　(3) $f(t)=\mathrm{e}^{-\mathrm{j}t}\cos 3t$.

五、求函数 $F(\omega)=\dfrac{2}{(3+\mathrm{j}\omega)(5+\mathrm{j}\omega)}$ 的傅氏逆变换.

大展身手

一、选择题

1. 已知 $\mathscr{F}[f(t)]=\dfrac{\sqrt{2}}{2}\pi[\mathrm{j}\delta(\omega+2)-\mathrm{j}\delta(\omega-2)-\delta(\omega+2)-\delta(\omega-2)]$,则 $f(t)=$(　　).

A. $\sin\left(2t-\dfrac{\pi}{4}\right)$　　B. $\sin\left(2t+\dfrac{\pi}{4}\right)$　　C. $\cos\left(2t-\dfrac{\pi}{4}\right)$　　D. $\cos\left(2t+\dfrac{\pi}{4}\right)$

2. $\mathscr{F}[f(t)]=F(\omega)$,则 $\mathscr{F}[(t-2)f(t)]=$(　　).

A. $F'(\omega)-2F(\omega)$　　B. $-F'(\omega)-2F(\omega)$

C. $\mathrm{j}F'(\omega)-2F(\omega)$　　D. $-\mathrm{j}F'(\omega)-2F(\omega)$

3. 设 $f(t)=\delta(2-t)+\mathrm{e}^{\mathrm{j}\omega_0 t}$,则 $\mathscr{F}[f(t)]=$(　　).

A. $\mathrm{e}^{-2\mathrm{j}\omega}+2\pi\delta(\omega-\omega_0)$　　B. $\mathrm{e}^{2\mathrm{j}\omega}+2\pi\delta(\omega-\omega_0)$

C. $\mathrm{e}^{-2\mathrm{j}\omega}+2\pi\delta(\omega+\omega_0)$　　D. $\mathrm{e}^{2\mathrm{j}\omega}+2\pi\delta(\omega+\omega_0)$

4. 已知 $F(\omega)=\mathrm{j}\pi\delta^{(3)}(\omega)$,则 $\mathscr{F}^{-1}[F(\omega)]=$(　　).

A. $\dfrac{1}{2}t^3$　　B. $-\dfrac{1}{2}t^3$　　C. t^3　　D. $-2t^3$

二、填空题

1. 已知 $\mathscr{F}[f(t)]=F(\omega)$,则 $\mathscr{F}[f(1-t)]=$__________.

2. 已知 $\mathscr{F}[f(t)]=F(\omega)$,则 $\mathscr{F}[(2t-3)f(t)]=$__________.

3. 已知 $\mathscr{F}[f(t)]=F(\omega)$,则 $\mathscr{F}[t^3 f(t)]=$__________.

4. 已知 $f(t)=|t|$ 且 $\mathscr{F}[f(t)]=-\dfrac{2}{\omega^2}$,则 $\mathscr{F}^{-1}\left[-\dfrac{2}{(\omega-2)^2}\right]=$__________.

三、利用傅氏变换的定义,求函数 $f(t)=\begin{cases}\cos t & |t|<\pi \\ 0 & |t|>\pi\end{cases}$ 的傅氏变换.

四、求函数 $F(\omega)=\dfrac{1}{(2+\mathrm{j}\omega)(1-\mathrm{j}\omega)}$ 的傅氏逆变换.

五、求解微积分方程 $\dfrac{\mathrm{d}^2}{\mathrm{d}t^2}y(t)-y(t)=-\mathrm{e}^{-2|t|}\ (-\infty<t<+\infty)$ 的解 $y(t)$.

第五章

拉普拉斯变换

拉普拉斯(Laplace)变换是为简化计算而建立的实变量函数和复变量函数间的一种函数变换.对一个实变量函数做拉普拉斯变换,并在复数域中做各种运算,再将运算结果做拉普拉斯逆变换来求得实数域中的相应结果,往往比直接在实数域中求出同样的结果在计算上容易得多.拉普拉斯变换在力学系统、电学系统、自动控制系统、可靠性系统以及随机服务系统等系统科学中都起着重要作用.本章介绍了拉普拉斯变换和拉普拉斯逆变换的概念和性质,主要讲解拉普拉斯变换在反常积分计算和常微分方程(组)求解方面的应用问题.

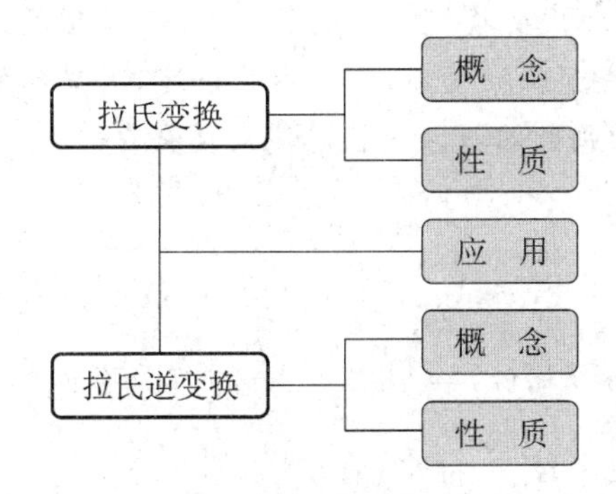

第一节　拉普拉斯变换的概念

根据定理 4.1.1(傅里叶积分存在定理),如果函数 $f(x)$ 满足狄利克雷条件,且在 $(-\infty, +\infty)$ 绝对可积,则傅氏变换在广义上一定存在.但是“函数绝对可积”这个条件比较强,工程技术中的很多函数如常数函数、线性函数、正弦函数、余弦函数、单位阶跃函数都不满足这个条件.其次,傅氏变换要求函数必须在整个数轴上有定义,但在物理、无线电技术等实际问题中,许多以时间 t 为自变量的函数在 $t<0$ 时无意义,这样就不能取傅氏变换,从而应用范围受到很大限制.那么,能否在弱化傅里叶变换条件的基础上,保留其化繁为简、化难为易的作用呢?

定义 5.1.1　设函数 $f(t)$ 在 $t \geqslant 0$ 时有定义,而且对于复参量 $s=\beta+\mathrm{j}\omega$,积分

$\int_0^{+\infty} f(t)\mathrm{e}^{-st}\mathrm{d}t$ 在复平面 s 的某一邻域内收敛，则由此积分确定的函数

$$F(s)=\int_0^{+\infty} f(t)\mathrm{e}^{-st}\mathrm{d}t, \tag{5-1}$$

称为 $f(t)$ 的**拉普拉斯变换**（或象函数），简称为拉氏变换，记为 $F(s)=\mathscr{L}[f(t)]$.

并称 $f(t)$ 为 $F(s)$ 的**拉普拉斯逆变换**（或象原函数），简称为拉氏逆变换，记为 $f(t)=\mathscr{L}^{-1}[F(s)]$.

小提示

(1) $f(t)$ 的拉氏变换就是 $f(t)u(t)\mathrm{e}^{-\beta t}\ (\beta>0)$ 的傅氏变换，其中

$$u(t)=\begin{cases}0 & t<0\\ 1 & t\geqslant 0\end{cases}$$

为单位阶跃函数，

$$\mathscr{F}[f(t)u(t)\mathrm{e}^{-\beta t}]=\int_{-\infty}^{+\infty} f(t)u(t)\mathrm{e}^{-\beta t}\mathrm{e}^{-\mathrm{j}\omega t}\mathrm{d}t=\int_0^{+\infty} f(t)\mathrm{e}^{-(\beta+\mathrm{j}\omega)t}\mathrm{d}t \xlongequal{\text{令 } s=\beta+\mathrm{j}\omega} \int_0^{+\infty} f(t)\mathrm{e}^{-st}\mathrm{d}t;$$

(2) 为讨论描述方便，拉氏变换概念中的函数 $f(t)$ 均理解为 $t<0$ 时，$f(t)\equiv 0$；

(3) 拉氏变换的存在定理比较繁琐，这里不再讲述，有兴趣的同学可参考复变函数的有关教材，本章中所讨论的函数的拉氏变换总假定是存在的.

小试牛刀

例 5.1.1 求单位阶跃函数 $u(t)=\begin{cases}0 & t<0\\ 1 & t\geqslant 0\end{cases}$ 的拉氏变换.

解 根据拉氏变换的定义有

$$\mathscr{L}[u(t)]=\int_0^{+\infty} u(t)\mathrm{e}^{-st}\mathrm{d}t=\int_0^{+\infty} \mathrm{e}^{-st}\mathrm{d}t=-\frac{1}{s}\mathrm{e}^{-st}\Big|_0^{+\infty}=\frac{1}{s}\quad (\mathrm{Re}(s)>0).$$

小智囊

$$\mathscr{L}[1]=\int_0^{+\infty} \mathrm{e}^{-st}\mathrm{d}t=\frac{1}{s}(\mathrm{Re}(s)>0).$$

例 5.1.2 求指数函数 $f(t)=\mathrm{e}^{-at}$ 的拉氏变换.

解
$$\mathscr{L}[f(t)]=\int_0^{+\infty} \mathrm{e}^{-at}\mathrm{e}^{-st}\mathrm{d}t=\int_0^{+\infty} \mathrm{e}^{-(s+a)t}\mathrm{d}t=-\frac{1}{s+a}\mathrm{e}^{-(s+a)t}\Big|_0^{+\infty}$$
$$=\frac{1}{s+a}(\mathrm{Re}(s)>-a).$$

大展身手

例 5.1.3 求单位斜坡函数 $f(t)=\begin{cases}0 & t<0\\ t & t\geqslant 0\end{cases}$ 的拉氏变换.

解

$$\mathscr{L}[f(t)]=\int_0^{+\infty} t\mathrm{e}^{-st}\mathrm{d}t=\int_0^{+\infty} t\mathrm{d}\left(-\frac{\mathrm{e}^{-st}}{s}\right)=-t\cdot\frac{\mathrm{e}^{-st}}{s}\Big|_0^{+\infty}-\int_0^{+\infty}\left(-\frac{\mathrm{e}^{-st}}{s}\right)\mathrm{d}t$$

$$=-\frac{1}{s^2}\mathrm{e}^{-st}\Big|_0^{+\infty}=\frac{1}{s^2}(\mathrm{Re}(s)>0).$$

例 5.1.4　求正弦函数 $f(t)=\sin t$ 的拉氏变换.

解　$\mathscr{L}[\sin t]=\int_0^{+\infty}\sin t\cdot\mathrm{e}^{-st}\mathrm{d}t=\int_0^{+\infty}\frac{1}{2\mathrm{j}}(\mathrm{e}^{\mathrm{j}t}-\mathrm{e}^{-\mathrm{j}t})\mathrm{e}^{-st}\mathrm{d}t$

$$=\frac{1}{2\mathrm{j}}\int_0^{+\infty}[\mathrm{e}^{-(s-\mathrm{j})t}-\mathrm{e}^{-(s+\mathrm{j})t}]\mathrm{d}t=\frac{1}{2\mathrm{j}}\left[-\frac{1}{s-\mathrm{j}}\mathrm{e}^{-(s-\mathrm{j})t}+\frac{1}{s+\mathrm{j}}\mathrm{e}^{-(s+\mathrm{j})t}\right]_0^{+\infty}$$

$$=\frac{1}{2\mathrm{j}}\left(\frac{1}{s-\mathrm{j}}-\frac{1}{s+\mathrm{j}}\right)=\frac{1}{s^2+1}(\mathrm{Re}(s)>0).$$

$$\mathscr{L}[\sin kt]=\frac{k}{s^2+k^2}(\mathrm{Re}(s)>0).$$

习题 5.1

1. 用定义求下列函数的拉氏变换.

(1) $f(t)=a$；　　(2) $f(t)=\mathrm{e}^t$.

大展身手

2. 用定义求下列函数的拉氏变换.

(1) $f(t)=t$；　　(2) $f(t)=\begin{cases}2 & 0\leqslant t<2\\ 3 & t\geqslant 2\end{cases}$.

第二节　拉普拉斯变换的性质

跟傅氏变换一样，为了更好地实施拉普拉斯变换在力学系统、电学系统等领域中的应用，我们很希望有简化的运算，为此拉氏变换的性质的讨论就非常重要.

本节将介绍拉氏变换的几个重要性质，并不做详细证明.

一、拉氏变换的性质

性质 5.2.1(线性性质) 设 $\mathscr{L}[f_1(t)]=F_1(s)$,$\mathscr{L}[f_2(t)]=F_2(s)$,$\alpha$,$\beta$ 是常数,则

$$\mathscr{L}[\alpha f_1(t)+\beta f_2(t)]=\alpha\mathscr{L}[f_1(t)]+\beta\mathscr{L}[f_2(t)]=\alpha F_1(s)+\beta F_2(s).$$

例如,

$$\mathscr{L}\left[3\mathrm{e}^{-2t}+\frac{1}{2}\sin t\right]=3\mathscr{L}[\mathrm{e}^{-2t}]+\frac{1}{2}\mathscr{L}[\sin t]=3\frac{1}{s+2}+\frac{1}{2}\cdot\frac{1}{s^2+1}=\frac{6s^2+s+8}{2(s+2)(s^2+1)}.$$

性质 5.2.2(微分性质) 若 $\mathscr{L}[f(t)]=F(s)$,则 $\mathscr{L}[f'(t)]=sF(s)-f(0)$.

例如,$\mathscr{L}[\cos t]=\mathscr{L}[(\sin t)']=s\mathscr{L}[\sin t]-\sin 0=\dfrac{s}{s^2+1}$.

推论 5.2.1 若 $\mathscr{L}[f(t)]=F(s)$,则

$$\mathscr{L}[f^{(n)}(t)]=s^nF(s)-s^{n-1}f(0)-s^{n-2}f'(0)-\cdots-f^{(n-1)}(0). \tag{5-2}$$

特别地,当 $f(0)=f'(0)=\cdots=f^{(n-1)}(0)=0$ 时,有

$$\mathscr{L}[f^{(n)}(t)]=s^nF(s). \tag{5-3}$$

此性质有可能将 $f(t)$ 的微分方程转化为 $F(s)$ 的代数方程,它对分析线性系统有着重要作用.

推论 5.2.2 若 $\mathscr{L}[f(t)]=F(s)$,则 $F'(s)=-\mathscr{L}[tf(t)]$.

一般地,有

$$F^{(n)}(s)=(-1)^n\mathscr{L}[t^nf(t)],$$

即

$$\mathscr{L}[t^nf(t)]=(-1)^nF^{(n)}(s). \tag{5-4}$$

例如,$\mathscr{L}[t\mathrm{e}^t]=-\dfrac{\mathrm{d}}{\mathrm{d}s}\mathscr{L}[\mathrm{e}^t]=-\left(\dfrac{1}{s-1}\right)'=\dfrac{1}{(s-1)^2}(\mathrm{Re}(s)>1)$.

性质 5.2.3(积分性质) 若 $\mathscr{L}[f(t)]=F(s)$,则 $\mathscr{L}\left[\int_0^t f(t)\mathrm{d}t\right]=\dfrac{1}{s}F(s)$.

一般地,有

$$\mathscr{L}\underbrace{\left[\int_0^t\mathrm{d}t\int_0^t\mathrm{d}t\cdots\int_0^t f(t)\mathrm{d}t\right]}_{n\text{次}}=\frac{1}{s^n}F(s). \tag{5-5}$$

例如,$\mathscr{L}\left[\int_0^t\sin t\mathrm{d}t\right]=\dfrac{1}{s}\mathscr{L}[\sin t]=\dfrac{1}{s(s^2+1)}$.

推论 5.2.3 若 $\mathscr{L}[f(t)]=F(s)$,且 $\lim\limits_{t\to0}\dfrac{f(t)}{t}$ 存在,则

$$\mathscr{L}\left[\frac{f(t)}{t}\right]=\int_s^{+\infty}F(s)\mathrm{d}s. \tag{5-6}$$

一般地,有

$$\mathscr{L}\left[\frac{f(t)}{t^n}\right]=\underbrace{\int_s^{+\infty}\mathrm{d}s\int_s^{+\infty}\mathrm{d}s\cdots\int_s^{+\infty}F(s)\mathrm{d}s}_{n次}. \tag{5-7}$$

例如,$\mathscr{L}\left[\frac{\sin t}{t}\right]=\int_s^{+\infty}\mathscr{L}[\sin t]\mathrm{d}s=\int_s^{+\infty}\frac{1}{s^2+1}\mathrm{d}s=\arctan s\Big|_s^{+\infty}=\frac{\pi}{2}-\arctan s.$

小智囊

$$\int_0^{+\infty}\frac{f(t)}{t}\mathrm{e}^{-st}\mathrm{d}t\overset{定义}{=}\mathscr{L}\left[\frac{f(t)}{t}\right]\overset{(5-7)}{=\!=\!=}\int_s^{+\infty}F(s)\mathrm{d}s.$$

在上式中取 $s=0$,得

$$\int_0^{+\infty}\frac{f(t)}{t}\mathrm{d}t=\int_0^{+\infty}F(s)\mathrm{d}s. \tag{5-8}$$

(利用该式计算某些反常积分较为方便)其中 $F(s)=\mathscr{L}[f(t)]$(详见第三节).

性质 5.2.4(位移性质) 若 $\mathscr{L}[f(t)]=F(s)$,则 $\mathscr{L}[\mathrm{e}^{at}f(t)]=F(s-a)$.

小提示

该性质表明了一个函数乘以指数函数 e^{at} 的拉氏变换等于其象函数做位移 a.

例如,$\mathscr{L}[\mathrm{e}^{at}\sin t]=\frac{1}{(s-a)^2+1}$.

性质 5.2.5(延迟性质) 若 $\mathscr{L}[f(t)]=F(s)$,则对于 $\tau>0$,有

$$\mathscr{L}[f(t-\tau)]=\mathrm{e}^{-s\tau}F(s).$$

例如,

$$\mathscr{L}[u(t-\tau)]=\mathrm{e}^{-s\tau}\mathscr{L}[u(t)]=\frac{1}{s}\mathrm{e}^{-s\tau}.$$

性质 5.2.6(相似性质) 若 $\mathscr{L}[f(t)]=F(s)$,则对 $a>0$,有 $\mathscr{L}[f(at)]=\frac{1}{a}F\left(\frac{s}{a}\right)$.

例如,$\mathscr{L}[\sin at]=\frac{1}{a}\cdot\frac{1}{\left(\frac{s}{a}\right)^2+1}=\frac{a}{s^2+a^2}(\mathrm{Re}(s)>0)$.

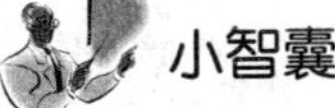

小智囊

熟记以下拉氏变换,能够利用拉氏变换性质快速求出函数的拉氏变换.

$\mathscr{L}[\delta(t)]=1$　　　　$\mathscr{L}[u(t)]=\frac{1}{s}$

$\mathscr{L}[1]=\frac{1}{s}$　　　　$\mathscr{L}[\mathrm{e}^{kt}]=\frac{1}{s-k}$

$$\mathscr{L}[\sin kt]=\frac{k}{s^2+k^2} \qquad \mathscr{L}[\cos kt]=\frac{s}{s^2+k^2}$$

$$\mathscr{L}[t^m]=\frac{m!}{s^{m+1}}, m\in \mathbf{N}_+ \qquad \mathscr{L}[\mathrm{e}^{at}t^m]=\frac{m!}{(s-a)^{m+1}}$$

$$\mathscr{L}[\mathrm{e}^{-at}\sin kt]=\frac{k}{(s+a)^2+k^2} \qquad \mathscr{L}[\mathrm{e}^{-at}\cos kt]=\frac{s+a}{(s+a)^2+k^2}$$

小试牛刀

例 5.2.1 求函数 $f(t)=\cos kt$ 的拉氏变换.

解 $\mathscr{L}[\cos kt]=\mathscr{L}\left[\left(\frac{1}{k}\sin kt\right)'\right]=s\mathscr{L}\left[\frac{1}{k}\sin kt\right]-\frac{1}{k}\sin 0=\frac{s}{k}\mathscr{L}[\sin kt]$

$$=\frac{s}{s^2+k^2}(\mathrm{Re}(s)>0).$$

例 5.2.2 求函数 $f(t)=t\sin kt$ 的拉氏变换.

解 因为 $\mathscr{L}[\sin kt]=\frac{k}{s^2+k^2}$，根据推论 5.2.2 有

$$\mathscr{L}[t\sin kt]=-\frac{\mathrm{d}}{\mathrm{d}s}\left[\frac{k}{s^2+k^2}\right]=\frac{2ks}{(s^2+k^2)^2}(\mathrm{Re}(s)>0).$$

同理可得 $$\mathscr{L}[t\cos kt]=\frac{s^2-k^2}{(s^2+k^2)^2}(\mathrm{Re}(s)>0).$$

例 5.2.3 求函数 $f(t)=\frac{\mathrm{e}^t-\mathrm{e}^{-t}}{t}$ 的拉氏变换.

解 $\mathscr{L}\left[\frac{\mathrm{e}^t-\mathrm{e}^{-t}}{t}\right]=\int_s^{+\infty}\mathscr{L}[\mathrm{e}^t-\mathrm{e}^{-t}]\mathrm{d}s$

$$=\int_s^{+\infty}\left(\frac{1}{s-1}-\frac{1}{s+1}\right)\mathrm{d}s=\ln\frac{s-1}{s+1}\bigg|_s^{+\infty}=\ln\frac{s+1}{s-1}.$$

大展身手

例 5.2.4 求函数 $f(t)=t^m$ 的拉氏变换，其中 m 是正整数.

解 由于 $f(0)=f'(0)=f''(0)=\cdots=f^{(m-1)}(0)=0$，而 $f^{(m)}(t)=m!$

由式(5-3) $\mathscr{L}[m!]=s^m\mathscr{L}[t^m]$，即有 $\mathscr{L}[t^m]=\frac{m!}{s^{m+1}}$.

例 5.2.5 求函数 $f(t)=\mathrm{e}^{at}t^m$ 的拉氏变换.

解 已知 $\mathscr{L}[t^m]=\frac{m!}{s^{m+1}}$，利用性质 5.2.4 可得

$$\mathscr{L}[e^{at}t^m]=\frac{m!}{(s-a)^{m+1}}.$$

例 5.2.6　求函数 $f(t)=(t-1)^2e^t$ 的拉氏变换.

解　$\mathscr{L}[f(t)]=\mathscr{L}[t^2e^t]-2\mathscr{L}[te^t]+\mathscr{L}[e^t]=\dfrac{2}{(s-1)^3}-\dfrac{2}{(s-1)^2}+\dfrac{1}{s-1}.$

二、拉氏逆变换的性质

性质 5.2.7(线性性质)　设 $\mathscr{L}^{-1}[F_1(s)]=f_1(t)$，$\mathscr{L}^{-1}[F_2(s)]=f_2(t)$，$\alpha,\beta$ 是常数，则

$$\begin{aligned}\mathscr{L}^{-1}[\alpha F_1(s)+\beta F_2(s)]&=\alpha\mathscr{L}^{-1}[F_1(s)]+\beta\mathscr{L}^{-1}[F_2(s)]\\&=\alpha f_1(t)+\beta f_2(t).\end{aligned}$$

性质 5.2.8(位移性质)　设 $\mathscr{L}^{-1}[F(s)]=f(t)$，则

$$\mathscr{L}^{-1}[F(s-a)]=e^{at}\mathscr{L}^{-1}[F(s)]=e^{at}f(t).$$

性质 5.2.9(延迟性质)　设 $\mathscr{L}^{-1}[F(s)]=f(t)$，则

$$\mathscr{L}^{-1}[e^{-as}F(s)]=f(t-a)\ (a>0).$$

小提示

(1) 简单的象函数 $F(s)$ 的拉氏逆变换可以查附表 2 求得；

(2) 当 $F(s)$ 为有理函数时可利用拉氏变换及其逆变换的性质来求解.

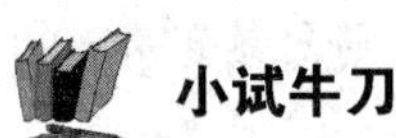
小试牛刀

例 5.2.7　求下列函数的拉氏逆变换：

(1) $F(s)=\dfrac{1}{(s-3)^3}$；　　　(2) $F(s)=\dfrac{s+3}{s^2+6s+13}$.

解　(1) $\mathscr{L}^{-1}\left[\dfrac{1}{2}\cdot\dfrac{2!}{(s-3)^{2+1}}\right]=\dfrac{1}{2}\mathscr{L}^{-1}\left[\dfrac{2!}{(s-3)^{2+1}}\right]=\dfrac{1}{2}t^2e^{3t}$；

(2) $\mathscr{L}^{-1}\left[\dfrac{s+3}{s^2+6s+13}\right]=\mathscr{L}^{-1}\left[\dfrac{s+3}{(s+3)^2+2^2}\right]=e^{-3t}\cos 2t.$

大展身手

例 5.2.8　求函数 $F(s)=\dfrac{2s+1}{s(s+1)(s+2)}$ 的拉氏逆变换.

解　根据有理函数化为部分分式之和的一般规律，可设

$$F(s)=\frac{A}{s}+\frac{B}{s+1}+\frac{C}{s+2}.$$

由待定系数法解得 $A=\dfrac{1}{2}$，$B=1$，$C=-\dfrac{3}{2}$，所以

$$f(t)=\mathscr{L}^{-1}[F(s)]=\mathscr{L}^{-1}\left[\frac{1}{2}\cdot\frac{1}{s}+\frac{1}{s+1}-\frac{3}{2}\cdot\frac{1}{s+2}\right]=\frac{1}{2}+e^{-t}-\frac{3}{2}e^{-2t}.$$

例 5.2.9 求函数 $F(s)=\dfrac{1}{s(s-1)^2}$ 的拉氏逆变换.

解法 1 根据有理函数化为部分分式之和的一般规律,可设

$$F(s)=\frac{A}{s}+\frac{B}{s-1}+\frac{C}{(s-1)^2}.$$

由待定系数法解得 $A=1,B=-1,C=1$, 所以

$$f(t)=\mathscr{L}^{-1}[F(s)]=\mathscr{L}^{-1}\left[\frac{1}{s}-\frac{1}{s-1}+\frac{1}{(s-1)^2}\right]=1-e^t+te^t.$$

解法 2 利用积分性质,

$$f(t)=\mathscr{L}^{-1}[F(s)]=\mathscr{L}^{-1}\left[\frac{1}{s(s-1)^2}\right]$$

$$=\int_0^t \mathscr{L}^{-1}\left[\frac{1}{(s-1)^2}\right]dt=\int_0^t \tau e^{\tau}d\tau=1-e^t+te^t.$$

三*、卷积

1. 卷积的概念

定义 5.2.1 设 $f_1(t)$ 和 $f_2(t)$ 都满足当 $t<0$ 时 $f_1(t)=f_2(t)=0$, 则含参变量 t 的积分

$$\int_0^t f_1(\tau)f_2(t-\tau)d\tau$$

是 t 的函数,称它为 $f_1(t)$ 和 $f_2(t)$ 的**卷积函数**(简称卷积),记作 $f_1(t)*f_2(t)$, 即

$$f_1(t)*f_2(t)=\int_0^t f_1(\tau)f_2(t-\tau)d\tau. \tag{5-9}$$

例 5.2.10 求 $\sin t*\cos t$.

解 $\sin t*\cos t=\int_0^t \sin\tau\cdot\cos(t-\tau)d\tau=\dfrac{1}{2}\int_0^t[\sin t+\sin(2\tau-t)]d\tau$

$$=\frac{1}{2}\left[\tau\cdot\sin t-\frac{1}{2}\cos(2\tau-t)\right]\Big|_0^t=\frac{1}{2}t\cdot\sin t.$$

2. 卷积的运算律

(1) 交换律 $f_1(t)*f_2(t)=f_2(t)*f_1(t)$;

(2) 结合律 $f_1(t)*[f_2(t)*f_3(t)]=[f_1(t)*f_2(t)]*f_3(t)$;

(3) 分配律 $f_1(t)*[f_2(t)+f_3(t)]=f_1(t)*f_2(t)+f_1(t)*f_3(t)$.

3. 卷积的定理

定理 5.2.1 设 $\mathscr{L}[f_1(t)]=F_1(s)$, $\mathscr{L}[f_2(t)]=F_2(s)$, 则

$$\mathscr{L}[f_1(t)*f_2(t)]=F_1(s)\cdot F_2(s);$$

或

$$\mathscr{L}^{-1}[F_1(s)\cdot F_2(s)]=f_1(t)*f_2(t).$$

不难证明,若 $\mathscr{L}[f_k(t)]=F_k(s)\ (k=1,2,\cdots,n)$, 则

$$\mathscr{L}[f_1(t)*f_2(t)*\cdots*f_n(t)]=F_1(s)\cdot F_2(s)\cdot\cdots\cdot F_n(s).$$

大展身手

例 5.2.11 求函数 $F(s)=\dfrac{s}{(s^2+1)^2}$ 的拉氏逆变换.

解 因为 $F(s)=\dfrac{s^2}{(1+s^2)^2}=\dfrac{1}{s^2+1}\cdot\dfrac{s}{s^2+1}$, 取 $F_1(s)=\dfrac{1}{s^2+1}$, $F_2(s)=\dfrac{s}{s^2+1}$, 于是有 $f_1(t)=\mathscr{L}^{-1}[F_1(s)]=\sin t$, $f_2(t)=\mathscr{L}^{-1}[F_2(s)]=\cos t$, 所以

$$f(t)=\mathscr{L}^{-1}[F(s)]=\sin t*\cos t=\int_0^t\sin\tau\cdot\cos(t-\tau)\mathrm{d}\tau=\frac{1}{2}t\cdot\sin t.$$

习题 5.2

小试牛刀

1. 利用拉氏变换的性质,求下列函数的拉氏变换.

(1) $f(t)=2\sin 5t-3\cos 5t$; (2) $f(t)=\mathrm{e}^{-2t}+5\delta(t)$; (3) $f(t)=\mathrm{e}^{-2t}\cdot\sin 4t$;

(4) $f(t)=t\cdot\mathrm{e}^{-at}$; (5) $f(t)=\dfrac{\mathrm{e}^{-t}-\mathrm{e}^{-2t}}{t}$.

2. 求下列函数的拉氏逆变换.

(1) $F(s)=\dfrac{3}{s^2}+\dfrac{2}{s^2+4}-\dfrac{1}{s+3}$;

(2) $F(s)=\dfrac{2}{s^2+2s+5}$.

大展身手

3. 利用拉氏变换的性质,求下列函数的拉氏变换.

(1) $f(t)=u(at-b)$; (2) $f(t)=\sin^2 t$; (3) $f(t)=\int_0^t t\cdot\sin 2t\mathrm{d}t$.

4. 求下列卷积.

(1) $t*t$; (2) $t\mathrm{e}^t*1$.

5. 求下列函数的拉氏逆变换.

(1) $F(s)=\dfrac{1}{s(s+1)(s+2)}$;

(2) $F(s)=\dfrac{2}{s^2(s^2-1)}$.

第三节　拉普拉斯变换的应用

思考问题

问题 1: 有些积分用高等数学中的方法计算会遇到困难或很麻烦,比如形如 $\int_0^{+\infty}\dfrac{f(t)}{t}\mathrm{d}t$ 的反常积分;

问题 2: 设质量为 m 的物体静止在原点,在 $t=0$ 时受到 x 方向的冲击力 $F_0\cdot\delta(t)$ 的作用,其中 F_0 为常数,求物体的运动方程;

问题 3: 设有如右图所示的 R 和 L 串联电路,在 $t=0$ 时刻接到直流电势 E 上,求电流 $i(t)$.

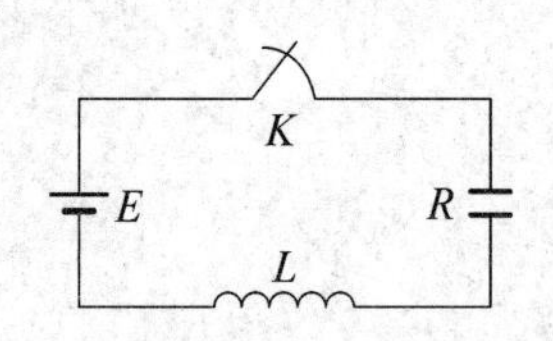

以上三个问题都可以利用拉氏变换求解.

一、计算反常积分

利用上一节公式(5-8) $\int_0^{+\infty}\dfrac{f(t)}{t}\mathrm{d}t=\int_0^{+\infty}F(s)\mathrm{d}s$,可以计算某些反常积分.

小试牛刀

例 5.3.1　求 $\int_0^{+\infty}\dfrac{\sin t}{t}\mathrm{d}t$.

解　$\int_0^{+\infty}\dfrac{\sin t}{t}\mathrm{d}t=\int_0^{+\infty}\mathscr{L}[\sin t]\mathrm{d}s=\int_0^{+\infty}\dfrac{1}{s^2+1}\mathrm{d}s=\arctan s\Big|_0^{+\infty}=\dfrac{\pi}{2}$.

这与例 4.2.4 中应用的狄利克雷积分的结果是一致的.

例 5.3.2　求 $\int_0^{+\infty}\dfrac{\mathrm{e}^{-t}-\mathrm{e}^{-3t}}{t}\mathrm{d}t$.

解

$$\int_0^{+\infty}\frac{\mathrm{e}^{-t}-\mathrm{e}^{-3t}}{t}\mathrm{d}t=\int_0^{+\infty}\mathscr{L}[\mathrm{e}^{-t}-\mathrm{e}^{-3t}]\mathrm{d}s$$

$$=\int_0^{+\infty}\left(\frac{1}{s+1}-\frac{1}{s+3}\right)\mathrm{d}s=\ln\frac{s+1}{s+3}\Big|_0^{+\infty}=\ln 3.$$

$$P(A)=\frac{1}{2},P(B)=0,P(C)=\frac{1}{2}.$$

大展身手

例 6.2.6 设口袋中共有 10 只球,其中有 4 只黄球和 6 只红球,从中任取三只球,求至少取出 1 只黄球的概率.

解 设事件 $A=\{$至少取出 1 只黄球$\}$,则 A 中包含三个互斥的事件:"恰好取出 1 只黄球","恰好取出 2 只黄球"以及"取出 3 只均为黄球",而 $\overline{A}=\{$没有取出黄球$\}$,于是有:$P(A)=1-P(\overline{A})=1-\frac{C_6^3}{C_{10}^3}=\frac{5}{6}$.

小提示

逆向法是解决数学问题时常用的一种方法,从正面入手解决问题比较繁琐时,我们可以另辟蹊径,从它的反面下手,一招制敌.

例 6.2.7(生日问题) 假设一年 365 天.

(1) 某班级有 39 名学生,求班级至少有 2 人生日在同一天的概率.

(2) 当班级人数达到多少时,至少有 2 人生日在同一天的这种说法是可靠的(50%以上).

解 (1) 记事件 $A=\{$39 人中至少有 2 人生日在同一天$\}$,则 $\overline{A}=\{$39 人生日各不相同$\}$.

$$P(\overline{A})=\frac{365\times 364\times\cdots\times(365-39+1)}{365^{39}}=\frac{365!}{326!\ \cdot 365^{39}}\approx 0.121\ 8,$$

所以,$P(A)=0.878\ 2$.

(2) 记事件 $B=\{n$ 个人中至少有 2 人生日在同一天$\}$,则 $\overline{B}=\{n$ 个人生日各不相同$\}$.

$$P(\overline{B})=\frac{365\times 364\times\cdots\times(365-n+1)}{365^{n}}=\frac{365!}{(365-n)!\ \cdot 365^{n}}.$$

当 $n=22$,$P(B)\approx 0.467$,当 $n=23$,$P(B)\approx 0.507$,所以,班级人数至少达到 23.

例 6.2.8 已知一元二次方程 $x^2+bx+c=0$,其中常数 b 和 c 分别是甲、乙两人独立投掷一枚骰子的点数,求方程无实根的概率.

解 记事件 $A=\{$方程无实根$\}=\{b^2<4c\}$,列表分析如下:

	c	b	样本点数
$b^2<4c$	1	1	1
	2	1,2	2
	3	1,2,3	3
	4	1,2,3	3
	5	1,2,3,4	4
	6	1,2,3,4	4

事件 A 中包含样本点的个数 $k=1+2+3+3+4+4=17, P(A)=\dfrac{17}{36}$.

2*. 几何概型

每个事件发生的概率只与构成该事件区域的长度(面积或体积或度数)成比例的概率模型称为**几何概型**.特征:

(1) **无限性** 即样本空间的样本点(基本事件)的个数有无限个;

(2) **等可能性** 即各基本事件发生的可能性是相等的.

几何概型中,事件 A 发生的概率为

$$P(A)=\frac{\text{构成事件 } A \text{ 的区域长度(面积或体积)}}{\text{试验全部结果构成的区域长度(面积或体积)}}=\frac{m(A)}{m(\Omega)}.$$

小试牛刀

例 6.2.9 取一段长度为 3 米的绳子,拉直后在任意位置剪断,那么剪得两段的长度都不小于 1 米的概率是多少?

解 该试验是几何概型.

如图,当在 M, N 两点之间(包含这两点在内)的任何位置剪断时,可以满足条件.

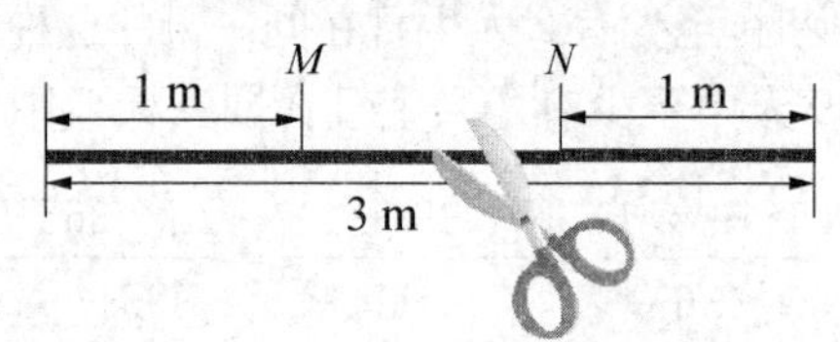

设事件 $A=\{$剪得两段的长度都不小于 1 米$\}$,则

$$P(A)=\frac{\text{线段 } MN \text{ 的长度}}{\text{绳子的长度}}=\frac{1}{3}.$$

小提示

1. 数学建模思想是指将实际问题数学化的一种数学思想.这里将具有共性的随机试验抽象化为同一概率问题来处理,即为概率模型.

2. 几何概型相对于古典概型,是等可能概型从有限向无限的延伸.

习题 6.2

小试牛刀

1. 设 $P(A)=\dfrac{1}{4}, P(B)=\dfrac{1}{3}$,且事件 A 和事件 B 互斥,求(1) $P(A+B)$;(2) $P(A-B)$;(3) $P(\overline{A}B)$.

2. 已知 $P(\overline{A})=0.6, P(AB)=0.2, P(B)=0.4$. 求(1) $P(A-B)$;(2) $P(\overline{A}\overline{B})$.

3. 掷两颗骰子,求下列事件的概率:

(1) 点数之和为 7;(2) 点数之和不超过 5;(3) 点数之和为偶数.

4. 某考试书店有 3 种专转本复习资料甲、乙、丙.来买书的学生中,购买甲书的有 45%,购买乙书的有 35%,购买丙书的有 30%,同时购买甲、乙两本书的有 10%,同时购买甲、丙两本书的有 8%,同时购买乙、丙两本书的有 5%,同时购买甲、乙、丙三本书的有 3%,求下列事件的概率:

(1) 至少购买一种复习资料;

(2) 没有购买任何复习资料.

5*.某城际公交从上午 6:30 起,每隔 15 分钟来一趟车,一乘客在 6:30 到 7:00 之间随机到达车站,求该乘客等候不超过 5 分钟就乘上车的概率.

大展身手

6. 已知 $P(A)=\frac{1}{3}$,$P(B)=\frac{1}{4}$,$P(A+B)=\frac{1}{2}$,求 $P(\bar{A}+\bar{B})$.

7. 从 0,1,2,3,4 五个数字中,任取三个不同数字排成一个三位数,求:(1) 所得三位数为偶数的概率;(2) 所得三位数大于 300 的概率.

8. 从一批 9 件正品、3 件次品组成的产品中,任取五件,(1) 求其中至少有 1 件次品的概率;(2) 求其中至少有 2 件次品的概率.

第三节　条件概率与全概率公式

思考问题

问题 1:《伊索寓言》中有一则“狼来了”的故事,讲的是一个小孩每天到山上放羊,山里有狼出没.第一天,他在山上喊“狼来了! 狼来了!”,山下的村民闻声便去打狼,可到了山上,发现狼没有来;第二天也如此;第三天,狼真的来了,可无论小孩怎么喊叫,也没有人来救他,因为前两天他说了谎话,人们不再相信他了.

问题 2:三门问题(Monty Hall problem)亦称为蒙提霍尔问题、蒙特霍问题或蒙提霍尔悖论,大致出自美国的电视游戏节目 Let's Make a Deal.问题名字来自该节目的主持人蒙提・霍尔(Monty Hall).

假设你正在参加一个游戏节目,你被要求在三扇门中选择一扇:其中一扇后面有一辆车;其余两扇后面则是山羊.你选择了一道门,假设是一号门,然后知道门后面有什么的主持人,开启了另一扇后面有山羊的门,假设是三号门.他然后问你:“你想选择二号门吗?”转换你的选择对你来说是一种优势吗?

这两个问题可以用全概率公式和贝叶斯公式进行分析.

一、条件概率

引例 袋中有5个球:3个红球,2个白球,无放回地抽取两次,每次1个.(1) 求第一次取到红球的概率;(2) 第一次取到红球,第二次也取到红球的概率;(3) 已知第一次取到的是红球,求第二次取到红球的概率.

解 设$A=\{$第一次取到红球$\}$,$B=\{$第二次取到红球$\}$.

(1) $P(A)=\frac{3}{5}=0.6$;

(2) $P(AB)=\frac{3\times 2}{5\times 4}=0.3$;

(3)"已知第一次取到的是红球,第二次取到红球",实际上就是"在剩下的2个红球,2个白球中取出一个红球",概率为$\frac{2}{4}$,即$P($在A已经发生的条件下,B发生$)=\frac{2}{4}=0.5$.

这里,事件B的概率依赖于事件A发生这个条件,故称条件概率.

定义 6.3.1 设$P(A)>0$,则在事件A发生的前提下,事件B发生的概率称为**条件概率**,记作$P(B\mid A)$.

这样,上例中(3)的概率可表示为$P(B\mid A)=0.5$.

小试牛刀

例 6.3.1 甲、乙两工厂生产同一种灯泡的情况如下表:

	合格品	不合格品	合计
甲厂生产的灯泡数	665	35	700
乙厂生产的灯泡数	240	60	300
总计	905	95	1 000

从这1 000只灯泡中任取1只.设事件$A=\{$取出的这只灯泡是甲厂生产的$\}$,事件$B=\{$取出的这只灯泡是合格品$\}$,求$P(AB)$,$P(A)$和$P(B\mid A)$.

解 $P(AB)=\frac{665}{1\ 000}$,$P(A)=\frac{700}{1\ 000}$,$P(B\mid A)=\frac{665}{700}$.

不难发现
$$P(B\mid A)=\frac{P(AB)}{P(A)}\quad (P(A)>0). \tag{6-5}$$

类似地,有
$$P(A\mid B)=\frac{P(AB)}{P(B)}\quad (P(B)>0). \tag{6-6}$$

例 6.3.2 据气象资料,知道甲、乙两城市9月份下雨的情况是:对于该月的任何一天,甲城下雨的概率是0.4,乙城下雨的概率是0.3,两地同时下雨的概率是0.28,现对该月的某一天,试求:

(1) 在乙城下雨的情况下,甲城也下雨的概率;

(2) 在甲城下雨的情况下,乙城也下雨的概率.

解　记事件 $A=\{9$ 月某天甲城下雨$\}$，事件 $B=\{9$ 月某天乙城下雨$\}$，则

$$P(A)=0.4, P(B)=0.3, P(AB)=0.28,$$

从而

(1) 在乙城下雨的情况下，甲城也下雨的概率为 $P(A|B)=\dfrac{P(AB)}{P(B)}=\dfrac{14}{15}$；

(2) 在甲城下雨的情况下，乙城也下雨的概率为 $P(B|A)=\dfrac{P(AB)}{P(A)}=\dfrac{7}{10}$.

大展身手

例 6.3.3　设 10 件产品中有 4 件不合格品，从中任取 2 件，已知所取的两件产品中有一件是不合格品，则另一件也是不合格品的概率是多少？

解　记事件 $A=\{$任取 2 件产品，至少有一件不合格品$\}$，

事件 $B=\{$任取 2 件产品，全是不合格品$\}$，则

$$P(A)=\frac{C_4^1C_6^1+C_4^2}{C_{10}^2}=\frac{2}{3},\quad P(B)=\frac{C_4^2}{C_{10}^2}=\frac{2}{15}.$$

因为 $B\subset A$，所以 $AB=B$，

所求概率为 $P(B|A)=\dfrac{P(AB)}{P(A)}=\dfrac{\frac{2}{15}}{\frac{2}{3}}=\dfrac{1}{5}$.

二、乘法公式

由条件概率公式(6-5)和(6-6)可直接得出：

$$P(AB)=P(A)P(B|A)\ (P(A)>0); \tag{6-7}$$

$$P(AB)=P(B)P(A|B)\ (P(B)>0). \tag{6-8}$$

式(6-7)和式(6-8)称为概率的**乘法公式**.

小智囊

对于任意三个事件 A,B,C，有

$$P(ABC)=P(A)P(B|A)P(C|AB)\quad (P(AB)>0). \tag{6-9}$$

小试牛刀

例 6.3.4　盒子中有 6 个正品和 4 个次品，不放回地任取两次，每次取一个产品，求两次都取到正品的概率.

解　设 $A_i=\{$第 i 次取到正品$\}$，$i=1,2$，则 $P(A_1)=\dfrac{6}{10}$，$P(A_2\mid A_1)=\dfrac{5}{9}$，

故两次都取到正品的概率为 $P(A_1A_2)=P(A_1)P(A_2 \mid A_1)=\frac{6}{10}\times\frac{5}{9}=\frac{1}{3}$.

大展身手

例 6.3.5 10 件产品中有 3 件次品，每次无放回地任取一件，求下列事件的概率：

(1) 第三次才取得正品；(2) 若连续抽取三件，至少有 1 件正品.

解 记 $A_i=\{$第 i 次取得正品$\}$, $i=1,2,3$.

(1) $P(\overline{A}_1\overline{A}_2A_3)=P(\overline{A}_1)P(\overline{A}_2|\overline{A}_1)P(A_3|\overline{A}_1\overline{A}_2)=\frac{3}{10}\times\frac{2}{9}\times\frac{7}{8}\approx 0.058\ 3$;

(2)
$$\begin{aligned}P(A_1+A_2+A_3)&=1-P(\overline{A}_1\overline{A}_2\overline{A}_3)=1-P(\overline{A}_1)P(\overline{A}_2|\overline{A}_1)P(\overline{A}_3|\overline{A}_1\overline{A}_2)\\&=1-\frac{3}{10}\times\frac{2}{9}\times\frac{1}{8}\approx 0.991\ 7.\end{aligned}$$

三、全概率公式与贝叶斯公式

1. 全概率公式

设 B 为任一事件，事件组 $A_1,A_2,\cdots,A_n$ 满足条件：

(1) $A_1,A_2,\cdots,A_n$ 两两互斥，且 $P(A_i)>0(i=1,2,\cdots,n)$；

(2) $A_1+A_2+\cdots+A_n=\Omega$.

则
$$P(B)=\sum_{i=1}^{n}P(A_i)P(B|A_i). \tag{6-10}$$

公式(6-10)称为**全概率公式**，其中的事件组 $A_1,A_2,\cdots,A_n$ 称为 Ω 的一个**完备事件组**.

小提示

全概率公式将复杂事件分解为互斥事件和，可以使复杂事件的概率计算简化，主要思想是“由因推果”.

2*. 贝叶斯公式

设 B 为任一事件，事件组 $A_1,A_2,\cdots,A_n$ 满足条件：

(1) $A_1,A_2,\cdots,A_n$ 两两互斥，且 $P(A_i)>0(i=1,2,\cdots,n)$；

(2) $A_1+A_2+\cdots+A_n=\Omega$.

则
$$P(A_j|B)=\frac{P(A_j)P(B|A_j)}{\sum_{i=1}^{n}P(A_i)P(B|A_i)}(j=1,2,\cdots,n). \tag{6-11}$$

公式(6-11)称为**贝叶斯公式**.

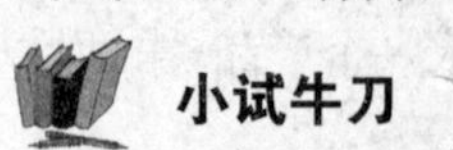

小试牛刀

例 6.3.6 设某一工厂有三个车间，它们生产同一种螺钉，每个车间的产量分别占该厂生产螺钉总产量的 25%、35%、40%，每个车间成品中次品的螺钉占该车间出产量的百分比分别为5%、4%、2%.如果从全厂总产品中抽取一件产品.(1) 求抽取的产品是次品的概率；(2)* 已知得到的是次品，求它是第一个车间生产的概率.

解 设 $A_i=\{$任取一件产品为第 i 个车间生产的$\}$ $(i=1,2,3)$，

$B=\{$任取一件产品是次品$\}$，由题可知

$$P(A_1)=0.25,\quad P(A_2)=0.35,\quad P(A_3)=0.4;$$
$$P(B|A_1)=0.05, P(B|A_2)=0.04, P(B|A_3)=0.02.$$

(1) 由全概率公式，

$$P(B)=\sum_{i=1}^{3}P(A_i)P(B|A_i)=0.25\times0.05+0.35\times0.04+0.4\times0.02=0.034\,5.$$

(2) 由贝叶斯公式，

$$P(A_1|B)=\frac{P(A_1)P(B|A_1)}{P(B)}=\frac{0.25\times0.05}{0.034\,5}=\frac{25}{69}\approx0.36.$$

大展身手

例 6.3.7* (狼来了) 用贝叶斯公式分析小孩的可信度的变化.

解 首先做出合理假设：(1) 村民初始对小孩的信任度为0.8；(2) 可信的小孩说谎的可能性为0.1；(3) 不可信的小孩说谎的可能性为0.5.

记事件 $A=\{$小孩的话可信$\}$，事件 $B=\{$小孩说谎$\}$，由上述假设知

$$P(A)=0.8, P(B|A)=0.1, P(B|\overline{A})=0.5.$$

第一次说谎后，村民对小孩的信任度变化为

$$P(A|B)=\frac{P(A)P(B|A)}{P(A)P(B|A)+P(\overline{A})P(B|\overline{A})}=\frac{0.8\times0.1}{0.8\times0.1+0.2\times0.5}\approx0.444,$$

即此时 $P(A)=0.444, P(B|A)=0.1, P(B|\overline{A})=0.5$.

在此基础上，再次利用贝叶斯公式计算村民对小孩的信任度.

第二次说谎后，村民对小孩的信任度变化为

$$P(A|B)=\frac{P(A)P(B|A)}{P(A)P(B|A)+P(\overline{A})P(B|\overline{A})}=\frac{0.444\times0.1}{0.444\times0.1+0.556\times0.5}\approx0.138.$$

这表明村民经过两次上当后，对这个小孩的信任程度明显降低，所以，当第三次狼真来了时，再也没有人来救他了.

“三门问题”，有兴趣的同学可以尝试分析.

小提示

观点应该跟着事件变化不断修订.顽固不化不对，听风就是雨也不对——科学的修订，就是贝叶斯方法.

习题 6.3

1. 已知随机事件 A 的概率 $P(A)=0.5$，随机事件 B 的概率 $P(B)=0.6$ 及条件概率 $P(B|A)=0.8$，试求 $P(AB)$ 及 $P(\overline{A}\overline{B})$.

2. 在一批由 90 件正品，10 件次品组成的产品中，连续不放回地抽取两件产品，那么，第一次取得正品，第二次取得次品的概率是多少？

3. 成年人中吸烟的人占 25%，吸烟的人得肺癌的概率为 0.18，而不吸烟的人得肺癌的概率为 0.01，求成年人得肺癌的概率.

4. 某工厂有甲、乙、丙三个车间生产同一种产品，每个车间的产量分别占全厂的$\frac{1}{2}$，$\frac{3}{10}$，$\frac{1}{5}$，各车间产品的次品率分别为 1%，3%，2%，求全厂产品的次品率.

5. 设 A，B 是两个事件，$P(A)=P(B)=\frac{1}{3}$，$P(A|B)=\frac{1}{6}$，求 $P(\overline{A}|\overline{B})$.

6. 袋中共有 3 个红球，2 个白球，每次任取一球，取后放回，并放入与所取之球同色的球两个，求连续三次都取得红球的概率.

7*. 某地运送防疫用品下乡，车上装 10 个纸箱，其中 5 箱民用口罩，2 箱医用口罩，3 箱医用消毒棉.到目的地时发现丢失 1 箱，但不知道丢失的是哪一箱.现从剩下 9 箱中任意打开 2 箱，发现都是民用口罩，求丢失的 1 箱也是民用口罩的概率.

8*. 设机器正常时，产品合格率为 95%，当机器有故障时，产品合格率为 50%，而机器发生故障的概率是 5%.某天上班时，工人生产的第一件产品是合格品，那么机器正常工作的概率是多少？

第四节　事件的独立性

话说有一天，诸葛亮到东吴做客，为孙权设计了一尊报恩寺塔.其实，这是诸葛亮先生要掂掂东吴的分量，看看东吴有没有能人造塔.那宝塔要求非常高，单是顶上的铜葫芦，就有五丈高，四千多斤重.孙权被难住了，急得面红耳赤.后来寻到了冶匠，但缺少做铜葫芦模型的人，孙权便在城门上命人贴起招贤榜.时隔一月，仍然没有一点儿下文.诸葛亮每天在招贤榜下踱方步，高兴得直摇鹅毛扇子.

那城门口有三个摆摊子的皮匠，他们面目丑陋，又目不识丁，大家都称他们是“丑皮匠”.他们听说诸葛亮在寻东吴人的开心，心里不服气，便聚在一起商议.他们足足花了三天三夜的工夫，终于用剪鞋样的办法，剪出个葫芦的样子.然后，再用牛皮开料，硬是一锥子、一锥子地缝成一个大葫芦的模型.在浇铜水时，先将皮葫芦埋在砂里.这一招，果然一举成功.诸葛亮得到铜葫芦浇好的消息，立即向孙权告辞，从此再也不敢小看东吴了.“三个丑皮匠，胜过诸葛亮”的故事，就这样成了一句寓意深刻的谚语.这句俗语的意思是说，三个普通的人智慧合起来要顶一个诸葛亮.“臭皮匠”由“丑皮匠”演化而来.其实，臭皮匠和诸葛亮是没有丝毫联系的，“皮匠”实际是“裨将”的谐音，“裨将”在古代就是“副将”，这句俗语原意是指三个副将的智慧合起来能顶一个诸葛亮.后来，在流传过程中，人们竟把“裨将”说成了“皮匠”.

这句话到底有没有科学依据呢？如果每个臭皮匠解决问题的概率相同，诸葛亮和臭皮匠团队哪个胜出的可能性大？如果三个臭皮匠解决问题的概率不一样，又有什么规律？

一、事件的独立性

由于 $P(B|A)$ 与 $P(B)$ 的意义不同，因此，一般地，$P(B|A)\neq P(B)$，但在特殊情况下，也有例外，先看下面的例子.

小试牛刀

例 6.4.1　袋中有 5 个球：3 个红球和 2 个白球，有放回地抽取两次，每次一个，记 $A=\{$第一次取得红球$\}$，$B=\{$第二次取得红球$\}$，求 $P(B|A)$.

解　$P(B|A)=\dfrac{3}{5}=P(B)$.

由此可得 $P(AB)=P(A)P(B|A)=P(A)P(B)$，这时，我们称事件 A，B 相互独立.

定义 6.4.1　对于事件 A 与事件 B，若

$$P(AB)=P(A)P(B), \tag{6-12}$$

则称 A 与 B 相互独立，简称 A，B 独立.

性质 6.4.1　必然事件 Ω 及不可能事件 $\varnothing$ 与任何事件都相互独立.

性质 6.4.2　若 A 与 B 相互独立，则 A 与 $\overline{B}$，$\overline{A}$ 与 B，$\overline{A}$ 与 $\overline{B}$ 也相互独立.

小智囊

实际应用时，一般不是根据定义，而是根据实际经验判断 A 与 B 独立，然后再利用式(6-12)求 $P(AB)$.

定义 6.4.2　对于事件 A，B，C，若

$$\begin{cases}P(AB)=P(A)P(B)\\P(BC)=P(B)P(C)\\P(AC)=P(A)P(C)\\P(ABC)=P(A)P(B)P(C)\end{cases}, \tag{6-13}$$

则称事件 A，B，C 相互独立.

若 A,B,C 相互独立，则 $P(ABC)=P(A)P(B)P(C)$，

$$P(A+B+C)=1-P(\overline{A})P(\overline{B})P(\overline{C}).$$

例 6.4.2 两射手同时射击同一目标，设甲击中的概率为 0.9，乙击中的概率为 0.8，两人各射击一次，求(1) 两人都击中的概率；(2) 至少一人击中的概率.

解 设 $A=\{$甲击中目标$\}$，$B=\{$乙击中目标$\}$，由实际经验知 A 与 B 独立，因此：

(1) $P(AB)=P(A)P(B)=0.9\times 0.8=0.72$；

(2) $P(A+B)=P(A)+P(B)-P(AB)=0.9+0.8-0.72=0.98$.

大展身手

股票投资问题

例 6.4.3 设某个投资者拥有三种获利是相互独立的股票，且三种股票在一定的时间周期内获利的概率分别是 0.5，0.6，0.8，求三种股票中至少有一种获利的概率.

解 设 A,B,C 分别表示这三种股票获利，依题意 A,B,C 相互独立，则由加法公式和乘法公式可知，这三种股票中至少有一种获利的概率：

$$P(A+B+C)=1-P(\overline{A})P(\overline{B})P(\overline{C})=1-0.5\times 0.4\times 0.2=0.96.$$

二、n 重伯努利试验

定义 6.4.3 某一试验只有两种可能的结果 A 和 $\overline{A}$，将该试验在相同条件下重复进行 n 次，若每次试验的结果之间互相独立，每次试验中事件 A 的概率不变，则称这一系列试验为 **n 重伯努利试验**.设 $P(A)=p(0<p<1)$，在 n 重伯努利试验中事件 A 发生 k 次的概率

$$P_n(k)=C_n^k p^k(1-p)^{n-k}\quad(0\leqslant k\leqslant n).$$

小试牛刀

例 6.4.4 从一批由 9 件正品和 3 件次品组成的产品中有放回地抽取五次，每次抽 1 件，求其中恰有 2 件次品的概率.

解 将每一次抽取当作一次试验，设 $A=\{$取到次品$\}$，则 $\overline{A}=\{$取到正品$\}$，有放回地抽取 5 次，便构成了一个 5 重伯努利试验，事件$\{$其中恰有 2 件次品$\}$的概率即为 5 重伯努利试验中事件 A 发生 2 次的概率 $P_5(2)$，从而有：

$$P_5(2)=C_5^2\cdot\left(\frac{3}{12}\right)^2\left(\frac{9}{12}\right)^3=0.264.$$

大展身手

例 6.4.5 某中学生为了提高自己投篮的命中率，利用课余时间进行练习.假设他的命中

率是 0.02,那么(1) 独立投篮 10 次;(2) 独立投篮 100 次;(3) 独立投篮 400 次,至少投中 2 次的概率分别是多少.

解 一次投篮可以看成是 1 重伯努利试验,$p=0.02$,则所求概率分别为

(1) $1-P_{10}(0)-P_{10}(1)=1-C_{10}^{0}\cdot(0.98)^{10}-C_{10}^{1}\cdot 0.02\cdot(0.98)^{9}\approx 0.0162$;

(2) $1-P_{100}(0)-P_{100}(1)=1-C_{100}^{0}\cdot(0.98)^{100}-C_{100}^{1}\cdot 0.02\cdot(0.98)^{99}\approx 0.5967$;

(3) $1-P_{400}(0)-P_{400}(1)=1-C_{400}^{0}\cdot(0.98)^{400}-C_{400}^{1}\cdot 0.02\cdot(0.98)^{399}\approx 0.9972$.

从这个结果可以知道,一个事件尽管在一次试验中发生的概率很小(小概率事件),但是只要试验次数很多,而且试验是独立进行的,那么这一事件的发生几乎是必然的.所以,我们不能轻视小概率事件,正如古语所云:"勿以善小而不为,勿以恶小而为之."

例 6.4.6 "三个臭皮匠,到底能不能顶个诸葛亮?"

记 $B=\{$问题得到解决$\}$, $A_i=\{$第 i 个臭皮匠能单独解决问题$\}$ $(i=1,2,3)$, A_1,A_2,A_3 相互独立.

1. 假设三个臭皮匠解决问题的概率不一样

不妨设 $P(A_1)=0.45, P(A_2)=0.55, P(A_3)=0.6$, 则

$$P(B)=P(A_1+A_2+A_3)=1-P(\overline{A}_1\overline{A}_2\overline{A}_3)=1-P(\overline{A}_1)P(\overline{A}_2)P(\overline{A}_3)$$
$$=1-0.55\times 0.45\times 0.4=1-0.099=0.901.$$

2. 假设三个臭皮匠解决问题的概率相同

不妨设 $P(A_1)=P(A_2)=P(A_3)=0.6$, A_1,A_2,A_3 相互独立,构成了一个 3 重伯努利试验,

$$P(\overline{B})=P_3(0)=C_3^0(0.6)^0(1-0.6)^3=0.064,$$
$$P(B)=1-0.064=0.936.$$

该结果表明,三个并不聪明的臭皮匠团队能解决问题的能力的确能够顶个聪明的诸葛亮.证明了"人多力量大,人多智慧多",告诉我们要培养团队合作意识.

习题 6.4

小试牛刀

1. 已知 $P(A)=0.4, P(A+B)=0.6$, A 与 B 相互独立,求 $P(B)$.

2. 某产品可能有 A 和 B 两种缺陷中的一种或两种,这两种缺陷的发生是独立的,又 $P(A)=0.05$, $P(B)=0.03$,求产品有下列各种情况的概率:(1) 两种缺陷都有;(2) 有 A 没有 B;(3) 两种缺陷中至少有一种.

3. 某车间有 12 台车床,由于工艺原因时常需要停车,设各台车床的停车(或开车)是相互独立的,每台车床在任一时刻处于停车状态的概率为 $\frac{1}{3}$,计算在任一指定时刻,车间里恰有 2 台车床处于停车状态的概率.

4. 8门炮同时独立地向一目标发射一发炮弹，当至少有2发炮弹命中目标时，目标才会被击毁.如果每门炮命中目标的概率为0.6，求目标被击毁的概率.

5. 已知 $P(B|A)=P(B|\overline{A})$，证明：A,B 相互独立.

6. 加工某零件有3道独立工序，各道工序合格的概率分别为0.95，0.9，0.85，求加工出的零件是合格品的概率.

7. 三人独立地去破译同一份密码，已知各人能译出的概率分别是 $\frac{1}{3}$，$\frac{1}{4}$ 和 $\frac{1}{5}$.求(1) 密码被破译的概率；(2) 恰好有一人破译密码的概率.

8. 某单位大楼有4部电梯，通过调查，知道在某时刻 T，各电梯正在运行的概率均为0.75，求：

(1) 在此时刻所有电梯都在运行的概率；

(2) 在此时刻恰好有一半电梯在运行的概率；

(3) 在此时刻至少有1台电梯在运行的概率.

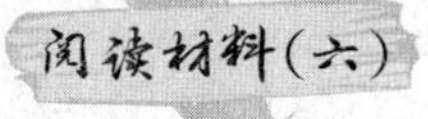

数学思想方法

——数学建模

一、数学建模的概念

数学是研究现实世界中的数量关系和空间形式的科学，它的产生和许多重大发展都是与现实世界的生产活动和其他相应学科的需要密切相关的.同时，数学作为认识和改造世界的强有力的工具，又促进了科学技术和生产建设的发展.17世纪伟大的科学家牛顿在研究力学的过程中发明了近代数学最重要的成果之一——微积分，并以微积分作为工具推导了著名的力学定律——万有引力定律.这一成就是科学发展史上成功地建立数学模型的范例.

数学的特点不仅在于它的概念的抽象性、逻辑的严密性和结论的确定性，而且在于它的应用的广泛性.进入20世纪以来，数学的应用不仅在它的传统领域(诸如力学、电学等学科及机电、土木、冶金等工程技术)继续取得许多重要进展，而且迅速进入了一些新领域(诸如经济、交通、人口、生态、医学、社会等领域)，产生了如数量经济学、数学生态学等边缘学科.马克思曾说过："一门科学只有成功地运用数学时，才算达到了完善的地步."可以认为数学在各门科学中被应用的水平，标志着这门科学发展的水平.随着科学技术的进步，特别是电子计算机技术的迅速发展，数学已经从自然科学技术渗透到工农业生产建设，从经济活动到社会生活的各个领域.一般地说，当实际问题需要我们对所研究的现实对象提供分析、预报、决策、控制等方面的定量结果时，往往都离不开数学的应用，而建立数学模型则是这个过程的关键环节.关于原型进行具体构造数学模型的过程称为数学建模(所谓数学模型，指的是对现实原型为了某种目的而作抽象、简化的数学结构，它是使用数学符号、数学式子及数量关系对原型做一种简化而本质的刻画，比如方程、函数等概念都是从客观事物的某种数量关系或空间形式中抽象出来的数学模型).

数学建模思想的实质是将实际问题数学化,进而用数学的方法解决实际问题.概率论与数理统计研究的问题涉及自然界中的现象、工农业生产、医疗卫生、生物学、物理学等诸多领域.

二、数学建模思想的应用——概率模型

许多不同领域中的实际问题可以抽象为同一概率问题来处理,这一概率问题就称为一个概率模型.如定义概率的"古典概率模型"和由伯努利试验抽象出的"伯努利概型".更具体的,如"某人有 n 把钥匙,其中有 m 把能打开房门,黑暗中逐把试开,问他在第 k 次打开门的概率是多少""设有 n 张奖券分发给 n 个人,其中将产生 m 个获奖者,假定每人都编上不同的号码,求第 k 人能中奖的概率"等问题都可用如下的概率模型来处理:袋中有 n 只黑球、m 只白球,现将球一只一只地摸出来,求第 k $(1\leqslant k\leqslant n+m)$ 次摸得黑球的概率.此题就是一个很有代表性的模型,有趣的是无论 k 取何值,第 k 次摸得黑球的概率总是 $\dfrac{n}{n+m}$.依据此题的结果,人们认为抽签、抓阄、摸奖等活动应该对每个人都是公平的,当然某人是否抽到好签或摸到奖,这只是偶然性所起作用的结果而已.

例如,4 个球迷只买到 1 张足球赛的球票,他们决定通过抽签决定这 1 张球票的归属,他们在盒子里放了 4 张纸片,其中 1 张纸片写有球票,其他 3 张为空白,抽到写有球票的纸片的球迷就会幸运地得到球票,4 个人依次去抽取纸片,是不是先抽的人会更有可能抽到球票呢?

解　设 A_i 表示"第 i 个球迷抽到写有球票的纸片",$i=1,2,3,4$.

则第 1 个球迷抽到球票的概率 $P(A_1)=\dfrac{1}{4}$;

第 2 个球迷抽到球票的概率 $P(A_2)=P(\overline{A}_1A_2)=P(\overline{A}_1)P(A_2|\overline{A}_1)=\dfrac{3}{4}\times\dfrac{1}{3}=\dfrac{1}{4}$;

第 3 个球迷抽到球票的概率 $P(A_3)=P(\overline{A}_1\overline{A}_2A_3)=P(\overline{A}_1)P(\overline{A}_2|\overline{A}_1)P(A_3|\overline{A}_1\overline{A}_2)=\dfrac{3}{4}\times\dfrac{2}{3}\times\dfrac{1}{2}=\dfrac{1}{4}$;

第 4 个球迷抽到球票的概率 $P(A_4)=P(\overline{A}_1\overline{A}_2\overline{A}_3A_4)=P(\overline{A}_1)P(\overline{A}_2|\overline{A}_1)P(\overline{A}_3|\overline{A}_1\overline{A}_2)P(A_4|\overline{A}_1\overline{A}_2\overline{A}_3)=\dfrac{3}{4}\times\dfrac{2}{3}\times\dfrac{1}{2}\times 1=\dfrac{1}{4}$.

从而每个球迷抽到球票的概率总是 $\dfrac{1}{4}$,与抽取的先后顺序无关,通俗地说,即"抽签不分先后".

复习题六

小试牛刀

一、填空题

1. 设 $P(A)=0.4$,$P(A+B)=0.7$,若事件 A,B 互斥,则 $P(B)=$________;若事件 A,

B 相互独立,则 $P(B)=$________.

2. 设 A,B 为两个事件,且 $P(A+B)=0.9$, $P(AB)=0.3$,若 $B\subset A$,则 $P(A-B)=$________.

3. 设 A,B 为两个事件,若 $P(B)=0.84$,若 $P(\overline{A}B)=0.21$,则 $P(AB)=$________.

二、选择题

1. 掷两颗均匀的骰子,则出现的点数之和大于3的概率为(　　).

A. $\dfrac{1}{12}$　　B. $\dfrac{11}{12}$　　C. $\dfrac{1}{6}$　　D. $\dfrac{5}{6}$

2. 甲乙两人独立地向同一目标射击,他们击中目标的概率分别为0.7,0.8,则两人中恰有一人击中目标的概率是(　　).

A. 0.56　　B. 0.44　　C. 0.5　　D. 0.38

3. 盒中有2个红球和2个白球,无放回地抽取两次,每次一个,已知第一次抽到红球,则第二次抽到红球的概率是(　　).

A. $\dfrac{1}{4}$　　B. $\dfrac{1}{2}$　　C. $\dfrac{1}{3}$　　D. $\dfrac{2}{3}$

三、解答题

1. 从含有4个白球,5个黄球和6个红球的盒子里随机抽取一个球,求下列事件的概率:

(1) 抽取的是红球;(2) 抽取的是白球.

2. 某商店收进甲厂生产的产品30箱,乙厂生产的产品20箱,甲厂每箱中产品的废品率为0.06,乙厂每箱中产品的废品率为0.05,任取一箱,求从中任取一个产品为废品的概率.

3. 某人值班需要看守甲、乙、丙3台机床,设在任一时刻,甲、乙、丙机床正常工作的概率分别为0.9,0.8,0.85,求在任一时刻:(1) 3台机床都正常工作的概率;(2) 3台机床中至少有1台正常工作的概率.

4. 在100件产品中有10件次品,现在进行5次放回抽样检查,每次随机地抽取1件产品,求下列事件的概率:(1) 抽到2件次品;(2) 至少抽到1件次品.

大展身手

一、填空题

1. 设 A,B 为两个事件,若 $P(B)=\dfrac{3}{10}$,$P(B\mid A)=\dfrac{1}{6}$,$P(A+B)=\dfrac{4}{5}$,则 $P(A)=$________.

2. 口袋内有5只红球,3只白球,2只黄球,则任取3只球恰好颜色不同的概率是________.

3. 某人连续向一目标射击,每次命中目标的概率为0.75,他连续射击直到命中为止,则射击次数为3的概率是________.

二、选择题

1. 对于任意两个事件 A 和 B,与 $A+B=B$ 不等价的是(　　).

A. $A\subset B$　　B. $\overline{B}\subset\overline{A}$　　C. $A\overline{B}=\varnothing$　　D. $\overline{A}B=\varnothing$

2. 设A,B为两个事件,若$P(A)=\frac{1}{3}$,$P(A|B)=\frac{2}{3}$,$P(\bar{B}|A)=\frac{3}{5}$,则$P(B)=$(　　).

A. $\frac{1}{5}$　　B. $\frac{2}{5}$　　C. $\frac{3}{5}$　　D. $\frac{4}{5}$

三、解答题

1. 已知$P(A)=0.15$,$P(B)=0.43$,试就下列指定条件分别求$P(A+B)$和$P(\bar{A}B)$:

(1) A,B为互斥事件;(2) A,B为独立事件;(3) $A\subset B$.

2. 通过调查中央电视台6频道的电视节目的收视率知,已婚的男士和女士收看该节目的概率分别是0.5和0.6,在某女士看此节目的情况下,她的丈夫看此节目的概率为0.8,求:

(1) 夫妻二人均看此节目的概率;(2) 在男士看此节目时,他的妻子看此节目的概率;(3) 夫妻二人至少有一人看此节目的概率.

3. 设有甲乙两袋,甲袋中有3只白球,2只红球,乙袋中有2只白球,3只红球.现从甲袋中任取1球放入乙袋,再从乙袋中任取2个球,求取出的2个球都是白球的概率.

4. (1) 由两个电子元件A与B并联,然后再与C串联而成的电路中,A,B,C元件断电的概率分别为0.2,0.2,0.3,且各元件是否断电相互独立,求电路断电的概率;

(2) 三个电子元件A,B,C串联,每个元件断电的概率分别是0.1,0.2,0.3,且各元件是否断电相互独立,求电路断电的概率.

第七章

随机变量及其概率分布

本章引入随机变量的概念，利用含有随机变量的数学式子代替随机事件来描述随机试验的结果，以便运用微积分的方法进行更深入的研究，形成一种从整体上刻画随机现象统计规律性的数学形式.通过对随机变量及其分布、随机变量的数字特征的学习，对随机现象的统计规律性进行更深入的讨论.

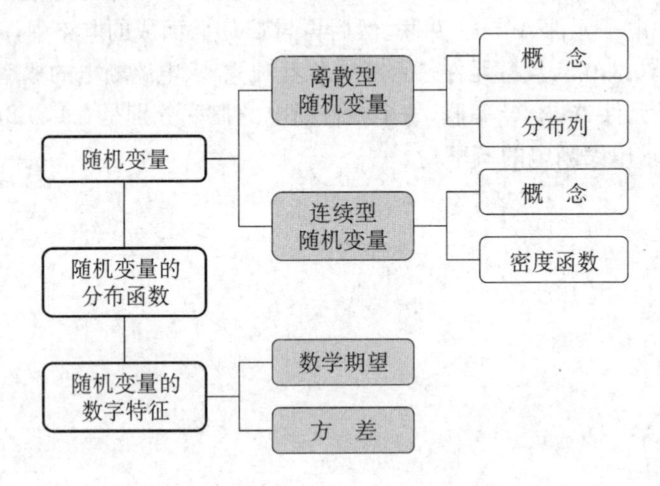

第一节 随机变量

一、随机变量的概念

随机试验的结果一般有两种情况：一种是试验结果本身可以直接用数量来表示.比如：

例 7.1.1 在 10 件产品中有 3 件次品，从中任意抽取 2 件，若用 X 表示抽取所得的次品数，则 X 的可能取值为 0，1，2，而具体取到哪个值是随机的，在试验前不能确定.

例 7.1.2 某人对某一目标连续射击，直到命中目标为止.若其每次命中目标的概率均为 p. 设 X 为他所需的射击次数，则 X 的所有可能的取值为一切正整数 1，2，3，….

例 7.1.3 测试某种电子元件的寿命(单位：小时)，若用 X 表示其寿命，则 X 的取值由试验的结果所确定，可为区间 $[0,+\infty)$ 上的任意一个数，而且通过实验可以知道 X 在某个范围内取值的概率.

另一种情况是试验的结果本身不直接表示为数量，但是可以将其数量化.比如：

例 7.1.4　抛掷一枚质地均匀的硬币，可能出现正面，也可能出现反面，对这种看似与数量无关的事件，可以约定：

若试验结果出现正面，记作 $X=1$；

若试验结果出现反面，记作 $X=0$.

从以上的例子可以看出，不论哪一种情况，X 的取值都与随机试验的结果相对应，因而，它是关于样本点的函数，这个函数就是**随机变量**.

定义 7.1.1　对于给定随机试验 E，样本空间为 Ω. 如果对于样本空间 Ω 中每一个样本点 ω，都有唯一的实数 $X(\omega)$ 与之对应，这种取值带有随机性的变量 $X(\omega)$ 称为**随机变量**.

小提示

随机变量是定义在样本空间的单值实函数.

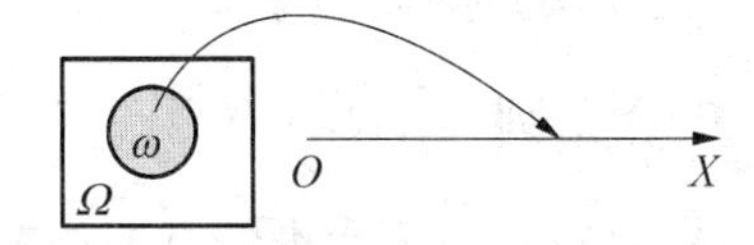

一般地，用大写字母 X,Y,Z 等表示随机变量，而用小写字母 x,y,z 等表示随机变量相应于某个试验结果所取的值.

相对于一般变量，随机变量的取值随着试验结果的不同而取不同的值，在试验之前不能预知它取到的值，且它的取值有一定的概率.我们可以用随机变量的取值（范围）来表示试验中的所有事件.

例如，例 7.1.3 中，“电子元件的寿命超过 300 小时”这一事件可以表示为“ $X\geqslant 300$”；

例 7.1.4 中，“正面向上”这一事件可以表示为“ $X=1$”；

例 7.1.1 中，“两件都是正品”这一事件可以表示为“ $X=0$”，且

$$P(X=k)=\frac{C_3^k C_7^{2-k}}{C_{10}^2}\quad (k=0,1,2).$$

二、随机变量的分类

根据随机变量的取值特点，将随机变量分为两大类.

离散型随机变量：随机变量的可能取值可以逐个一一列举，包括有限个和无穷可列个.

例 7.1.1，例 7.1.2，例 7.1.4 中的随机变量都属于此类.

非离散型随机变量：随机变量的可能取值不仅无穷多，而且还不能一一列举，而是充满一个或几个区间.

对于非离散型随机变量，我们主要研究其中最常见的一种——连续型随机变量.

例 7.1.3 中的随机变量即为此类.

习题 7.1

1. 投掷一枚质地均匀的骰子，观察正面向上的点数，试定义一个随机变量来表示该试验

中出现的“点数大于1”,“点数小于7”,“点数不超过4”这些结果及相应的概率.

第二节　离散型随机变量及其分布列

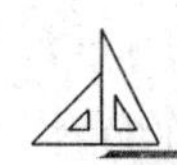

思考问题

前面我们介绍过 n 重伯努利试验:试验可以在相同的条件下重复进行 n 次,各次试验的结果互不影响;每次试验只可能出现两种结果 A 和 $\overline{A}$;每次试验中 A 发生的概率均相同.

在这个模型中,我们经常讨论两个问题:(1) 事件 A 发生次数的统计规律性;(2) 事件 A 首次发生时试验次数的统计规律性.

以上两个问题都属于离散型随机变量的概率分布问题.

一、离散型随机变量及其分布列

定义 7.2.1　如果随机变量 X 只取有限个或无穷可列个可能值,同时 X 以确定的概率取这些不同的值,则称 X 为**离散型随机变量**.

离散型随机变量 X 的所有取值与其对应概率之间的关系,即

$$P(X=x_k)=p_k \quad (k=1,2,\cdots), \tag{7-1}$$

称为离散型随机变量 X 的**概率分布**或**分布列**.

离散型随机变量的概率分布也可以用表 7-1 的形式直观地表示.

表 7-1　离散型随机变量的分布列

X	x_1	x_2	$\cdots$	x_k	$\cdots$
P	p_1	p_2	$\cdots$	p_k	$\cdots$

由定义 7.2.1 可知,例 7.1.1 中,抽取所得的次品数 X 的分布列为

X	0	1	2
P	$\frac{7}{15}$	$\frac{7}{15}$	$\frac{1}{15}$

离散型随机变量的概率分布具有以下性质:

(1) 非负性:
$$p_k \geqslant 0 \quad (k=1,2,\cdots); \tag{7-2}$$

(2) 规范性:
$$\sum_k P(X=x_k)=\sum_k p_k=1. \tag{7-3}$$

小试牛刀

例 7.2.1　已知离散型随机变量 X 的分布列为

X	-1	2	3
P	a	0.5	0.3

求:(1) a 的值;(2) $P(X \leqslant 0.5)$;(3) $P(-1 \leqslant X \leqslant 2.5)$.

解 (1) 由离散型随机变量分布列的性质可知,

$$a + 0.5 + 0.3 = 1, \text{故 } a = 0.2;$$

(2) $P(X \leqslant 0.5) = P(X = -1) = 0.2$;

(3) $P(-1 \leqslant X \leqslant 2.5) = P(X = -1) + P(X = 2) = 0.2 + 0.5 = 0.7$.

大展身手

例 7.2.2 某篮球运动员投中篮圈的概率是 0.9,求他两次独立投篮投中次数 X 的概率分布.

解 X 的可能取值为 0,1,2,记 $A_i = \{$第 i 次投中篮圈$\}$,$i = 1,2$,则

$$P(A_1) = P(A_2) = 0.9;$$

$P(X = 0) = P(\overline{A_1}\,\overline{A_2}) = P(\overline{A_1})P(\overline{A_2}) = 0.1 \times 0.1 = 0.01$;

$P(X=1) = P(A_1\overline{A_2} \cup \overline{A_1}A_2) = P(A_1)P(\overline{A_2}) + P(\overline{A_1})P(A_2) = 0.9 \times 0.1 + 0.1 \times 0.9 = 0.18$;

$P(X = 2) = P(A_1A_2) = P(A_1)P(A_2) = 0.9 \times 0.9 = 0.81$.

所以 X 的分布列为

X	0	1	2
P	0.01	0.18	0.81

小智囊

转化与化归思想方法是解决数学问题的一种重要思想方法,贯穿于整个数学中.这里通过随机事件不同表达方式的转化,把待解决的"随机变量取值概率问题"转化到在已有知识范围内可解的"随机事件概率问题".

例 7.2.3 某加油站替公共汽车站代营出租汽车业务,每出租一辆汽车,可从出租车公司得到 3 元.因代营业务,每天加油站要多付给职工服务费 60 元.设每天出租汽车数 X 的概率分布如下:

X	10	20	30	40
P	0.15	0.25	0.45	0.15

求加油站因代营业务得到的收入大于当天的额外支出费用的概率.

解 所求概率为
$$P(3X > 60) = P(X > 20) = P(X = 30) + P(X = 40) = 0.45 + 0.15 = 0.6.$$

二、几种常见的离散型随机变量的概率分布

1. 二点分布

如果随机变量只取 0,1 两个值,其概率分布为

$$P(X=1)=p, P(X=0)=1-p(0<p<1). \tag{7-4}$$

或

表 7-2 0—1 分布的分布列

X	0	1
P	$1-p$	p

则称 X 服从参数为 p 的二点分布或 $0-1$ 分布,记为 $X\sim(0,1)$.

二点分布是一种简单且常见的分布,一次试验只可能出现两种结果时,便确定一个服从二点分布的随机变量.例如,一次射击是否中靶、检验一件产品是否合格、新生儿的性别登记、系统的运行是否正常等等,相应的结果都服从二点分布.

2. 二项分布

如果随机变量 X 的概率分布为

$$P(X=k)=C_n^k p^k (1-p)^{n-k}(k=0,1,2,\cdots,n). \tag{7-5}$$

其中, $0<p<1$, 则称 X 服从参数为 n,p 的二项分布,记作 $X\sim B(n,p)$.

小提示

当 $n=1$ 时,二项分布即为二点分布.

二项分布的实际背景是:n 重贝努利试验中,事件 k 发生次数的概率分布

$$P_n(k)=C_n^k p^k (1-p)^{n-k},$$

其中, $P(A)=p(0<p<1)$.注意到上式中 $C_n^k p^k (1-p)^{n-k}$ 恰是$[p+(1-p)]^n$ 二项展开式中的第 $k+1$ 项,故称其为二项分布.

(1) 二项分布描述的就是第一个思考问题的统计规律;

(2)* 第二个思考问题中,如果用随机变量 Y 表示事件 A 首次出现时的试验次数,则 Y 的分布列为:

$$P(Y=k)=(1-p)^{k-1}p, k=1,2,3,\cdots$$

称 Y 服从参数为 p 的几何分布.

小试牛刀

例 7.2.4　某工厂每天的用水量保持正常的概率为 0.7，求最近 3 天内用水量正常的天数 X 的分布.

解　显然，$X \sim B(3,0.7)$，所以 X 的概率分布为

$$P(X=k)=C_3^k 0.7^k \cdot 0.3^{3-k} \quad (k=0,1,2,3).$$

可表示为

X	0	1	2	3
P	0.027	0.189	0.441	0.343

3. 泊松分布

如果随机变量 X 的概率分布为

$$P(X=k)=\frac{\lambda^k}{k!}e^{-\lambda} \quad (k=0,1,2,\cdots), \tag{7-6}$$

其中 $\lambda>0$，则称 X 服从参数为 λ 的泊松(Poisson)分布，记为 $X \sim P(\lambda)$.

小提示

泊松分布适用于随机试验的次数 n 很大，每次试验事件 A 发生的概率 p 很小的情况. 例如，电话总机在某段时间内的呼唤次数、商店某段时间内的客流量、一匹布上的疵点数、一定时间间隔内某路段发生的交通事故数等等，都服从泊松分布.

小试牛刀

例 7.2.5　某饮品店新推出一款产品，已知每天的销售量 $X \sim P(4)$，求 1 天内该物品(1) 恰好售出 8 件的概率；(2) 至多售出 1 件的概率.

解　因为 $\lambda=4$，从而由

$$P(X=k)=\frac{4^k}{k!}e^{-4} \quad (k=0,1,2,\cdots),$$

有　(1) $P(X=8)=\dfrac{4^8}{8!}e^{-4}\approx 0.029\,8$；

(2) $P(X\leqslant 1)=P(X=0)+P(X=1)=\dfrac{4^0}{0!}e^{-4}+\dfrac{4^1}{1!}e^{-4}\approx 0.091\,6$.

小智囊

在实际计算中，当 $n\geqslant 10, p\leqslant 0.1$ 时，就可用泊松分布近似代替二项分布，即 $C_n^k p^k(1-p)^k \approx \dfrac{\lambda^k}{k!}e^{-\lambda}(\lambda=np, 0<p<1)$，且 n 越大，近似程度越好.

大展身手

例 7.2.6 某工厂有 600 台车床,已知每台车床发生故障的概率为 0.005.如果该厂安排 4 名维修工人,假定每一台车床只需一名维修工人,求车床发生故障后都能得到及时维修的概率.

解 令 X 表示 600 台车床中发生故障的台数,则 $X \sim B(600,0.005)$,$n=600$ 很大,而 $p=0.005$ 很小,所以可以用参数 $\lambda=np=3$ 的泊松分布近似代替.

所求概率为 $$P(X\leqslant 4)=\sum_{k=0}^{4}\frac{3^k}{k!}e^{-3}\approx 0.815\ 3.$$

习题 7.2

小试牛刀

1. 下列各表能否作为离散型随机变量的分布列?为什么?

(1)

X	-1	0	1
P	0.5	0.3	0.2

(2)

X	1	3	5
P	0.3	0.3	0.2

(3)

X	0	1	2	…	10
P	$\frac{1}{2}$	$\frac{1}{2}\times\frac{1}{3}$	$\frac{1}{2}\times\left(\frac{1}{3}\right)^2$	…	$\frac{1}{2}\times\left(\frac{1}{3}\right)^{10}$

2. 将一枚骰子连掷两次,以 X 表示两次所得点数之和,求 X 的分布列.

3. 若随机变量 X 服从二点分布,且 $P(X=1)=2P(X=0)$,求 X 的分布列.

4. 某次考试出有 10 道正误判断题,某考生随意做出了正误判断.若记其答对的题数为 X,求 X 的概率分布.

5. 已知随机变量 $X\sim P(\lambda)$,$P(X=0)=0.4$,求参数 λ.

大展身手

6. 口袋中有 5 张卡片,分别编号 1,2,3,4,5.从中任取 3 张,以 X 表示取出的最大号码,求 X 的分布列.

7. 某同学从学校骑车到火车站,需要通过三个设有红绿信号灯的路口,设各路口信号灯为红灯的概率为 0.3,且各灯工作独立,以 X 表示该同学首次停车时所通过的路口的个数,求 X 的分布列.

8. 射击训练中,假设某学员的命中率为 0.8,如果独立射击 10 次,求他最多命中 8 次的概率.

9. 某种铸件的砂眼(缺陷)数服从参数为0.5的泊松分布,求该铸件(1) 至多有一个砂眼(即合格品)的概率;(2) 至少有2个砂眼(即不合格品)的概率.

第三节　连续型随机变量及其密度函数

思考问题

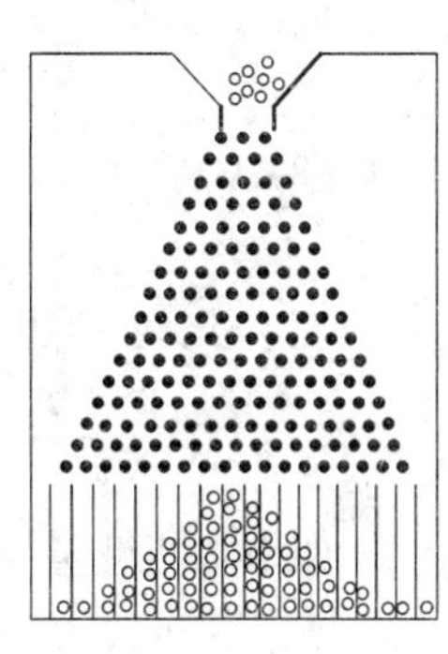

图 7-1

高尔顿钉板(或高尔顿板),是英国生物统计学家高尔顿设计的用来研究随机现象的模型.从入口处放进一个直径略小于两颗钉子之间的距离的小圆玻璃球,当小圆球向下降落过程中,碰到钉子后皆以1/2的概率向左或向右滚下,于是又碰到下一层钉子.如此继续下去,直到滚到底板的一个格子内为止(如图7-1).

如果把足够多同样大小的小球不断从入口处放下,你能想象出它们在底板将堆成什么样的图形吗?

一、连续型随机变量及其密度函数

定义 7.3.1　对于随机变量 X,若存在非负可积函数 $f(x)$ $(-\infty<x<+\infty)$,使对任意实数 $a,b(a<b)$,有

$$P(a<X\leqslant b)=\int_a^b f(x)\mathrm{d}x, \tag{7-7}$$

则称 X 为**连续型随机变量**.称 $f(x)$ 为 X 的**概率密度函数**,简称为**概率密度或密度函数**.其图像称为密度曲线.其几何意义如图7-2所示.

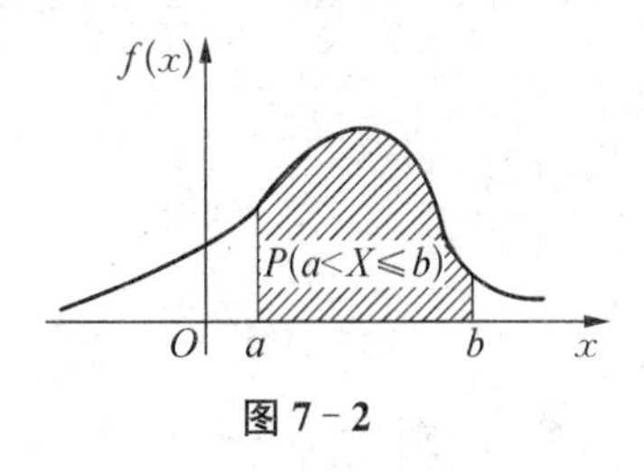

图 7-2

连续型随机变量的密度函数具有以下性质:

(1) 非负性:$f(x)\geqslant 0(-\infty<x<+\infty)$;　(7-8)

(2) 规范性:$\int_{-\infty}^{+\infty}f(x)\mathrm{d}x=P(-\infty<X<+\infty)=1.$　(7-9)

小智囊

1. $P(X=C)=0$(C 为任意常数),即连续型随机变量在某一点取值的概率为零;

2. $P(a<X\leqslant b)=P(a<X<b)=P(a\leqslant X<b)=P(a\leqslant X\leqslant b)=\int_a^b f(x)\mathrm{d}x$.

小试牛刀

例 7.3.1 设连续型随机变量 X 的密度函数为

$$f(x)=\begin{cases}A(1+2x) & 0<x<1 \\ 0 & \text{其他}\end{cases}.$$

求(1) 常数 A；(2) $P(X>0.5)$.

解 (1) 由式(7-9)，有

$$\int_{-\infty}^{+\infty} f(x)\mathrm{d}x=\int_0^1 A(1+2x)\mathrm{d}x=A(x+x^2)\big|_0^1=2A=1, \text{所以 } A=\frac{1}{2}.$$

(2) $P(X>0.5)=\int_{0.5}^1 \frac{1}{2}(1+2x)\mathrm{d}x=\frac{5}{8}.$

二、几种常见的连续型随机变量的概率分布

1. 均匀分布

如果随机变量 X 的密度函数为

$$f(x)=\begin{cases}\dfrac{1}{b-a} & a\leqslant x\leqslant b \\ 0 & \text{其他}\end{cases}. \tag{7-10}$$

如图 7-3(a)所示，则称 X 在区间 $[a,b]$ 上服从均匀分布，记为 $X\sim U(a,b)$.

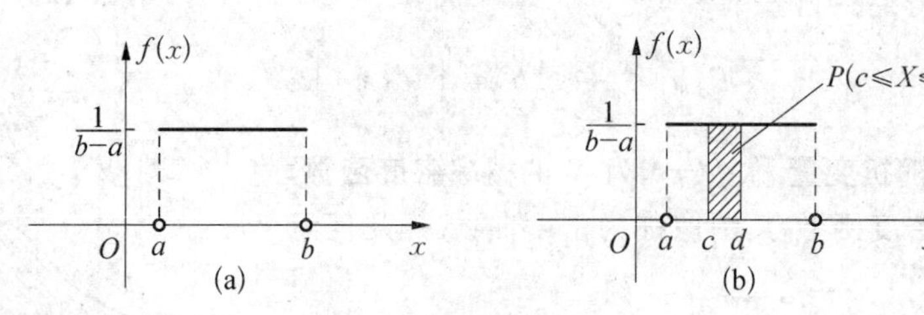

图 7-3

小提示

如图 7-3(b)，若 $[c,d]\subset[a,b]$，则 $P(c\leqslant X\leqslant d)=\int_c^d \frac{1}{b-a}\mathrm{d}x=\frac{d-c}{b-a}$，即 X 落在区间 $[c,d]$ 内的概率只与区间 $[c,d]$ 的长度 $d-c$ 有关，而与 $[c,d]$ 在 $[a,b]$ 内的位置无关.

小试牛刀

例 7.3.2 甲城市到乙城市的公共汽车从上午 6:30 起，每隔 15 分钟来一趟车，一乘客在 6:30 到 7:00 之间随机到达车站，求(1) 该乘客候车时间的概率分布；(2) 该乘客等候不超过 5 分钟就乘上车的概率；

解 令 X 表示乘客候车时间，显然，乘客候车时间 $X \sim U(0,15)$.

(1) 所求的密度函数为 $f(x)=\begin{cases}\dfrac{1}{15} & 0 \leqslant x \leqslant 15 \\ 0 & \text{其他}\end{cases}$.

(2) 候车时间不超过 5 分钟的概率为 $P(X \leqslant 5)=\int_0^5 \dfrac{1}{15}\mathrm{d}x=\dfrac{1}{3}$.

大展身手

例 7.3.3 已知随机变量 $X \sim U(-3,6)$，试求方程 $4t^2+4Xt+(X+2)=0$ 有实根的概率.

解 $X \sim U(-3,6)$，其密度函数为 $f(x)=\begin{cases}\dfrac{1}{9} & -3 \leqslant x \leqslant 6 \\ 0 & \text{其他}\end{cases}$.

而方程 $4t^2+4Xt+(X+2)=0$ 有实根，即 $\Delta=(4X)^2-4 \cdot 4(X+2) \geqslant 0$，解得 $X \geqslant 2$ 或 $X \leqslant -1$.

所以，原题所求概率为 $P(X \geqslant 2)+P(X \leqslant -1)=\int_2^6 \dfrac{1}{9}\mathrm{d}x+\int_{-3}^{-1} \dfrac{1}{9}\mathrm{d}x=\dfrac{2}{3}$.

2. 指数分布

如果随机变量 X 的密度函数为

$$f(x)=\begin{cases}\lambda \mathrm{e}^{-\lambda x} & x>0 \\ 0 & x \leqslant 0\end{cases}, \tag{7-11}$$

其中，λ 为大于零的常数，则称 X 服从参数为 λ 的指数分布，记为 $X \sim E(\lambda)$.

小提示

1. 指数分布又称为“永远年轻的分布”，它的一个重要特征是无记忆性(Memoryless Property，又称遗失记忆性).

若 $X \sim E(\lambda)$，则 $P(X>s+t \mid X>t)=P(X>s)$.

其中，X 解释为寿命，如果已知 X 的寿命大于 t 年，则它再活 s 年的概率与年龄 t 无关.

2. 指数分布可以用来描述独立随机事件发生的时间间隔，比如随机服务系统中的服务时间、旅客进机场的时间间隔、电子元件的寿命、动物的寿命、电话问题中的通话时间等等.

小试牛刀

例 7.3.4 设同学在校园移动营业厅等待服务的时间 $X \sim E(0.1)$ (单位:分钟)，如果有人刚好在你前面办理业务，求你需等待 10 分钟到 20 分钟之间的概率.

解 根据题意，X 的概率密度为

$$f(x)=\begin{cases}0.1\mathrm{e}^{-0.1x} & x \geqslant 0 \\ 0 & x<0\end{cases}.$$

故所求概率为 $P(10<X<20)=\int_{10}^{20}0.1e^{-0.1x}\,dx=e^{-1}-e^{-2}\approx 0.2325.$

3. 正态分布

若随机变量 X 的概率密度为

$$f(x)=\frac{1}{\sqrt{2\pi}\sigma}e^{-\frac{(x-\mu)^2}{2\sigma^2}},-\infty<x<+\infty. \tag{7-12}$$

其中 $\mu,\sigma>0$ 为参数，则称 X 服从参数为 μ,σ 的正态分布，记为 $X\sim N(\mu,\sigma^2)$. 此时，也称 X 为正态变量.

正态分布的密度函数的图形称为正态曲线.如图 7-4(a)所示：它是一个钟形曲线，$x=\mu$ 为其对称轴，且 $x=\mu$ 时函数取得最大值. σ 越小，曲线越陡峭；σ 越大，曲线越平缓.

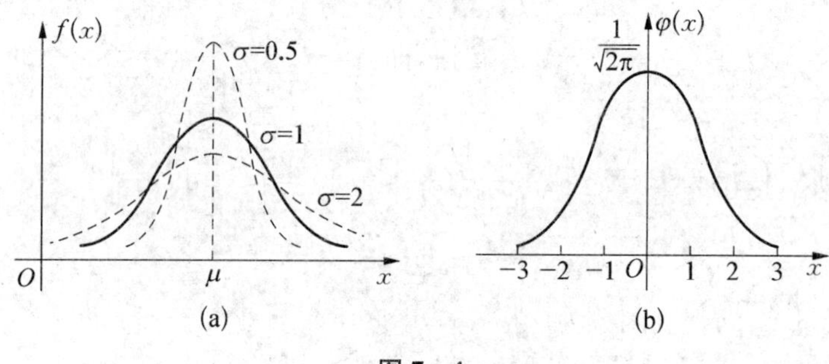

图 7-4

若参数 $\mu=0,\sigma=1$，即 $X\sim N(0,1)$，则称 X 服从标准正态分布，其概率密度为

$$\varphi(x)=\frac{1}{\sqrt{2\pi}}e^{-\frac{x^2}{2}}\ (-\infty<x<+\infty). \tag{7-13}$$

其图形称为标准正态曲线(如图 7-4(b)所示).

高尔顿钉板试验中，只要球的数目相当大，它们在底板将堆成近似于正态分布的密度函数图形(即：中间高，两头低，呈左右对称的古钟型).

正态分布是概率论中最重要的一种分布，它的应用也最为广泛.在自然和社会现象中，大量的随机变量都服从或近似服从正态分布.例如，各种测量误差、各种产品的质量指标、人的身高或体重、正常情况下学生的考试成绩等都服从正态分布.另外，经验表明，如果一个变量由大量独立、微小且均匀的随机因素叠加而成，那么它就近似服从正态分布.

习题 7.3

1. 确定下列函数中的常数 k，使之成为连续型随机变量的密度函数.

(1) $f(x)=\dfrac{k}{1+x^2}, -\infty < x < +\infty$;

(2) $f(x)=\begin{cases} k(2x-x^2) & ,0 < x < 2. \\ 0 & \end{cases}$

2. 已知某连续型随机变量的密度函数为

$$f(x)=\begin{cases} \dfrac{1}{2}\cos x & |x| < \dfrac{\pi}{2}. \\ 0 & \text{其他} \end{cases}$$

求 $P\left(-\dfrac{\pi}{4} \leqslant X \leqslant \dfrac{\pi}{3}\right), P\left(X > -\dfrac{\pi}{4}\right)$.

3. 设 X 在 $[0,10]$ 上服从均匀分布,求 $P(X < 3), P(X \geqslant 6), P(3 < X \leqslant 8)$.

4. 设某台机器在发生故障前正常使用的时间 X 服从参数为 $\dfrac{1}{1\,500}$ 的指数分布,试求这台机器正常使用至少 1 000 小时的概率.

大展身手

5. 设 $X \sim U(2,5)$,现在对 X 进行 3 次独立观测,求至少有两次观测值大于 3 的概率.

6. 设顾客在某银行的窗口等待服务的时间 X(单位:分钟)服从参数 $\lambda=\dfrac{1}{5}$ 的指数分布.某顾客在窗口等待服务,若超过 10 分钟,他就离开.他一个月要到银行 5 次,以 Y 表示他未等到服务而离开窗口的次数.写出 Y 的分布列,并求 $P(Y \geqslant 1)$.

第四节　随机变量的分布函数

思考问题

从理论上来说,服从正态分布 $N(\mu,\sigma^2)$ 的随机变量 X 的取值范围是 $(-\infty, +\infty)$. 但是实际上,X 取区间 $(\mu-3\sigma, \mu+3\sigma)$ 外数值的可能性是微乎其微的.因此,往往认为它的取值是个有限区间,即区间 $(\mu-3\sigma, \mu+3\sigma)$,这就是“三倍标准差规则”,也称“ 3σ ”规则.在企业管理中,经常应用这个原则进行质量检查和工艺工程控制.

那么,这个规则是怎么得来的呢?

一、分布函数

定义 7.4.1　设 X 是随机变量,对于任意实数 x,函数

$$F(x)=P(X \leqslant x)(-\infty < x < +\infty) \tag{7-14}$$

称为随机变量 X 的分布函数.

小提示

由定义 7.4.1 可知，分布函数的定义域是实数集 $\mathbf{R}$.$F(x)$ 的值不是 X 取值于 x 时的概率，而是 X 在区间 $(-\infty,x]$ 上取值的"累积概率"的值.

显然，分布函数具有如下性质：

(1) $0\leqslant F(x)\leqslant 1$；

(2) $F(x)$ 为 x 的单调不减函数，即对任意 $x_1<x_2$，有 $F(x_1)\leqslant F(x_2)$；

(3) $F(-\infty)=\lim\limits_{x\to-\infty}F(x)=0, F(+\infty)=\lim\limits_{x\to+\infty}F(x)=1$；

(4) $P(a<X\leqslant b)=P(X\leqslant b)-P(X\leqslant a)=F(b)-F(a)$. (7-15)

特别地，$P(X>a)=1-P(X\leqslant a)=1-F(a)$. (7-16)

二、离散型随机变量的分布函数

设 X 为离散型随机变量，其概率分布为 $P(X=x_k)=p_k(k=1,2,\cdots)$，

则 X 的分布函数为 $$F(x)=P(X\leqslant x)=\sum_{x_k\leqslant x}p_k. \quad (7-17)$$

小试牛刀

例 7.4.1 例 7.2.2 中，两次独立投篮投中次数 X 的分布列如下：

X	0	1	2
P	0.01	0.18	0.81

求 X 的分布函数.

解 因为 $F(x)=P(X\leqslant x)$，$X=0,1,2$，所以

当 $x<0$ 时，$\{X\leqslant x\}$ 是不可能事件，所以 $F(x)=P(X\leqslant x)=P(\varnothing)=0$；

当 $0\leqslant x<1$ 时，$F(x)=P(X\leqslant x)=P(X=0)=0.01$；

当 $1\leqslant x<2$ 时，$F(x)=P(X\leqslant x)=P(X=0)+P(X=1)=0.01+0.18=0.19$；

当 $x\geqslant 2$ 时，$\{X\leqslant x\}$ 是必然事件，所以 $F(x)=P(X\leqslant x)=P(\Omega)=1$.

从而，随机变量 X 的分布函数为

$$F(x)=\begin{cases}0 & x<0\\ 0.01 & 0\leqslant x<1\\ 0.19 & 1\leqslant x<2\\ 1 & x\geqslant 2\end{cases}.$$

小提示

离散型随机变量的分布函数一定是分段函数.

三、连续型随机变量的分布函数

设 X 为连续型随机变量，其概率密度函数为 $f(x)$，则 X 的分布函数为

$$F(x)=P(X\leqslant x)=\int_{-\infty}^{x} f(t)\mathrm{d}t. \qquad (7-18)$$

小智囊

分布函数 $F(x)$ 是一个变上限的无穷积分，由微积分知识可知，在 $f(x)$ 的连续点 x 处，有

$$F'(x)=f(x). \qquad (7-19)$$

也就是说，如果密度函数连续，则密度函数是分布函数的导数.

小试牛刀

例 7.4.2　例 7.3.2 中乘客候车时间 $X\sim U(0,15)$，求 X 的分布函数.

解　(1) X 的密度函数为

$$f(x)=\begin{cases}\dfrac{1}{15} & 0\leqslant x\leqslant 15\\ 0 & \text{其他}\end{cases}.$$

当 $x<0$ 时，$F(x)=\int_{-\infty}^{x} f(t)\mathrm{d}t=\int_{-\infty}^{x} 0\mathrm{d}t=0$；

当 $0\leqslant x<15$ 时，$F(x)=\int_{-\infty}^{x} f(t)\mathrm{d}t=\int_{-\infty}^{0} 0\mathrm{d}t+\int_{0}^{x}\dfrac{1}{15}\mathrm{d}t=\dfrac{x}{15}$；

当 $x\geqslant 15$ 时，$F(x)=\int_{-\infty}^{x} f(t)\mathrm{d}t=\int_{-\infty}^{0} 0\mathrm{d}t+\int_{0}^{15}\dfrac{1}{15}\mathrm{d}t+\int_{15}^{x} 0\mathrm{d}t=1.$

从而，随机变量 X 的分布函数为

$$F(x)=\begin{cases}0 & x<0\\ \dfrac{x}{15} & 0\leqslant x<15.\\ 1 & x\geqslant 15\end{cases}$$

大展身手

例 7.4.3　随机变量 X 的分布函数是 $F(x)=A+B\arctan x$，求

(1) 常数 A,B；(2) $P(-1<X<1)$；(3) X 的密度函数.

解　(1) 因为 $F(x)$ 是 X 的分布函数，所以

$$\lim_{x\to-\infty} F(x)=0,\ \lim_{x\to+\infty} F(x)=1.$$

即
$$\lim_{x\to-\infty}(A+B\arctan x)=A-\frac{\pi}{2}B=0,$$
$$\lim_{x\to+\infty}(A+B\arctan x)=A+\frac{\pi}{2}B=1.$$

解得 $A=\frac{1}{2}, B=\frac{1}{\pi}$，所以分布函数为：

$$F(x)=\frac{1}{2}+\frac{1}{\pi}\arctan x;$$

(2) $P(-1<X<1)=F(1)-F(-1)=\left(\frac{1}{2}+\frac{1}{\pi}\arctan 1\right)-\left(\frac{1}{2}-\frac{1}{\pi}\arctan 1\right)=\frac{1}{2}$；

(3) 对任意 $x\in(-\infty,+\infty)$，因为分布函数 $F(x)$ 可导，所以根据式(7-19)，X 的密度函数为

$$f(x)=F'(x)=\left(\frac{1}{2}+\frac{1}{\pi}\arctan x\right)'=\frac{1}{\pi(1+x^2)}.$$

四、正态分布的概率计算

1. 标准正态分布的概率计算

当 X 服从标准正态分布时，记其分布函数为 $\Phi(x)$，即

$$\Phi(x)=P(X\leqslant x)=\int_{-\infty}^{x}\varphi(t)\mathrm{d}t=\int_{-\infty}^{x}\frac{1}{\sqrt{2\pi}}\mathrm{e}^{-\frac{1}{2}t^2}\mathrm{d}t.$$

根据式(7-15)，有

$$P(a<X\leqslant b)=\Phi(b)-\Phi(a). \qquad (7-20)$$

由于标准正态分布的概率密度 $\varphi(x)$ 是偶函数(如图7-5)，故有

$$\Phi(-x)=1-\Phi(x). \qquad (7-21)$$

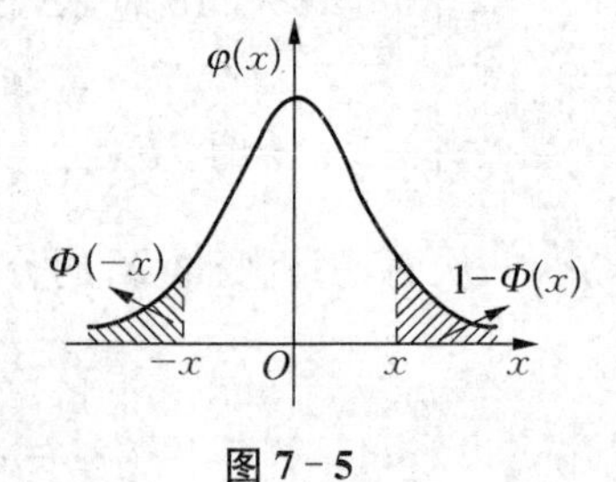

图 7-5

小提示

数形结合思想在数学中有着广泛应用，将抽象的数学语言与直观的图形相结合，通过数与形的联系与转化来研究和解决数学问题.

小试牛刀

例 7.4.4 设 $X\sim N(0,1)$，求 $P(X<2)$，$P(-1<X<2)$，$P(X\geqslant 2)$.

解 $P(X<2)=\Phi(2)=0.977\ 2$；

$P(-1<X<2)=\Phi(2)-\Phi(-1)=\Phi(2)-[1-\Phi(1)]=0.977\ 2+0.841\ 3-1=0.818\ 5$；

$P(X \geqslant 2) = 1 - P(X < 2) = 1 - 0.977\,2 = 0.022\,8.$

3. 一般正态分布的概率计算

若 $X \sim N(\mu, \sigma^2)$，可以证明 $\dfrac{X-\mu}{\sigma} \sim N(0,1)$，且 X 的分布函数

$$F(x) = \Phi\left(\frac{X-\mu}{\sigma}\right).$$

小试牛刀

例 7.4.5　设 $X \sim N(2,9)$，求 $P(-1 < X < 5)$，$P(|X-2| > 6)$.

解　$P(-1 < X < 5) = \Phi\left(\dfrac{5-2}{3}\right) - \Phi\left(\dfrac{-1-2}{3}\right)$

$= \Phi(1) - \Phi(-1) = 2\Phi(1) - 1 = 2 \times 0.841\,3 - 1 = 0.682\,6.$

$P(|X-2| > 6) = P(X > 8) + P(X < -4) = 1 - \Phi\left(\dfrac{8-2}{3}\right) + \Phi\left(\dfrac{-4-2}{3}\right)$

$= 2[1 - \Phi(2)] = 2(1 - 0.977\,2) = 0.045\,6.$

例 7.4.6　已知某地区 2019 年的月降水量 $X \sim N(80, 4^2)$（单位:毫米），求这年月降水量超过 90 毫米的概率.

解　$P(X \geqslant 90) = 1 - P(X < 90) = 1 - \Phi\left(\dfrac{90-80}{4}\right)$

$= 1 - \Phi(2.5) = 1 - 0.993\,8 = 0.006\,2.$

大展身手

例 7.4.7　某同学为了期末考试得到 A，必须考试成绩排名前 10%.根据过去的经验，考试分数 $X \sim N(72, 13^2)$，那么该同学考试成绩最低是多少分?

解　假设该同学的考试成绩最低是 a 分，则 $P(X > a) = 0.1$，即 $1 - \Phi\left(\dfrac{a-72}{13}\right) = 0.1$.

$$\Phi\left(\frac{a-72}{13}\right) = 0.9.$$

查表得 $\Phi(1.28) \approx 0.9$，即 $\dfrac{a-72}{13} \approx 1.28$.

解得 $a \approx 89$.

所以该同学考试成绩最低是 89 分.

例 7.4.8　设随机变量 $X \sim N(\mu, \sigma^2)$，求 $P(|X-\mu| < k\sigma)$　$(k = 1,2,3)$.

解　当 $k = 1$ 时，

$P(|X-\mu| < \sigma) = P(\mu - \sigma < X < \mu + \sigma) = \Phi\left(\dfrac{\mu+\sigma-\mu}{\sigma}\right) - \Phi\left(\dfrac{\mu-\sigma-\mu}{\sigma}\right)$

$= \Phi(1) - \Phi(-1) = 2\Phi(1) - 1 = 0.682\,6.$

类似地，有

当 $k=2$ 时，$P(|X-\mu|<2\sigma)=2\Phi(2)-1=0.9544$.

当 $k=3$ 时，$P(|X-\mu|<3\sigma)=2\Phi(3)-1=0.9974$.

上式说明，服从正态分布 $N(\mu,\sigma^2)$ 的随机变量的取值约有 99.7%落入区间 $(\mu-3\sigma,\mu+3\sigma)$，仅有 0.3% 左右落入区间 $(\mu-3\sigma,\mu+3\sigma)$ 之外.这就是【思考问题】中提及的“3σ”规则（如图 7－6）.

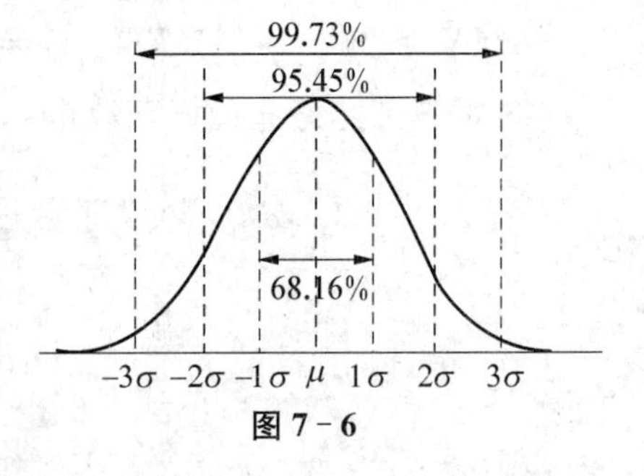

图 7－6

习题 7.4

小试牛刀

1. 已知随机变量 X 的分布列为

X	-2	-1	1
P	0.3	0.4	0.3

(1) 求 X 的分布函数 $F(x)$；

(2) 求 $P(-2<X\leqslant 1)$ 和 $P(X\geqslant 1)$.

2. 随机变量 X 的概率密度函数为

$$f(x)=\begin{cases}\dfrac{\cos x}{2} & |x|\leqslant\dfrac{\pi}{2}\\ 0 & \text{其他}\end{cases}.$$

求：(1) X 的分布函数；(2) X 落在 $\left(0,\dfrac{\pi}{4}\right)$ 内的概率.

3. 设随机变量 $X\sim U(2,5)$. 求：(1) X 的分布函数；(2) $P(2\leqslant X\leqslant 4)$.

4. 设 $X\sim N(5,3^2)$，求 $P(X\leqslant 10)$，$P(2<X\leqslant 11)$.

大展身手

5. 设 $F_1(x)$，$F_2(x)$ 分别为随机变量 X_1 和 X_2 的分布函数，且 $F(x)=aF_1(x)-bF_2(x)$ 也是某一随机变量的分布函数，证明 $a-b=1$.

6. 某机器生产的螺栓长度 X（单位：厘米）服从正态分布 $N(10.05,0.06^2)$，规定长度在范围 10.05 ± 0.12 内为合格，求任取一螺栓不合格的概率.

7. 测量距离时产生的随机误差 X（单位：厘米）服从正态分布 $N(20,40^2)$. 现在进行 3 次独立测量，求：

(1) 至少有一次误差绝对值不超过 30 厘米的概率；

(2) 只有一次误差绝对值不超过 30 厘米的概率.

第五节　随机变量的数字特征

思考问题

1654 年,职业赌徒德・梅累向法国数学家帕斯卡(B.Pascal,1623—1662)提出一个使他苦恼很久的分赌本问题:甲、乙两赌徒赌技相同,各出赌注 50 法郎,每局中无平局.他们约定,谁先赢三局则得到全部 100 法郎的赌本.当甲赢了两局,乙赢了一局时,因故要中止赌博.现问这 100 法郎如何分才算公平?

帕斯卡与另一位法国数学家费马(Fermat,1601～1665)在一系列通信中就这一问题展开了讨论.事实上,很容易设想出以下两种分法:(1) 甲得 $100\cdot\frac{1}{2}$ 法郎,乙得 $100\cdot\frac{1}{2}$ 法郎;(2) 甲得 $100\cdot\frac{2}{3}$ 法郎,乙得 $100\cdot\frac{1}{3}$ 法郎.

第一种分法考虑到甲、乙两人赌技相同,就平均分配,没有照顾到甲已经比乙多赢一局这一个现实,对甲显然是不公平的.第二种分法不但照顾到了“甲乙赌技相同”这一前提,还尊重了已经进行的三局比赛结果,当然更公平一些.但是,第二种分法还是没有考虑到如果继续比下去的话会出现什么情形,即没有照顾两人在现有基础上对比赛结果的一种期待.

那么,这更合理的第三种分法又该怎样分呢?

试想,假如能继续比下去的话,至多再有两局必可结束.若接下来的第四局甲胜$\left(\text{概率为}\frac{1}{2}\right)$,则甲赢得所有赌注;若乙胜,还要再比第五局,当且仅当甲胜这一局时,甲赢得所有赌注$\left(\text{这两局出现此种情形的概率为}\frac{1}{2}\cdot\frac{1}{2}=\frac{1}{4}\right)$.若设甲的最终所得为 X,则 $P(X=100)=\frac{1}{2}+\frac{1}{4}=\frac{3}{4}$.

于是,X 的分布列为

X	0	100
P	$\frac{1}{4}$	$\frac{3}{4}$

从而甲的“期望”所得应为 $0\cdot\frac{1}{4}+100\cdot\frac{3}{4}=75$ 法郎;乙的“期望”所得应为 $100-75=25$ 法郎.这种方法照顾到了已赌结果,又包括了再赌下去的一种“期望”,它自然比前两种方法都更为合理,使甲乙双方都乐于接受.

这就是“数学期望”这个名称的由来,其实这个名称改为“均值”会更形象易懂一些,对上例而言,也就是再赌下去的话,甲“平均”可以赢 75 法郎.

后来,帕斯卡和费马的通信引起了荷兰数学家惠更斯(C. Huygens,1629—1695)的兴趣,后者在1657年发表的《论赌博中的计算》是最早的概率论著作.这些数学家的著述中所出现的第一批概率论概念(如数学期望)与定理(如概率加法、乘法定理)标志着概率论的诞生.

一、数学期望

1. 离散型随机变量的数学期望

定义 7.5.1 设离散型随机变量 X 的概率分布为 $P(X=x_k)=p_k(k=1,2,\cdots)$,如果级数 $\sum_{k=1}^{\infty}|x_k|p_k$ 收敛,则称级数 $\sum_{k=1}^{\infty}x_kp_k$ 为 X 的**数学期望**,简称**期望**或**均值**,记为 $E(X)$,即

$$E(X)=\sum_{k=1}^{\infty}x_kp_k. \tag{7-22}$$

若离散型随机变量 X 的函数 $Y=g(X)$ 的数学期望存在,则有

$$E[g(X)]=\sum_{k=1}^{\infty}g(x_k)p_k. \tag{7-23}$$

小提示

分赌本问题就是离散型随机变量的数学期望问题.

小试牛刀

例 7.5.1 设随机变量的分布列为

X	-1	0	1	2
P	0.1	0.3	0.4	0.2

且 $Y=X^2$,求 $E(X)$ 和 $E(Y)$.

解 $E(X)=-1\times0.1+0\times0.3+1\times0.4+2\times0.2=0.7$,

$E(Y)=E(X^2)=(-1)^2\times0.1+0^2\times0.3+1^2\times0.4+2^2\times0.2=1.3.$

大展身手

例 7.5.2 某商场计划于5月1日搞一次促销活动,统计资料表明,如果在商场内搞促销活动,可获得经济收益3万元;在商场外搞促销活动,如果不遇到雨天可以获得经济收益12万元,遇到雨天则带来经济损失5万元.若前一天的天气预报称当天有雨的概率为40%,则商场应如何选择促销方式?

解 设商场该日在商场外搞促销活动预期获得的经济收益为 X,则

X	12	-5
P	0.6	0.4

$$E(X)=12\times 0.6+(-5)\times 0.4=5.2.$$

即在商场外搞促销活动预期获得的平均经济收益为 5.2 万元，超过在商场内搞促销活动的经济收益，故应选择在商场外搞促销活动.

2. 连续型随机变量的数学期望

定义 7.5.2　设连续型随机变量 X 的密度函数为 $f(x)$，如果积分 $\int_{-\infty}^{+\infty}|x|f(x)\mathrm{d}x$ 收敛，则称积分 $\int_{-\infty}^{+\infty}xf(x)\mathrm{d}x$ 为随机变量 X 的**数学期望**，简称**期望**或**均值**，记为 $E(X)$，即

$$E(X)=\int_{-\infty}^{+\infty}xf(x)\mathrm{d}x. \tag{7-24}$$

若连续型随机变量 X 的函数 $Y=g(X)$ 的数学期望存在，则有

$$E[g(X)]=\int_{-\infty}^{+\infty}g(x)f(x)\mathrm{d}x. \tag{7-25}$$

小试牛刀

例 7.5.3　已知 $X\sim U(a,b)$，求 $E(X)$ 和 $E(X^2)$.

解　X 的密度函数 $f(x)=\begin{cases}\dfrac{1}{b-a} & a\leqslant x\leqslant b\\ 0 & \text{其他}\end{cases}$.

$$E(X)=\int_{-\infty}^{+\infty}xf(x)\mathrm{d}x=\int_a^b\frac{x}{b-a}\mathrm{d}x=\frac{1}{b-a}\cdot\frac{1}{2}x^2\Big|_a^b=\frac{b+a}{2}.$$

$$E(X^2)=\int_{-\infty}^{+\infty}x^2f(x)\mathrm{d}x=\int_a^b\frac{x^2}{b-a}\mathrm{d}x=\frac{1}{b-a}\cdot\frac{1}{3}x^3\Big|_a^b=\frac{b^2+ab+a^2}{3}.$$

大展身手

例 7.5.4　设随机变量 X 服从参数为 λ 的指数分布，求 $E(X)$ 和 $E(X^2)$.

解　随机变量 X 的密度函数为

$$f(x)=\begin{cases}\lambda\mathrm{e}^{-\lambda x} & x>0\\ 0 & x\leqslant 0\end{cases},$$

$$\begin{aligned}E(X)&=\int_{-\infty}^{+\infty}xf(x)\mathrm{d}x=\int_0^{+\infty}x\cdot\lambda\mathrm{e}^{-\lambda x}\mathrm{d}x=-\int_0^{+\infty}x\mathrm{d}\mathrm{e}^{-\lambda x}\\&=-x\mathrm{e}^{-\lambda x}\Big|_0^{+\infty}+\int_0^{+\infty}\mathrm{e}^{-\lambda x}\mathrm{d}x=-\frac{1}{\lambda}\mathrm{e}^{-\lambda x}\Big|_0^{+\infty}=\frac{1}{\lambda},\end{aligned}$$

$$\begin{aligned}E(X^2)&=\int_{-\infty}^{+\infty}x^2f(x)\mathrm{d}x=\int_0^{+\infty}x^2\cdot\lambda\mathrm{e}^{-\lambda x}\mathrm{d}x=-\int_0^{+\infty}x^2\mathrm{d}\mathrm{e}^{-\lambda x}\\&=-x^2\mathrm{e}^{-\lambda x}\Big|_0^{+\infty}+2\int_0^{+\infty}x\mathrm{e}^{-\lambda x}\mathrm{d}x=\frac{2}{\lambda}\int_0^{+\infty}x\cdot\lambda\mathrm{e}^{-\lambda x}\mathrm{d}x=\frac{2}{\lambda^2}.\end{aligned}$$

3. 数学期望的性质

性质 7.5.1 若 C 为常数,则 $E(C)=C$;

性质 7.5.2 若 C 为常数,则 $E(CX)=CE(X)$;

性质 7.5.3 对任意随机变量 X,Y,有 $E(X+Y)=E(X)+E(Y)$;

性质 7.5.4 若随机变量 X 与 Y 相互独立,则 $E(XY)=E(X)E(Y)$.

小试牛刀

例 7.5.5 设随机变量 X,Y 的数学期望分别为 $E(X)=2,E(Y)=3$. 求 $E(2X-3Y)$.

解 根据数学期望的性质, $E(2X-3Y)=2E(X)-3E(Y)=-5$.

大展身手

例 7.5.6 已知 $X\sim B(n,p)$,求 $E(X)$.

X	0	1
P	$1-p$	p

解 记 X_i="每次试验中事件 A 发生的次数",$i=1,2,\cdots,n$,则 $X_i\sim B(1,p)$,即

$$X=\sum_{i=1}^{n}X_i,$$

所以

$$E(X)=E\left(\sum_{i=1}^{n}X_i\right)=\sum_{i=1}^{n}E(X_i)=\sum_{i=1}^{n}p=np.$$

二、方差

1. 方差的概念

定义 7.5.3 设 X 为随机变量,若 $[X-E(X)]^2$ 的数学期望存在,则称其为随机变量 X 的**方差**,记为 $D(X)$,即

$$D(X)=E\{[X-E(X)]^2\}. \tag{7-26}$$

称 $\sqrt{D(X)}$ 为 X 的**标准差**或**均方差**.

小提示

随机变量 X 的数学期望体现了 X 取值的平均,它是随机变量的一个重要的数字特征;而方差则体现了随机变量 X 取值与其均值的偏离程度.

若 X 为离散型随机变量,则

$$D(X)=\sum_{k=1}^{\infty}[x_k-E(X)]^2p_k. \tag{7-27}$$

其中, $P(X=x_k)=p_k(k=1,2,\cdots)$ 是 X 的概率分布.

若 X 为连续型随机变量,则

$$D(X)=\int_{-\infty}^{+\infty}[x-E(X)]^2 f(x)\mathrm{d}x. \tag{7-28}$$

其中，$f(x)$ 是 X 的密度函数.

小智囊

根据数学期望的性质有

$$\begin{aligned}D(X)&=E\{[X-E(X)]^2\}=E\{X^2-2XE(X)+[E(X)]^2\}\\&=E(X^2)-2E(X)E(X)+[E(X)]^2=E(X^2)-[E(X)]^2.\end{aligned}$$

故方差的计算除直接采用定义外，还有公式

$$D(X)=E(X^2)-[E(X)]^2. \tag{7-29}$$

小试牛刀

例 7.5.7 设随机变量的分布列为

X	-1	0	1	2
P	0.1	0.3	0.4	0.2

求 $D(X)$.

解 由例 7.5.1 知，

$$E(X)=0.7, E(X^2)=1.3.$$

则 $D(X)=E(X^2)-[E(X)]^2=1.3-0.7^2=0.81.$

例 7.5.8 已知 $X\sim U(a,b)$，求 $D(X)$.

解 由例 7.5.3 知

$$E(X)=\int_a^b \frac{x}{b-a}\mathrm{d}x=\frac{a+b}{2},$$

$$E(X^2)=\int_a^b \frac{x^2}{b-a}\mathrm{d}x=\frac{b^2+ab+a^2}{3}.$$

则 $D(X)=E(X^2)-[E(X)]^2=\dfrac{b^2+ab+a^2}{3}-\left(\dfrac{b+a}{2}\right)^2=\dfrac{(b-a)^2}{12}.$

大展身手

例 7.5.9 两台生产同一种产品的车床，某天所生产的产品中次品数的概率分布分别为

X	0	1	2	3
P	0.4	0.2	0.3	0.1

Y	0	1	2	3
P	0.4	0.3	0.1	0.2

假设两台车床的产量相同，试比较二者的性能.

解 比较两台车床所生产次品数的数学期望：

$E(X)=0\times0.4+1\times0.2+2\times0.3+3\times0.1=1.1$；

$E(Y)=0\times0.4+1\times0.3+2\times0.1+3\times0.2=1.1$.

二者所生产的平均次品数相同，分不出性能高低.

再计算次品数的方差.

$E(X^2)=0^2\times0.4+1^2\times0.2+2^2\times0.3+3^2\times0.1=2.3$；

$E(Y^2)=0^2\times0.4+1^2\times0.3+2^2\times0.1+3^2\times0.2=2.5$.

$D(X)=E(X^2)-[E(X)]^2=2.3-1.1^2=1.09$；

$D(Y)=E(Y^2)-[E(Y)]^2=2.5-1.1^2=1.29$.

由于第一台车床的方差较小，所以它的性能比较好.

2. 方差的性质

性质 7.5.5 若 C 为常数，则 $D(C)=0$.

性质 7.5.6 若 C 为常数，则 $D(CX)=C^2D(X)$.

性质 7.5.7 若随机变量 X,Y 相互独立，则有 $D(X\pm Y)=D(X)+D(Y)$.

数学期望和方差在概率统计中经常用到，为便于应用，将几个常用分布的数学期望和方差汇集于表 7-3.

表 7-3 常用分布的数字特征

名称	概率分布或密度函数	参数范围	期望	方差
二点分布 $X\sim(0-1)$	$P(X=1)=p,P(X=0)=1-p$	$0<p<1$	p	$p(1-p)$
二项分布 $X\sim B(n,p)$	$P(X=k)=C_n^k p^k(1-p)^{n-k}$ $(k=0,1,\cdots,n)$	$0<p<1,n\in\mathbf{N}$	np	$np(1-p)$
泊松分布 $X\sim P(\lambda)$	$P(X=k)=\dfrac{\lambda^k}{k!}e^{-\lambda}$ $(k=0,1,2,\cdots)$	$\lambda>0$	λ	λ
均匀分布 $X\sim U(a,b)$	$f(x)=\begin{cases}\dfrac{1}{b-a} & a\leqslant x\leqslant b\\ 0 & 其他\end{cases}$	$a<b$	$\dfrac{a+b}{2}$	$\dfrac{(b-a)^2}{12}$
指数分布 $X\sim E(\lambda)$	$f(x)=\begin{cases}\lambda e^{-\lambda x} & x>0\\ 0 & x\leqslant0\end{cases}$	$\lambda>0$	$\dfrac{1}{\lambda}$	$\dfrac{1}{\lambda^2}$
正态分布 $X\sim N(\mu,\sigma^2)$	$f(x)=\dfrac{1}{\sqrt{2\pi}\sigma}e^{-\frac{(x-\mu)^2}{2\sigma^2}}$	$-\infty<\mu<+\infty$ $\sigma>0$	μ	σ^2

小试牛刀

例 7.5.10　已知 $D(X)=1$，求 $D(0.3X+2)$.

解　$D(0.3X+2)=(0.3)^2D(X)=0.09$.

大展身手

例 7.5.11　$X\sim B(n,p)$，证明 $D(X)=np(1-p)$.

证明　记 X_i="每次试验中事件 A 发生的次数"，$i=1,2,\cdots,n$，则 $X_i\sim B(1,p)$，且 $X=\sum_{i=1}^{n}X_i$，其中 $X_1,X_2,\cdots,X_n$ 相互独立，所以

$$D(X)=D\left(\sum_{i=1}^{n}X_i\right)=\sum_{i=1}^{n}D(X_i)=\sum_{i=1}^{n}p(1-p)=np(1-p).$$

习题 7.5

小试牛刀

1. 设随机变量 X 的概率分布为

X	-1	0	0.5	1	2
P	$\frac{1}{3}$	$\frac{1}{6}$	$\frac{1}{6}$	$\frac{1}{12}$	$\frac{1}{4}$

求 $E(-X+1)$，$E(X^2)$，$D(X)$.

2. 设随机变量 X 的密度函数为

$$f(x)=\begin{cases} x & 0<x\leqslant 1 \\ 2-x & 1<x<2. \\ 0 & \text{其他} \end{cases}$$

求 $E(X)$ 和 $D(X)$.

3. 已知 $E(X)=-2$，$E(X^2)=5$，求 $D(1-3X)$.

大展身手

4. 一批零件中有 9 个合格品与 3 个次品.安装机器时，从这批零件中任取一个，如果取出的废品不再放回，求在取得合格品以前已取出的废品数 X 的数学期望和方差.

5. 某公共汽车站每隔 5 分钟有一辆汽车通过，乘客在任意时刻到达车站，求等车时间的数学期望(设汽车到站后乘客都能上车).

6. 某工厂生产一批产品，一等品占 50%，二等品占 40%，次品占 10%.如果生产一件次品，工厂要损失 1 元钱，生产一件一等品，工厂获得 2 元钱的利润，生产一件二等品，工厂获得 1 元钱的利润.假设生产了大量这样的产品，问工厂每件产品获得的平均利润是多少?

阅读材料(七)

数形结合思想

一、数形结合的思想

“数与形,本是相倚依,焉能分作两边飞.数缺形时少直觉,形少数时难入微.数形结合百般好,隔裂分家万事非.切莫忘,几何代数统一体,永远联系,切莫分离.”这是我国著名数学家华罗庚先生在《谈谈与蜂房结构有关的数学问题》这一科普著作中写下的小诗词,也是“数形结合”这一说法第一次正式出现.

数学是研究现实世界的数量关系与空间形式的一门科学.数量关系和空间形式这两个基本概念常常结合在一起,在内容上互相联系,在方法上互相渗透,在一定条件下互相转化.笛卡尔创立的解析几何正是数形结合的典范.

数形结合,主要指的是数与形之间的一一对应关系.数形结合就是把抽象的数学语言、数量关系与直观的几何图形、位置关系结合起来,通过“以形助数”或“以数解形”,即通过抽象思维与形象思维的结合,可以使复杂问题简单化,抽象问题具体化,从而起到优化解题途径的目的.

数形结合的基本原则:(1) 等价性原则:“数”的代数性质与“形”的几何性质的转化等价;(2) 双向性原则:既进行几何直观的分析,又进行代数抽象的探索;(3) 简单性原则:数形转换时尽可能使构图简单合理.

二、数形结合在随机变量及其分布问题中的应用

【应用实例1——离散型随机变量的分布函数】

说明:随机变量分布函数的公式简单,但是对于初学者求解困难,如何确定随机变量 X 在区间 $(-\infty,x]$ 的取值是问题的难点,如果通过数轴直观展示区间 $(-\infty,x]$,则有助于准确判定该区间取值点,进而求得分布函数.

例1 由 X 的分布列

X	0	1	2
P	0.5	0.3	0.2

求 X 的分布函数 $F(x)$.

解 因为 $F(x)=P(X\leqslant x)(X=0,1,2)$,所以用该随机变量的取值点 0,1,2 将整个数轴分为四个区间:$(-\infty,0)$,$[0,1)$,$[1,2)$,$[2,+\infty)$.

当 $x<0$ 时,如图 7-7(1)所示,区间 $(-\infty,x]$ 不包含随机变量 X 的取值点,即为不可能事件,所以 $F(x)=P(X\leqslant x)=0$.

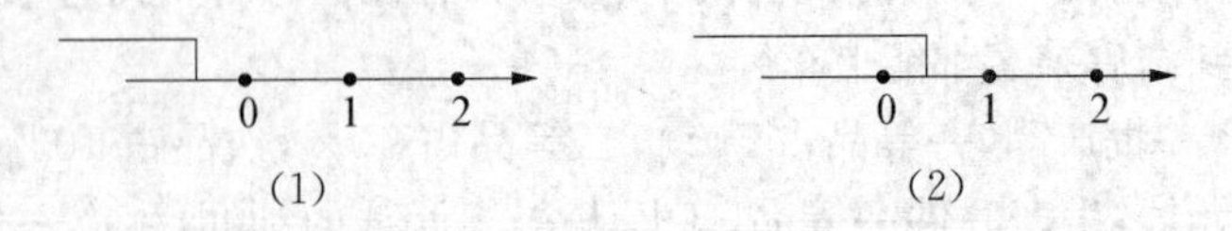

图 7-7

当 $0 \leqslant x < 1$ 时，如图 7-8(2)所示，区间 $(-\infty, x]$ 包含随机变量 X 的取值点 0，所以 $F(x)=P(X \leqslant x)=P(X=0)=0.5$.

当 $1 \leqslant x < 2$ 时，如图 7-8(3)所示，区间 $(-\infty, x]$ 包含随机变量 X 的两个取值点 0 和 1，所以 $F(x)=P(X \leqslant x)=P(X=0)+P(X=1)=0.5+0.3=0.8$.

图 7-8

当 $x \geqslant 2$ 时，如图 7-8(4)所示，区间 $(-\infty, x]$ 包含随机变量 X 的三个取值点 0,1 和 2，所以 $F(x)=P(X \leqslant x)=P(X=0)+P(X=1)+P(X=2)=1$.

从而，随机变量 X 的分布函数为

$$F(x)=\begin{cases} 0 & x<0 \\ 0.5 & 0 \leqslant x<1 \\ 0.8 & 1 \leqslant x<2 \\ 1 & x \geqslant 2 \end{cases}.$$

【应用实例 2——正态分布问题】

说明：连续型随机变量的概率密度函数是一个描述这个随机变量的输出值在某一个确定的取值点附近的可能性的函数，而随机变量的取值落在某个区域之内的概率则是概率密度函数在这个区域上的积分.所以通过讨论随机变量的概率密度函数的图像，可以了解随机变量取值的规律及特点.在解决一些连续型随机变量求概率的问题时，如果能利用它们的概率密度函数曲线，进行数形结合，那么看似复杂的问题将变得非常简单.

例 2　设两个随机变量 X,Y 相互独立，且 $X \sim N(0,1), Y \sim N(1,1)$，求 $P(X+Y \leqslant 1)$.

分析：由于 X,Y 相互独立，且都服从正态分布，故 $X+Y$ 仍服从正态分布，但是如果用积分来计算比较复杂，利用概率密度曲线的规范性以及正态分布的概率密度曲线的轴对称性质，则问题便迎刃而解.

解　设 $Z=X+Y$，则 $E(Z)=E(X+Y)=E(X)+E(Y)=1$,

$$D(Z)=D(X+Y)=D(X)+D(Y)=2,$$

所以 $Z \sim N(1,2)$，其密度曲线如图 7-9 所示，关于 $x=1$ 对称.

故 $P(X+Y \leqslant 1)=P(Z \leqslant 1)=\dfrac{1}{2}$.

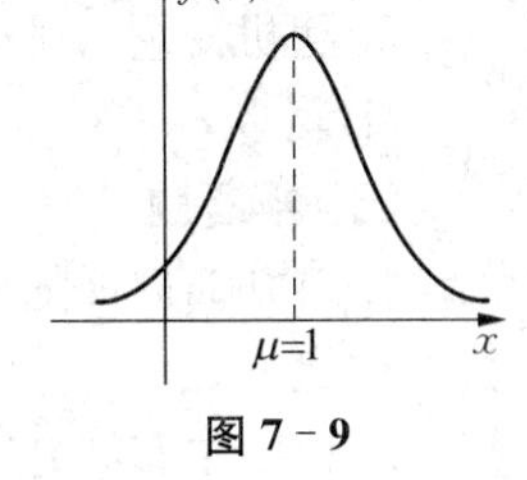

图 7-9

复习题七

一、选择题

1. 袋中有 2 个黑球 6 个红球，从中任取 2 个，可以作为随机变量的是(　　).

A. 取到的球的个数　　　　B. 取到的红球的个数

C. 至少取到一个黑球的概率　　　　　　　　D. 至少取到一个红球的概率

2. 抛掷两颗骰子，所得点数之和记为 X，那么 $X=4$ 表示的随机试验结果是(　　).

A. 一颗是 3 点，一颗是 1 点

B. 两颗都是 2 点

C. 两颗都是 4 点

D. 一颗是 3 点，一颗是 1 点或两颗都是 2 点

3. 下列表中能成为随机变量 X 的分布列的是(　　).

A.

X	-1	0	1
P	0.3	0.3	0.3

B.

X	1	2	3
P	0.4	0.7	-0.1

C.

X	-1	0	1
P	0.3	0.4	0.3

D.

X	1	2	3
P	0.2	0.4	0.5

4. 当 X 服从(　　)分布时，$E(X)=D(X)$.

A. 指数　　　　B. 均匀　　　　C. 正态　　　　D. 泊松

二、填空题

1. 设随机变量 X 的分布列为

X	0	1	2	3
P	0.1	0.3	a	0.25

则 $a=$________.

2. 从发芽率为 0.9 的一批种子里，随机地取 100 粒，用 X 表示 100 粒中不发芽的种子粒数，则 $X\sim$________.

3. 随机变量 X 服从参数为 λ 的泊松分布，则 $D(-2X+1)=$________.

4. 设 $X\sim U(1,5)$，则 $P(-1<X<2)=$________.

三、解答题

1. 已知离散性随机变量 X 服从参数为 λ 的泊松分布，若 $P(X=1)=P(X=2)$，试求参数 λ 的值.

2. 口袋中有红、白、黄三色球各 5 只，现从中任取 4 只，用 X 表示取到的白球数量，求 X 的概率分布.

3. 某射手连续向同一目标进行射击，直到第一次射中为止.若该射手射中目标的概率为 p，求射击次数的概率分布.

4. 当随机变量 X 服从区间$[0,2]$上的均匀分布，试求 $\dfrac{D(X)}{E(X^2)}$ 的值.

5. 已知 $X\sim N(1,2)$，$Y\sim N(2,1)$，且 X 与 Y 相互独立，求 $E(3X-Y+4)$，$D(X-Y)$.

大展身手

一、选择题

1. 设 $X \sim N(0,1)$，又常数 c 满足 $P(X \geqslant c)=P(X<c)$，则 c 等于(　　).

A. 1　　B. 0　　C. $\frac{1}{2}$　　D. -1

2. 已知 $E(X)=-1$，$D(X)=3$，则 $E[3(X^2-2)]=$(　　).

A. 6　　B. 9　　C. 30　　D. 36

3. 设 $X \sim N(\mu,\sigma^2)$，若已知 $P(X<\mu-2)=0.2$，则 $F(\mu+2)=$(　　).

A. 0.8　　B. 0.9　　C. 0.7　　D. 0.6

4. 设离散型随机变量 $X \sim P(\lambda)(\lambda>0)$，且 $P(X=0)=\frac{1}{\mathrm{e}}$，则 $\lambda=$(　　).

A. 0.5　　B. 2　　C. 1　　D. 3

二、填空题

1. 设随机变量 X 的分布列为 $P(X=k)=\frac{c}{k(k+1)}$，$k=1,2,3$，c 为常数，则 $P(0.5<X<2.5)=$________.

2. 随机变量 X 的分布函数为 $F(x)=\begin{cases}0 & x<-1\\ 0.4 & -1\leqslant x<1\\ 0.8 & 1\leqslant x<3\\ 1 & 3\leqslant x<+\infty\end{cases}$，则随机变量 X 的分布列为________.

3. 设随机变量 $X \sim B(2,p)$，$Y \sim B(4,p)$，若 $P(X>1)=\frac{4}{9}$，则 $P(Y\geqslant 1)=$________.

4. 设随机变量 X 的概率密度为 $f(x)=\begin{cases}4x^3 & 0<x<1\\ 0 & \text{其他}\end{cases}$，则使 $P(X>a)=P(X<a)$ 成立的常数 $a=$________.

三、解答题

1. 设随机变量 $X \sim U\left(-\frac{1}{2},\frac{1}{2}\right)$，求 $Y=\sin \pi x$ 的数学期望.

2. 设连续型随机变量 X 的概率密度为

$$f(x)=\begin{cases}ax^2+bx+c & 0<x<1\\ 0 & \text{其他}\end{cases}.$$

已知 $E(X)=0.5$，$D(X)=0.15$. 求系数 a,b,c.

3. 从一批含有10件正品与3件次品的产品中抽取产品，每次取一件，连续抽取若干次. 在下列两种情况下，求直到取出正品为止所需次数 X 的概率分布：

(1) 按不放回方式抽取；

(2) 每次取出一件产品后，总取一件正品放回这批产品中.

4. 某网吧有一批计算机，假设机器间的工作状况是相互独立的，且发生故障的概率都是 0.01.若(1) 由一人负责维修 40 台机器；(2) 由三人负责维修 140 台机器.试分别计算计算机发生故障而需要等待维修的概率，假定一台计算机的故障可由一人独自修理，比较两种方案的优劣.

5. 在射击比赛中，规定每人射击四次，每次射一发子弹.若四发都不中则得 0 分，只中一发得 15 分，中两发得 30 分，中三发得 55 分，四发全中得 100 分.假设某人每发命中率为 0.6，求平均得分？

第八章

数理统计基础

数理统计研究的主要内容是统计推断，它是以概率论为基础，根据试验所得数据，对研究对象的客观规律性做出合理的估计与推断，而参数估计、假设检验为统计推断中最重要、最基础的内容.

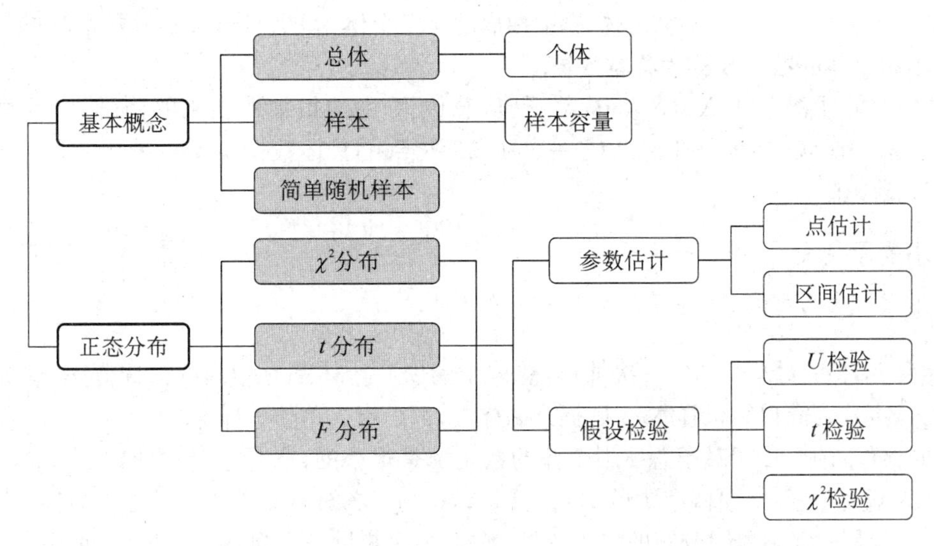

第一节　数理统计基本知识

假设 $X_1,X_2,\cdots,X_n$ 为标准正态总体 $X\sim N(0,1)$ 的一个样本，S^2 为样本方差，那么样本的一个函数表达式 $X_1^2+X_2^2+\cdots+X_n^2$ 也是一个随机变量，它服从什么分布？同样，$(n-1)S^2$ 又服从什么分布？

一、总体与样本

如果要研究某工厂生产的电视机显像管的平均寿命，由于测试显像管寿命具有破坏性，因而只能从所有的显像管中抽取一部分进行测试，然后根据这部分显像管的寿命数据，对所有显像管的平均寿命进行推断.

定义 8.1.1 在数理统计中,称研究对象的全体为**总体**,而把组成总体的每个基本元素称为**个体**.

例如,上述工厂生产的所有显像管的寿命就组成一个总体,其中的每一个显像管的寿命就是一个个体.

在实际问题中,所关心的往往只是总体的某一特性指标(如对于显像管,主要关心它的使用寿命),而总体的特性是由各个个体的特性组成的,因此,任何一个总体都可用一个随机变量 X 来表示,X 的每一个取值就是一个个体的数量指标.为方便起见,今后常将总体与随机变量 X 等同起来,即把总体看成是某个随机变量 X 可能取值的全体.

由部分推断总体,一般都要从总体中随机抽取一部分个体进行测试,然后根据这一部分个体提供的数据来推断总体的性质.例如,从 100 000 只同型号的晶体管中抽取 100 只,对其进行合格率测试,从而推断这批晶体管的合格率.

定义 8.1.2 一般地,称从总体 X 中抽取的 n 个个体 $X_1,X_2,\cdots,X_n$ 为总体 X 的一个**样本**,样本中个体的数目 n 称为**样本容量**.

由于样本中的个体 $X_1,X_2,\cdots,X_n$ 是从总体 X 中随机抽取出来的,它们中的每一个 $X_i(i=1,2,\cdots,n)$ 都是随机变量,在一次抽取后得到的具体数据 $x_1,x_2,\cdots,x_n$ 称为样本观测值,或样本值.

 小提示

不同批次的抽取,所得样本观测值可能不同.

定义 8.1.3 对总体的每一次抽样,总体中的所有个体都有相同的被选概率,这样抽样得到的样本称为**简单随机样本**.今后提到的样本,都是指简单随机样本.

通常样本的容量相对于总体中个体的数量都是很小的,取了一个,再取一个,总体分布可以认为毫无改变,从而样本中的 $X_i(i=1,2,\cdots,n)$ 之间彼此是相互独立的,即样本 $X_1,X_2,\cdots,X_n$ 是一组独立同分布的随机变量.例如,多次测量一个物体的长度,测量值是一个随机变量,在重复测量 n 次后得到的样本 $X_1,X_2,\cdots,X_n$ 是独立同分布的.

二、统计量

样本虽然代表和反映总体,但是实际抽取的样本所含有的信息往往比较分散,需要对其进行必要的"加工提炼",将其中我们所关心的信息集中起来,即构造样本的某种函数.这样的函数在数理统计中称为统计量.

定义 8.1.4 设 $X_1,X_2,\cdots,X_n$ 为总体 X 的一个样本,$g(X_1,X_2,\cdots,X_n)$ 为连续函数,且不包含任何未知参数,则称 $g(X_1,X_2,\cdots,X_n)$ 为样本 $X_1,X_2,\cdots,X_n$ 的一个**统计量**.

显然,统计量也是一个随机变量,如果 $x_1,x_2,\cdots,x_n$ 是 $X_1,X_2,\cdots,X_n$ 的一组观测值,则 $g(x_1,x_2,\cdots,x_n)$ 就是 $g(X_1,X_2,\cdots,X_n)$ 的一个观测值.

如果 $X_1,X_2,\cdots,X_n$ 为总体 X 的一个样本,则

$$\overline{X}=\frac{1}{n}\sum_{i=1}^{n}X_i;$$

$$S^2=\frac{1}{n-1}\sum_{i=1}^{n}(X_i-\overline{X})^2;$$

$$S=\sqrt{\frac{1}{n-1}\sum_{i=1}^{n}(X_i-\overline{X})^2}$$

等都是统计量.其中，$\overline{X}$ 称为样本均值，它反映了总体 X 取值的平均；S^2 和 S 分别称为样本方差和样本标准差，它们反映了总体取值的离散程度. $\overline{X}$，S^2 和 S 的观测值用相应的小写字母 $\overline{x}$，s^2 和 s 来表示.

例 8.1.1　总体 $X\sim E(\lambda)$，$X_1,X_2,\cdots,X_n$ 为总体 X 的一个样本，$\overline{X}$ 为样本均值，求 $E(\overline{X})$ 和 $D(\overline{X})$.

解　根据概率论的有关知识，当 $X\sim E(\lambda)$ 时，$E(X)=\frac{1}{\lambda}$，$D(X)=\frac{1}{\lambda^2}$，

所以，$E(\overline{X})=E(X)=\frac{1}{\lambda}$，$D(\overline{X})=D(X)/n=\frac{1}{n\lambda^2}$.

三、常用统计量及其分布

统计量的分布又称为抽样分布.一般来说，要确定某一统计量的分布是比较复杂的问题，而许多随机现象都服从或近似服从正态分布，故本章只介绍最常用的由正态总体构成的统计量.

1. U 统计量及其分布

定理 8.1.1　设总体 $X\sim N(\mu,\sigma^2)$，$X_1,X_2,\cdots,X_n$ 为总体 X 的一个样本，则容易证明

(1) $\overline{X}\sim N\left(\mu,\frac{\sigma^2}{n}\right)$；　(8-1)

(2) $U=\frac{\overline{X}-\mu}{\sigma/\sqrt{n}}\sim N(0,1)$.　(8-2)

其中，U 称为 U 统计量.

例 8.1.2　设总体 $X\sim N(3.4,36)$，$X_1,X_2,\cdots,X_n$ 为总体 X 的一个样本，若要使 $P(1.4\leqslant\overline{X}\leqslant5.4)\geqslant0.95$，则样本容量 n 至少应取多大？

解　由定理 8.1.1 及题设知道，$\frac{\overline{X}-3.4}{\frac{6}{\sqrt{n}}}\sim N(0,1)$，所以

$$P(1.4 \leqslant \overline{X} \leqslant 5.4) = P(|\overline{X} - 3.4| \leqslant 2)$$
$$= P\left(\left|\frac{\overline{X} - 3.4}{\frac{6}{\sqrt{n}}}\right| \leqslant \frac{\sqrt{n}}{3}\right)$$
$$= 2\Phi\left(\frac{\sqrt{n}}{3}\right) - 1 \geqslant 0.95,$$

即
$$\Phi\left(\frac{\sqrt{n}}{3}\right) \geqslant 0.975.$$

查标准正态分布函数值表得，$\frac{\sqrt{n}}{3} \geqslant 1.96$，得 $n \geqslant 34.57$，所以 n 至少取 35.

在讨论正态分布总体的有关问题时，常用到标准正态分布的临界值的概念.

定义 8.1.5 设 $U \sim N(0,1)$，对给定的 $\alpha\ (0 < \alpha < 1)$，称满足条件

$$P(U > U_\alpha) = \int_{U_\alpha}^{+\infty} \frac{1}{\sqrt{2\pi}} e^{-\frac{t^2}{2}} dt = \alpha \tag{8-3}$$

或

$$P(U \leqslant U_\alpha) = 1 - \alpha \tag{8-4}$$

的点 U_α 为标准正态分布的右侧临界值；称满足条件

$$P(|U| > U_{\frac{\alpha}{2}}) = \alpha \tag{8-5}$$

的点 $U_{\frac{\alpha}{2}}$ 为标准正态分布的双侧临界值.式(8-3)、式(8-5)的几何意义分别如图 8-1(a)和图 8-1(b)所示.

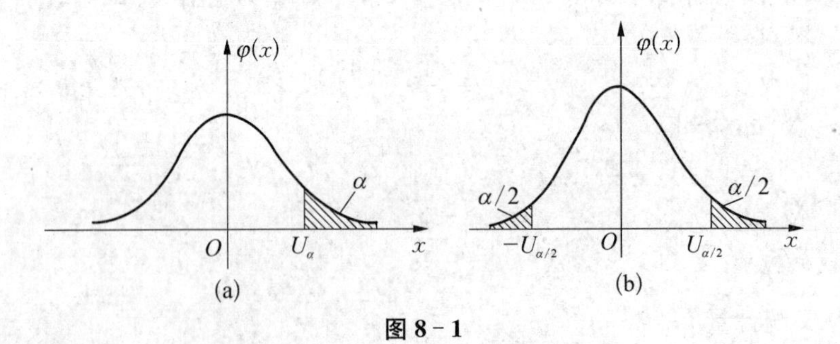

图 8-1

例 8.1.3 设 $\alpha = 0.05$，求标准正态分布的右侧临界值 U_α 和 $U_{\frac{\alpha}{2}}$.

解 查标准正态分布分布函数值表知道，$P(U > 1.645) = 0.05$，

所以 $U_{0.05} = 1.645$；

同理，因为 $P(U>1.96)=\dfrac{0.05}{2}=0.025$，

所以 $U_{\frac{0.05}{2}}=1.96$.

小提示

在实际问题中，经常用到以下几个临界值：

$$U_{0.05}=1.645, U_{0.01}=2.326, U_{\frac{0.05}{2}}=1.96, U_{\frac{0.01}{2}}=2.575.$$

2. χ^2 统计量及其分布

定义 8.1.6 设总体 $X\sim N(0,1)$，$X_1,X_2,\cdots,X_n$ 为总体 X 的一个样本，称统计量 $\chi^2=X_1^2+X_2^2+\cdots+X_n^2$ 为服从自由度为 n 的 χ^2 分布，记作 $\chi^2\sim\chi^2(n)$.

χ^2 分布的密度函数 $f(x)$ 的图形如图 8-2 所示.

定义 8.1.7 设 $\chi^2\sim\chi^2(n)$，对给定的 $0<\alpha<1$，称满足条件

$$P(\chi^2(n)>\chi_\alpha^2(n))=\int_{\chi_\alpha^2(n)}^{+\infty}f(x)\mathrm{d}x=\alpha \tag{8-6}$$

的点 $\chi_\alpha^2(n)$ 为 χ^2 分布右侧临界值，其几何意义如图 8-3 所示.其中，$f(x)$ 为 χ^2 分布的密度函数.临界值可查附表 5.

例如，当 $n=10$，$\alpha=0.05$ 时，查 χ^2 分布临界值表，得 $\chi_{0.05}^2(10)=18.307$，即 $P(\chi^2(10)>18.307)=0.05$.

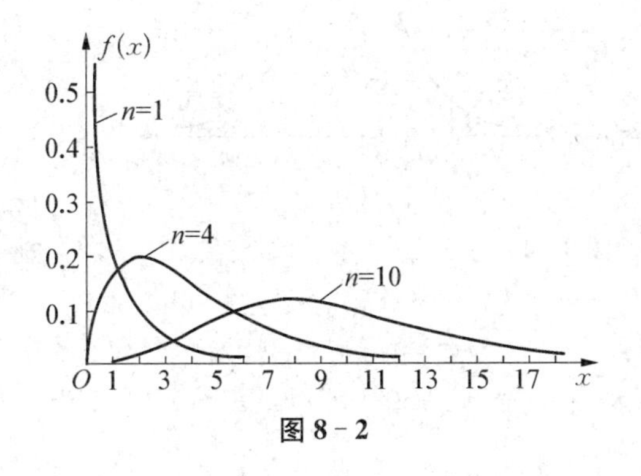

图 8-2

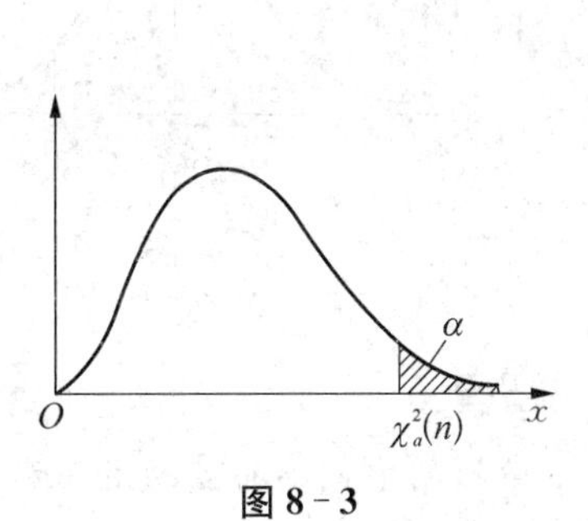

图 8-3

χ^2 分布的应用见下面的定理：

定理 8.1.2 设总体 $X\sim N(\mu,\sigma^2)$，$X_1,X_2,\cdots,X_n$ 为总体 X 的一个样本，$\overline{X}$ 和 S^2 分别为样本均值和样本方差，则

(1) $\overline{X}$ 和 S^2 相互独立；

(2) $\dfrac{(n-1)S^2}{\sigma^2}\sim\chi^2(n-1)$.

此定理证明从略.由定理可知，本节开头的【思考问题】中的 $(n-1)S^2\sim\chi^2(n-1)$.

3. t 统计量及其分布

定义 8.1.8 设随机变量 $X\sim N(0,1)$，$Y\sim\chi^2(n)$，且 X,Y 相互独立，则称统计量

$$T=\frac{X}{\sqrt{Y/n}} \tag{8-7}$$

服从自由度为 n 的 t 分布，记作 $T \sim t(n)$.

t 分布的密度函数 $f(x)$ 的图形如图 8-4 所示，它关于直线 $x=0$ 对称，其形状与标准正态分布的密度函数的图形相类似.

小提示

一般说来，当 $n>45$ 时，t 分布就很接近于标准正态分布，但当 n 较小时，t 分布与标准正态分布的差异是显著的.

定义 8.1.9 设 $T \sim t(n)$，对于给定的 $0<\alpha<1$，称满足条件

$$P(T>t_{\alpha}(n))=\alpha \tag{8-8}$$

的点 $t_{\alpha}(n)$ 为 t 分布的右侧临界值；称满足条件

$$P(|T|>t_{\frac{\alpha}{2}}(n))=\alpha \tag{8-9}$$

的点 $t_{\frac{\alpha}{2}}(n)$ 为 t 分布的双侧临界值.

式(8-8)和式(8-9)的几何意义分别如图 8-4(a)和图 8-4(b)所示.

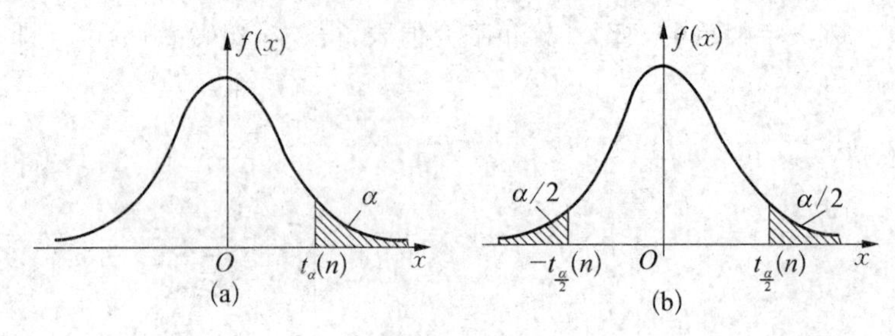

图 8-4

小智囊

由 t 分布的右侧临界值的定义和图 8-4(a)可见，有

$$t_{1-\alpha}(n)=-t_{\alpha}(n).$$

小试牛刀

例 8.1.4 设 $\alpha=0.05$，求 t 分布的右侧临界值 $t_{\alpha}(15)$ 和 $t_{\frac{\alpha}{2}}(15)$.

解 查 t 分布临界值表知道，因为当自由度 $n=15$ 时，

$$P(T>1.753\ 1)=0.05,$$

所以
$$t_{0.05}(15)=1.753\ 1.$$

同理，因为 $P(|T|>2.131\ 5)=0.05$，

所以 $$t_{\frac{0.05}{2}}(15)=2.131\,5.$$

t 分布的应用见下面的定理：

定理 8.1.3 设总体 $X\sim N(\mu,\sigma^2)$，$X_1,X_2,\cdots,X_n(n\geqslant 2)$ 为总体 X 的一个样本，样本均值和样本方差分别为 $\overline{X}$ 和 S^2，则统计量

$$T=\frac{\overline{X}-\mu}{S/\sqrt{n}}\sim t(n-1). \tag{8-10}$$

证明从略.

小试牛刀

例 8.1.5 从总体 $X\sim N(\mu,\sigma^2)$ 中抽取容量为 16 的样本，若总体方差 σ^2 未知，样本观测值的方差 $s^2=14.087$，求样本均值 $\overline{X}$ 与 μ 的差的绝对值小于 2 的概率.

解 由统计量 $T=\dfrac{\overline{X}-\mu}{\dfrac{S}{\sqrt{n}}}\sim t(n-1)$ 得，

$$P(|\overline{X}-\mu|<2)=P\left(\frac{|\overline{X}-\mu|}{S/\sqrt{n}}<\frac{2}{\sqrt{14.087/16}}\right)$$
$$=P(|T|<2.131\,5)=1-0.05=0.95.$$

最后一步中，由例 8.1.4 知道，$t_{\frac{0.05}{2}}(15)=2.131\,5$，即 $P(|T|>2.131\,5)=0.05$.

4. F 统计量及其分布

定义 8.1.10 设随机变量 $X\sim\chi^2(n_1)$，$Y\sim\chi^2(n_2)$，且 X,Y 相互独立，则称统计量

$$F=\frac{X/n_1}{Y/n_2}$$

服从第一自由度为 n_1，第二自由度为 n_2 的 F 分布，记作 $F\sim F(n_1,n_2)$.

F 分布的密度函数的图形如图 8-5 所示，图中曲线随 n_1,n_2 取值的不同而变化.

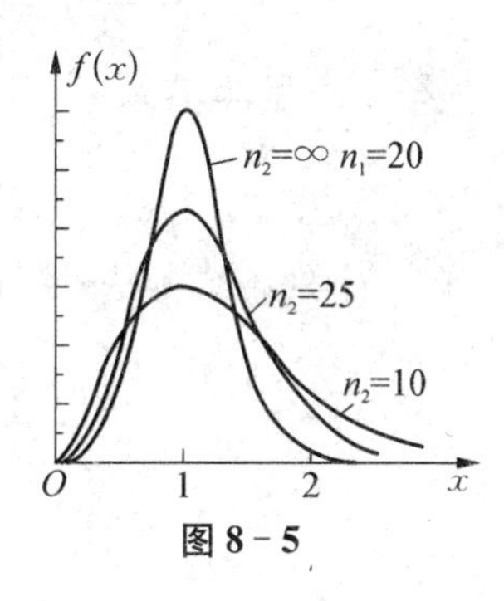

图 8-5

定义 8.1.11 设 $f(x)$ 为 F 分布的密度函数，F 分布的**右侧临界值**是指满足条件

$$P(F(n_1,n_2)>F_\alpha(n_1,n_2))=\int_{F(n_1,n_2)}^{+\infty}f(x)\mathrm{d}x=\alpha\ (0<\alpha<1) \tag{8-11}$$

的点 $F_\alpha(n_1,n_2)$，其几何意义如图 8-6 所示.

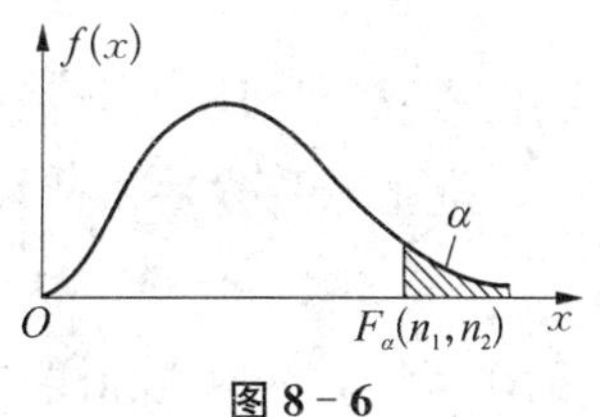

图 8-6

$F_\alpha(n_1,n_2)$ 的值可由 F 分布临界值表查得.

小智囊

可以证明：F 分布的右侧临界值有公式

$$F_{1-\alpha}(n_1,n_2)=\frac{1}{F_\alpha(n_2,n_1)}. \tag{8-12}$$

小试牛刀

例 8.1.6 查表求临界值(1) $F_{0.01}(10,15)$；(2) $F_{0.95}(3,8)$.

解 (1) 直接查附表 7 可得 $F_{0.01}(10,15)=3.80$；

(2) 由式(8-12)，$F_{0.95}(3,8)=\dfrac{1}{F_{0.05}(8,3)}=\dfrac{1}{8.85}=0.11$.

F 分布的应用见下面的定理：

定理 8.1.4 设 $X_1,X_2,\cdots,X_{n_1}$ 和 $Y_1,Y_2,\cdots,Y_{n_2}$ 分别为正态总体 $X\sim N(\mu_1,\sigma_1^2)$ 和 $Y\sim N(\mu_2,\sigma_2^2)$ 的两个相互独立的样本，其样本方差分别为 S_1^2 和 S_2^2，则随机变量

$$F=\frac{S_1^2/S_2^2}{\sigma_1^2/\sigma_2^2}\sim F(n_1-1,n_2-1).$$

特别地，当 $\sigma_1^2=\sigma_2^2$ 时，有 $F=\dfrac{S_1^2}{S_2^2}\sim F(n_1-1,n_2-1)$.

证明从略.

习题 8.1

小试牛刀

1. 总体 $X\sim N(\mu,\sigma^2)$，其中 μ 未知，$\sigma^2=\sigma_0^2$ 为已知参数，$X_1,X_2,\cdots,X_n$ 为总体的一个样本，下列各式哪些是统计量，哪些不是统计量？

(1) $\sum\limits_{i=1}^{n}(X_i-\sigma_0)^2$；　　(2) $\sum\limits_{i=1}^{n}(X_i^2-\mu)$；

(3) $\sum\limits_{i=1}^{n}(X_i-\overline{X})^2$；　　(4) $\dfrac{1}{n}(X_1^2+X_2^2+\cdots+X_n^2)$；

(5) $\mu^2-(X_1+X_2+X_n)$；　　(6) $\dfrac{1}{\sigma_0}\sum\limits_{i=1}^{n}X_i^2$.

2. 在一本杂志上随机检查了 8 页，发现每一页上的错误数分别为

4,3,2,0,1,3,4,2.

试计算其样本均值和样本方差.

3. 查表求下列各值.

(1) $\chi^2_{0.05}(11)$；　　(2) $\chi^2_{0.1}(12)$；　　(3) $\chi^2_{0.9}(18)$；

(4) $t_{0.01}(10)$；　　(5) $t_{0.05}(12)$；　　(6) $t_{0.01}(40)$；

(7) $F_{0.05}(12,20)$；　　(8) $F_{0.95}(12,20)$；　　(9) $F_{0.025}(12,20)$.

4. 在正态总体 $N(52,6.3^2)$ 中随机抽取一容量为 36 的样本，求样本均值位于区间 $(50.8,53.8)$内的概率.

5. 在正态总体 $N(80,20^2)$ 中随机抽取一容量为 100 的样本，求

$$P(|\overline{X}-E(X)|>3).$$

6. 设 $X_1,X_2,\cdots,X_n$ 为总体 $U(-1,2)$ 的一个样本，求 $E(\overline{X})$ 和 $D(\overline{X})$.

大展身手

7. 设总体 $X\sim N(\mu,\sigma^2)$，抽取容量为 20 的样本 $X_1,X_2,\cdots,X_{20}$，求：

$$P\left\{11.7\leqslant\frac{1}{\sigma^2}\sum_{i=1}^{20}(X_i-\mu)^2\leqslant 38.6\right\}.$$

8. 设 $X_1,X_2,\cdots,X_{10}$ 为正态总体 $N(0,0.3^2)$ 的一个样本，求

$$P(\sum_{i=1}^{10}X_i^2>1.44).$$

9. 证明：容量为 2 的样本 X_1,X_2 的样本方差为 $S^2=\frac{1}{2}(X_1-X_2)^2$.

第二节　参数估计

在实际问题中，常常需要由样本所构成的统计量来对总体的某些未知参数的值做出恰当的估计，这类问题称为参数估计问题，参数估计一般分为点估计和区间估计.先看下面的问题：

思考问题

某厂生产一批金属材料，已知这种材料的抗弯强度 $X\sim N(\mu,\sigma^2)$，μ 与 σ^2 都不知道.现在从这批材料中随机抽取了 9 个做试验，测得它们的抗弯强度为(单位:公斤)：

32.5，33.0，32.3，34.0，34.1，34.5，33.9，32.7，33.4

(1) 请问，如何估计 μ 的值?

(2) 假如我们已经知道 $\sigma^2=1.2$，如何求出一个区间，使得 μ 落在这个区间的概率达到 95%?

一、参数的点估计

定义 8.2.1　设 θ 是总体 X 需要估计的参数(称为待估计参数)，$X_1,X_2,\cdots,X_n$ 为总体

X 的一个样本,相应的样本值为 $x_1,x_2,\cdots,x_n$. 用样本构造的某个统计量 $\hat{\theta}=\hat{\theta}(X_1,X_2,\cdots,X_n)$ 去估计未知参数 θ, 称 $\hat{\theta}(X_1,X_2,\cdots,X_n)$ 为未知参数 θ 的**点估计量**;称 $\hat{\theta}(x_1,x_2,\cdots,x_n)$ 为未知参数 θ 的点估计值,即点估计值 $\hat{\theta}$ 是未知参数 θ 的一个近似值.

参数的点估计方法很多,下面我们介绍最常用的数字特征法.

1. 数字特征法

设 $X_1,X_2,\cdots,X_n$ 为总体 X 的一个样本,可以用样本均值 $\overline{X}=\frac{1}{n}\sum_{i=1}^{n}X_i$ 作为总体均值 $E(X)=\mu$ 的点估计量,即

$$\hat{\mu}=\overline{X}=\frac{1}{n}\sum_{i=1}^{n}X_i. \tag{8-13}$$

而

$$\hat{\mu}=\bar{x}=\frac{1}{n}\sum_{i=1}^{n}x_i \tag{8-14}$$

为 μ 的点估计值.

设 $X_1,X_2,\cdots,X_n$ 为总体 X 的一个样本,可以用样本方差 S^2 作为总体方差 σ^2 的点估计量,即

$$\hat{\sigma}^2=S^2=\frac{1}{n-1}\sum_{i=1}^{n}(X_i-\overline{X})^2, \tag{8-15}$$

而

$$\hat{\sigma}^2=s^2=\frac{1}{n-1}\sum_{i=1}^{n}(x_i-\bar{x})^2 \tag{8-16}$$

为 σ^2 的点估计值.

例 8.2.1 已知某种类型的灯泡的使用寿命 $X\sim N(\mu,\sigma^2)$, 其中 μ,σ^2 未知.现随机抽取 4 只灯泡,测得寿命分别为(单位:h)为:

1 502　1 453　1 367　1 650.

试估计 μ 和 σ^2.

解 $\hat{\mu}=\bar{x}=\frac{1}{n}\sum_{i=1}^{n}x_i=\frac{1}{4}(1\,502+1\,453+1\,367+1\,650)=1\,493(\text{h})$.

$$\begin{aligned}\hat{\sigma}^2=s^2&=\frac{1}{n-1}\sum_{i=1}^{n}(x_i-\bar{x})^2\\&=\frac{1}{3}[(1\,502-1\,493)^2+(1\,453-1\,493)^2+(1\,367-1\,493)^2+(1\,650-1\,493)^2]\\&\approx 14\,069(\text{h}^2).\end{aligned}$$

类似的方法可得，本节开头的【思考问题】中的问题(1) $\hat{\mu}=\overline{x}=\frac{1}{9}\sum_{i=1}^{9}x_i\approx 33.38$.

当对一个总体的未知参数进行估计时，由于所采用的方法不同，可能得到不尽相同的估计量.如何来评价估计量的优劣呢？一般有如下的常用评价标准.

2. 估计量的优劣标准

定义 8.2.2 若 $\hat{\theta}$ 为未知参数 θ 的估计量，且 $E(\hat{\theta})=\theta$，则称 $\hat{\theta}$ 为 θ 的无偏估计量.

定义 8.2.3 若 $\hat{\theta}_1$ 和 $\hat{\theta}_2$ 都是未知参数 θ 的无偏估计量，且 $D(\hat{\theta}_1)<D(\hat{\theta}_2)$，则称 $\hat{\theta}_1$ 比 $\hat{\theta}_2$ 更有效.

小试牛刀

例 8.2.2 设 $X_1,X_2,\cdots,X_n$ 为总体 X 的一个样本，证明样本均值 $\overline{X}=\frac{1}{n}\sum_{i=1}^{n}X_i$ 为总体均值 $E(X)$ 的无偏估计量.

证明 因为 $X_i(i=1,2,\cdots,n)$ 是与 X 独立同分布的随机变量，所以

$$E(\overline{X})=\frac{1}{n}E\left(\sum_{i=1}^{n}X_i\right)=\frac{1}{n}\sum_{i=1}^{n}E(X_i)=\frac{1}{n}nE(X)=E(X),$$

即 $\overline{X}$ 是 $E(X)$ 的无偏估计量.

另外我们也可以证明，样本方差 S^2 是总体方差 σ^2 的无偏估计.

小试牛刀

例 8.2.3 设总体 X 服从泊松分布 $P(X=k)=\frac{\lambda^k}{k!}\mathrm{e}^{-\lambda}$ $(k=0,1,2,\cdots)$，对于容量为 $n(n>2)$ 的样本，证明 $\hat{\lambda}_1=\overline{X}$ 比 $\hat{\lambda}_2=\frac{1}{2}(X_1+X_2)$ 更有效.

证明 因为 $E(X_i)=\lambda$，所以 $E(\hat{\lambda}_1)=\lambda$，$E(\hat{\lambda}_2)=\lambda$，即 $\hat{\lambda}_1$ 与 $\hat{\lambda}_2$ 都是 λ 的无偏估计量.而 $D(\hat{\lambda}_1)=\frac{\lambda}{n}$，$D(\hat{\lambda}_2)=\frac{\lambda}{2}$，即 $D(\hat{\lambda}_1)<D(\hat{\lambda}_2)$，所以 $\hat{\lambda}_1$ 比 $\hat{\lambda}_2$ 更有效.

二、参数的区间估计

用统计量的一个确定值 $\hat{\theta}$ 去估计未知参数 θ，只是给出了 θ 的一个近似值，还不能保证它的可靠性.因此，我们需要考虑按给定的可靠程度(置信度)估计出它的误差范围，也就是估计参数 θ 的真值所在的范围.这个范围通常用区间形式表示，所以又称为参数的区间估计.

定义 8.2.4 设 θ 是总体 X 的一个未知参数，对于给定值 $\alpha(0<\alpha<1)$，若由总体 X 的样本 $X_1,X_2,\cdots,X_n$ 确定的两个统计量 $\hat{\theta}_1=\hat{\theta}_1(X_1,X_2,\cdots,X_n)$ 和 $\hat{\theta}_2=\hat{\theta}_2(X_1,X_2,\cdots,X_n)$，使得

$$P(\hat{\theta}_1<\theta<\hat{\theta}_2)=1-\alpha \tag{8-17}$$

成立，则称随机区间 $(\hat{\theta}_1,\hat{\theta}_2)$ 为参数 θ 的 $1-\alpha$ **置信区间**，其中 $1-\alpha$ 称为**置信度**，$\hat{\theta}_1$ 和 $\hat{\theta}_2$ 分

别称为**置信下限**和**置信上限**.

由定义 8.2.4 可见,区间 $(\hat{\theta}_1,\hat{\theta}_2)$ 包含未知参数 θ 的真值的概率为 $1-\alpha$. 置信区间的长度 $\hat{\theta}_2-\hat{\theta}_1$ 反映了精度要求,区间越短越精确;置信度反映了区间估计的可靠性要求,越小越可靠.例如,当取置信度 $1-\alpha=0.98$,参数 θ 的 0.98 置信区间的含义是:取 100 组样本观测值所确定的 100 个置信区间 $(\hat{\theta}_1,\hat{\theta}_2)$ 中,大约有 98 个区间中含有 θ 的真值、2 个区间中不含有 θ 的真值.或者说由一个样本 $X_1,X_2,\cdots,X_n$ 所确定的置信区间中含有 θ 真值的可能性为 98%.

本节介绍正态总体均值与方差的 $1-\alpha$ 置信区间的求法,并设 $X_1,X_2,\cdots,X_n$ 为正态总体 $N(\mu,\sigma^2)$ 的一个样本.

1. 均值 μ 的区间估计

(1) 总体方差 σ^2 已知,求 μ 的 $1-\alpha$ 置信区间

当 σ^2 已知时,统计量 U 仅含有待估参数 μ,且 $U=\dfrac{\overline{X}-\mu}{\sigma/\sqrt{n}}\sim N(0,1)$.于是,对给定的置信度 $1-\alpha$,由标准正态分布表可知,存在一个 $U_{\frac{\alpha}{2}}$,使得

$$P(|U|<U_{\frac{\alpha}{2}})=1-\alpha$$

成立(如图 8-7 所示),即

$$P\left\{-U_{\frac{\alpha}{2}}<\frac{\overline{X}-\mu}{\sigma/\sqrt{n}}<U_{\frac{\alpha}{2}}\right\}=1-\alpha,$$

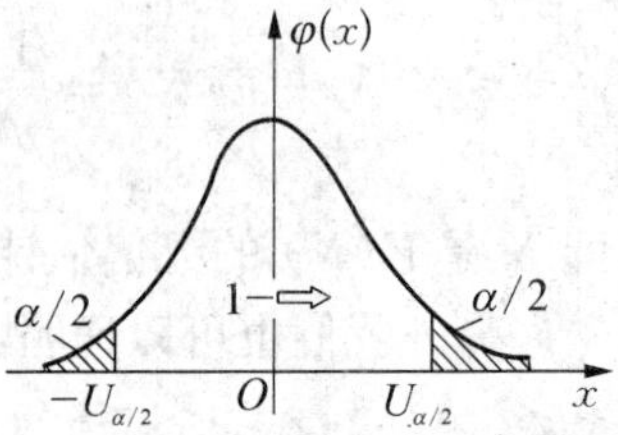

φ(x)
α/2
1−α
α/2
$-U_{\alpha/2}$
O
$U_{\alpha/2}$
x

图 8-7

或

$$P\left\{\overline{X}-U_{\frac{\alpha}{2}}\frac{\sigma}{\sqrt{n}}<\mu<\overline{X}+U_{\frac{\alpha}{2}}\frac{\sigma}{\sqrt{n}}\right\}=1-\alpha.$$

所以,μ 的 $1-\alpha$ 置信区间为

$$\left(\overline{X}-U_{\frac{\alpha}{2}}\frac{\sigma}{\sqrt{n}},\overline{X}+U_{\frac{\alpha}{2}}\frac{\sigma}{\sqrt{n}}\right). \tag{8-18}$$

例 8.2.4 用天平称量某物体的质量 9 次,得平均值 $\overline{x}=15.4$(g),已知天平称量结果服从正态分布,其标准差为 0.1 g.求该物体质量的 0.95 置信区间.

解 此处 $1-\alpha=0.95$,$\alpha=0.05$,查标准正态分布表,得

$$U_{\frac{\alpha}{2}}=U_{0.025}=1.96.$$

因为 $n=9$,$\sigma^2=0.01$,所以

$$\overline{x}-U_{\frac{\alpha}{2}}\frac{\sigma}{\sqrt{n}}=15.4-1.96\times\frac{0.1}{\sqrt{9}}\approx 15.334\,7,$$

$$\overline{x}+U_{\frac{\alpha}{2}}\frac{\sigma}{\sqrt{n}}=15.4+1.96\times\frac{0.1}{\sqrt{9}}\approx 15.465\,3.$$

故该物体质量的置信度为 0.95 的置信区间为(15.334 7,15.465 3).

类似的方法,我们可以求出本节开始的【思考问题】的问题(2) 的置信区间为(32.662 1, 34.093 5).

(2) 总体方差 σ^2 未知,求 μ 的 $1-\alpha$ 置信区间

虽然总体方差 σ^2 未知,但是可以证明样本方差 S^2 是总体方差 σ^2 的无偏估计量,从而可用 S^2 代替 σ^2,且统计量 $T=\dfrac{\overline{X}-\mu}{S/\sqrt{n}}\sim t(n-1)$.于是,对给定的置信度 $1-\alpha$,由 t 分布有

$$P\left\{-t_{\frac{\alpha}{2}}(n-1)<\frac{\overline{X}-\mu}{S/\sqrt{n}}<t_{\frac{\alpha}{2}}(n-1)\right\}=1-\alpha$$

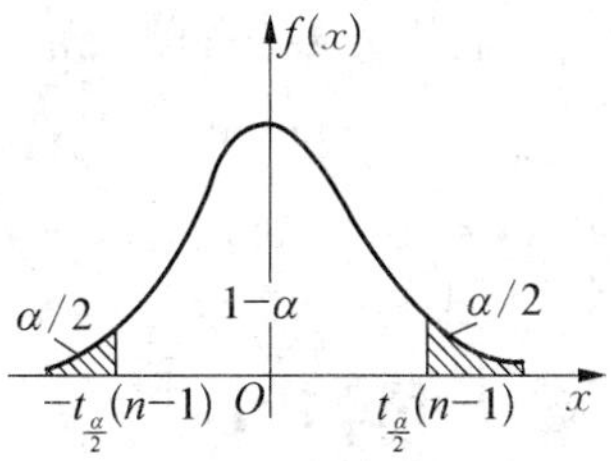

成立(如图 8-8 所示),即有

$$P\left\{\overline{X}-t_{\frac{\alpha}{2}}(n-1)\frac{S}{\sqrt{n}}<\mu<\overline{X}+t_{\frac{\alpha}{2}}(n-1)\frac{S}{\sqrt{n}}\right\}=1-\alpha.$$

图 8-8

所以 μ 的 $1-\alpha$ 置信区间为

$$\left(\overline{X}-t_{\frac{\alpha}{2}}(n-1)\frac{S}{\sqrt{n}},\overline{X}+t_{\frac{\alpha}{2}}(n-1)\frac{S}{\sqrt{n}}\right). \quad (8-19)$$

小试牛刀

例 8.2.5 从某商店二季度的发票存根中随机抽取 25 张,算得平均金额为 78.5 元,样本标准差为 20 元.假定发票金额服从正态分布,试求该商店二季度发票平均金额的 0.9 的置信区间.

解 因为总体(发票金额)$X\sim N(\mu,\sigma^2)$,且方差 σ^2 未知,由题设知 $1-\alpha=0.90, n=25, \bar{x}=78.5, s=20$,查 t 分布表,有 $t_{\frac{\alpha}{2}}(n-1)=t_{0.05}(24)=1.710\ 9$,从而得

$$\bar{x}-t_{\frac{\alpha}{2}}(n-1)\frac{s}{\sqrt{n}}=78.5-1.710\ 9\times\frac{20}{\sqrt{25}}\approx 71.656\ 5,$$

$$\bar{x}+t_{\frac{\alpha}{2}}(n-1)\frac{s}{\sqrt{n}}=78.5+1.710\ 9\times\frac{20}{\sqrt{25}}\approx 85.343\ 5.$$

所以该商店二季度发票平均金额的 0.9 的置信区间为(71.656 5,85.343 5),即二季度发票的平均金额有 90%的可能在 71.656 5~85.343 5 元之间.

2. 方差 σ^2 的置信区间

因为统计量

$$\chi^2=\frac{(n-1)S^2}{\sigma^2}\sim\chi^2(n-1),$$

所以对给定的置信度 $1-\alpha$,由 χ^2 分布有

$$P\left\{\chi^2_{1-\frac{\alpha}{2}}(n-1)<\frac{(n-1)S^2}{\sigma^2}<\chi^2_{\frac{\alpha}{2}}(n-1)\right\}=1-\alpha$$

成立(如图 8-9 所示),即有

$$P\left\{\frac{(n-1)S^2}{\chi^2_{\frac{\alpha}{2}}(n-1)}<\sigma^2<\frac{(n-1)S^2}{\chi^2_{1-\frac{\alpha}{2}}(n-1)}\right\}=1-\alpha$$

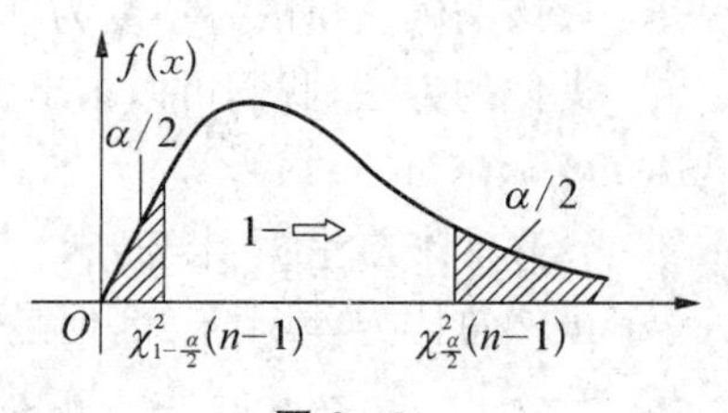

图 8-9

成立,从而可得方差 σ^2 的 $1-\alpha$ 的置信区间为

$$\left(\frac{(n-1)S^2}{\chi^2_{\frac{\alpha}{2}}(n-1)},\frac{(n-1)S^2}{\chi^2_{1-\frac{\alpha}{2}}(n-1)}\right). \qquad (8-20)$$

而均方差 σ 的 $1-\alpha$ 的置信区间为

$$\left(S\sqrt{\frac{n-1}{\chi^2_{\frac{\alpha}{2}}(n-1)}},S\sqrt{\frac{n-1}{\chi^2_{1-\frac{\alpha}{2}}(n-1)}}\right). \qquad (8-21)$$

小试牛刀

例 8.2.6 某厂生产的零件的质量服从正态分布.现从该厂生产的零件中抽取 9 个,测得其质量为(单位:g)

45.3 45.4 45.1 45.3 45.5 45.7 45.4 45.3 45.6

试求总体标准差 σ 的 0.95 置信区间.

解 由题设 $1-\alpha=0.95,\alpha=0.05,n=9$,查 χ^2 分布表,得

$$\chi^2_{0.975}(8)=2.180,\chi^2_{0.025}(8)=17.535,$$

代入上面的式(8-21)计算可得 σ 的 0.95 置信区间为(0.121 8,0.345 4).

我们在下面的表格中把上述常用的置信区间的计算公式汇总如下,供大家参考.

表 8-1 正态总体参数的置信区间估计公式汇总

被估计的参数		选用的统计量及其分布	置信度为 $1-\alpha$ 的置信区间
$E(X)=\mu$	σ^2 已知	$U=\dfrac{\overline{X}-\mu}{\sigma/\sqrt{n}}\sim N(0,1)$	$\left(\overline{X}-\dfrac{\sigma}{\sqrt{n}}U_{\frac{\alpha}{2}},\overline{X}+\dfrac{\sigma}{\sqrt{n}}U_{\frac{\alpha}{2}}\right)$
	σ^2 未知	$T=\dfrac{\overline{X}-\mu}{S/\sqrt{n}}\sim t(n-1)$	$\left(\overline{X}-\dfrac{S}{\sqrt{n}}t_{\frac{\alpha}{2}}(n-1),\overline{X}+\dfrac{S}{\sqrt{n}}t_{\frac{\alpha}{2}}(n-1)\right)$
$D(X)=\sigma^2$	μ 未知	$\chi^2=\dfrac{(n-1)S^2}{\sigma^2}\sim\chi^2(n-1)$	$\left(\dfrac{(n-1)S^2}{\chi^2_{\frac{\alpha}{2}}(n-1)},\dfrac{(n-1)S^2}{\chi^2_{1-\frac{\alpha}{2}}(n-1)}\right)$

习题 8.2

小试牛刀

1. 已知某种灯泡的使用寿命服从正态分布 $N(\mu,\sigma^2)$,其中 μ 和 σ^2 未知,从某天生产的

一批灯泡中随机抽取10只，测得其寿命(单位：h)为

1 067　919　1 196　785　1 126　936　918　1 156　920　948

试用数字特征法求这批灯泡的数学期望与方差.

2. 设总体 $X\sim N(\mu,2)$，$\mu\in\mathbf{R}$，X_1,X_2,X_3 为样本，试证明下述三个估计量：

(1) $\hat{\mu}_1=\frac{1}{5}X_1+\frac{3}{10}X_2+\frac{1}{2}X_3$；

(2) $\hat{\mu}_2=\frac{1}{3}X_1+\frac{5}{12}X_2+\frac{1}{4}X_3$；

(3) $\hat{\mu}_3=\frac{1}{3}X_1+\frac{1}{6}X_2+\frac{1}{2}X_3$

都是 μ 的无偏估计，并通过计算说明哪一个更有效?

3. 某车间生产的螺杆直径服从正态分布，现从一批产品中随机抽取5件，测得其直径(单位：mm)为

22.5　21.5　22.0　21.8　21.4

(1) 已知 $\sigma=0.3$，求 μ 的0.95的置信区间；

(2) σ 未知，求 μ 的0.95的置信区间.

4. 已知岩石密度(单位：g/cm^3)的测量误差服从正态分布，从中抽取容量为12的样本，其密度标准差为0.2，求总体标准差 σ 的0.9的置信区间.

5. 从某自动机床加工的同类零件中抽取16件，测得零件直径长(单位：cm)的标准差 $s=0.071$. 设零件直径长服从正态分布，试求总体标准差 σ 的0.95的置信上限.

大展身手

6. 设总体为正态分布 $N(\mu,1)$，为得到 μ 的置信水平为0.95的置信区间长度不超过1.2，样本容量应为多大?

7. 设总体 $X\sim U(1,\theta)$ 为均匀分布，$X_1,X_2,\cdots,X_n$ 是总体的一个样本，求参数 θ 的点估计.

第三节　假设检验

思考问题

问题1:某厂生产的滚珠直径服从正态分布 $N(15.1,0.05)$，今从某天生产的滚珠中随机抽取6个，测得其平均直径为 $\bar{x}=14.95$ mm，假定方差不变，问这天生产的滚珠是否符合要求?

问题2:在针织品的漂白工艺过程中，要考虑温度对针织品断裂强力的影响.为了比较

70℃ 和 80℃ 的影响有无差别,在这两个温度下分别做了 8 次试验,得到数据如下(单位:kg):

70℃时的断裂强力　20.5　18.8　19.8　20.9　21.5　19.5　21.0　21.2

80℃时的断裂强力　17.7　20.3　20.0　18.8　19.0　20.1　20.2　19.1

已知断裂强力服从正态分布,且方差不变,问 70℃ 时的断裂强力与 80℃ 时的断裂强力有无显著差别?

我们对上面的两个问题稍加分析.

在问题 1 中,所抽取的 6 个滚珠的直径可能都不是 15.1 mm,这种实际长度与标准长度不完全一致的现象,在实际工作中是经常出现的.依题意,这天生产的滚珠直径服从正态分布 $N(15.1,0.05)$.如果这天生产的滚珠符合要求,滚珠的直径应在 15.1 mm 附近波动,即随机变量 X 的期望$\mu=15.1$;否则认为不符合要求.这里所要解决的问题是:判断$\mu=15.1$是否成立.

在问题 2 中,如果设在70℃时的断裂强力与80℃时的断裂强力分别为 X 和 Y,则 $X\sim(\mu_1,\sigma^2)$,$Y\sim(\mu_2,\sigma^2)$.要考察70℃时的断裂强力与80℃时的断裂强力有无显著差别,只要看这两个温度下的断裂强力的期望 μ_1 和 μ_2 是否相等即可,因此要解决的问题是:判断是否有 $\mu_1=\mu_2$.

这两个例子都是假设检验问题——通过样本观测值来判断某个假设是否成立.前一个问题涉及的随机变量只有一个,称为一个总体的假设检验问题.后一个问题涉及的随机变量有两个,称为两个总体的假设检验问题.本章只讨论一个总体的假设检验问题.

一、假设检验

1. 假设检验的基本思想

尽管具体的假设检验问题种类很多,但进行假设检验的思想方法却是相同的.

一般地,为了检验一个假设 H_0是否成立,在"假定 H_0成立"的前提下进行推导,看会得到什么结果.如果导致了一个不合理现象出现,则表明"假定 H_0成立"不正确,即"原假设 H_0不能成立",此时,拒绝假设 H_0;如果没有导致不合理现象的出现,便没有理由拒绝假设 H_0,即接受假设 H_0.所谓不合理现象的标准,便是人们在实践中广泛采用的**小概率原理**:如果事件 A 在一定条件下发生的概率很小,则在一次试验中可以认为事件 A 是不会发生的.

小概率原理在实际中经常被人们自觉或不自觉地运用.例如,人们每天可以放心地居住在房间里,是因为楼房坍塌是一个小概率事件;购买名牌电器,是因为人们认为名牌电器出现故障的事件是小概率事件.而在一次试验中就发生的事件,很难让人相信是小概率事件.

概率小到什么程度的事件才是小概率事件呢?没有统一的标准,只是根据具体情况在检验前事先指定,通常选为 0.1,0.05,0.01 等.这种情况下界定小概率的值用 $\alpha(0<\alpha<1)$ 表示,称为显著性水平或检验水平.所提出的假设 H_0 称为原假设或零假设,并把原假设 H_0 的对立假设用 H_1表示,称 H_1为备择假设.

必须指出:小概率事件不是不可能事件,只是它有可能发生的概率很小,人们就认为它在一次试验中不可能发生.因此,假设检验会出现以下两类错误.

2. 假设检验中的两类错误

第一类错误是：在 H_0 成立的情况下，而根据一次抽样的样本计算出的统计量的值落在拒绝域中，因而 H_0 被拒绝了，我们称这样的错误为第一类错误，或者叫拒真错误.根据前面的分析我们知道，犯第一类错误的概率就是显著性水平 α.

第二类错误是：在 H_0 不成立的情况下，我们根据一次抽样得到的样本计算出的统计量的值没有落在拒绝域中，因而 H_0 被接受了，我们称这样的错误为第二类错误，或者叫存伪错误.我们记第二类错误的概率为 β.

既然都是犯错误，我们当然希望犯这两类错误的概率 α 和 β 都尽量小，但是在样本容量一定的情况下，这是不可能做到的.人们研究发现下面的事实：

(1) 两类错误的概率是相互关联的.当样本容量固定时，犯一类错误的概率减小时会导致犯另一类错误的概率增加.

(2) 要同时降低两类错误的概率，需要增大样本容量，而样本容量一般是不可能无限增大的.

在这样的背景下，我们只能采取一个折中方案.英国统计学家 Neyman 和 Pearson 提出假设检验的原理是：优先控制 α 的值，即事先选定，再尽可能减小 β 的值，并把这一假设检验方法称为显著性水平为 α 的显著性检验.

由此我们看出，在假设检验中，通常将不想轻易被拒绝的假设作为原假设.例如【思考问题】的问题 1 中通常把“这天生产的滚珠符合要求”作为原假设 H_0.

3. 假设检验的三种类型

在对总体分布中的参数 θ 进行检验时，假设检验的问题一般可分为以下三种.

(1) 双边检验　原假设为 $H_0:\theta=\theta_0$，备择假设为 $H_1:\theta\neq\theta_0$；

(2) 左边检验　原假设为 $H_0:\theta=\theta_0$，备择假设为 $H_1:\theta>\theta_0$；

(3) 右边检验　原假设为 $H_0:\theta=\theta_0$，备择假设为 $H_1:\theta<\theta_0$.

左边检验和右边检验统称为单边检验.

4. 假设检验的基本步骤

先回答【思考问题】中的问题 1(这是一个双边检验问题，取显著性水平 0.05).

(1) 提出假设.原假设 $H_0:\mu=\mu_0=15.1$，备择假设 $H_1:\mu\neq 15.1$.

(2) 选取与原假设 $H_0:\mu=15.1$ 有关的统计量

$$U=\frac{\overline{X}-\mu_0}{\sigma/\sqrt{n}}=\frac{\overline{X}-15.1}{\sqrt{0.05}/\sqrt{6}}\sim N(0,1).$$

(3) 对给定的显著性水平 $\alpha=0.05$，查正态分布表可知

$$P(|U|>U_{\frac{\alpha}{2}})=P(|U|>U_{\frac{0.05}{2}})=P(|U|>1.96)=\alpha=0.05.$$

这里 $(|U|>1.96)$ 是一个概率为 5% 的小概率事件，从而当统计量 $|U|>1.96$，即 $U\in(-\infty,1.96)\cup(1.96,+\infty)$ 时，应拒绝 H_0.当统计量在某个区域取值时，拒绝原假设 H_0，这样的区域称为拒绝域(如图 8－10 所示)；当统计量的值不属于拒绝域时，

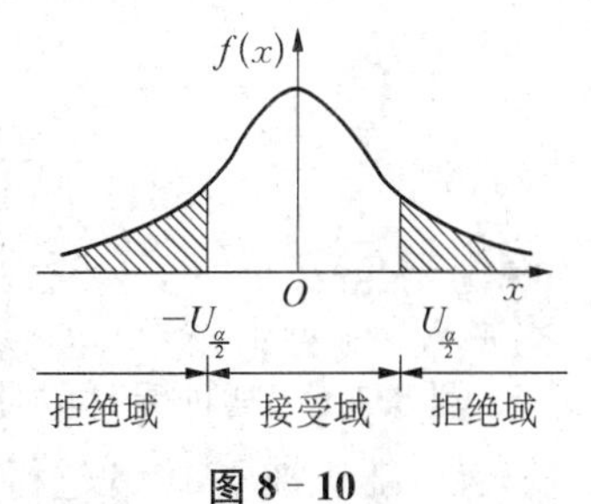

图 8－10

则接受 H_0.

(4) 由于统计量 U 的观测值满足

$$|u|=\left|\frac{14.95-15.1}{\sqrt{0.05}/\sqrt{6}}\right|=|-1.643|=1.643<U_{\frac{\alpha}{2}}=1.96,$$

即统计量 U 的观测值落在接受域中,所以不能拒绝原假设 H_0,即认可 $\mu=15.1$,这天生产的滚珠符合要求.

根据问题 1 的解法可见,假设检验的一般步骤为:

第一步　根据实际问题的要求,提出原假设 H_0 和备择假设 H_1;

第二步　选取适当的统计量,并在 H_0 成立的前提下确定统计量的分布;

第三步　给定显著性水平,由检验统计量的分布表,找出临界值,从而确定拒绝域;

第四步　根据样本值计算统计量的观测值,若统计量的观测值落入拒绝域时,则拒绝 H_0,否则接受 H_0.

二、单正态总体参数的假设检验

设总体 $X\sim N(\mu,\sigma^2)$,下面主要讨论对总体均值 μ 和方差 σ^2 的检验.

1. 单正态总体均值 μ 的假设检验

我们分 σ^2 已知和未知两种情况来讨论总体均值 μ 的检验.

(1) σ^2 已知——U 检验法

此时选取统计量

$$U=\frac{\overline{X}-u_0}{\sigma/\sqrt{n}}\sim N(0,1),$$

对数学期望 μ 进行检验即可.这样的检验方法称为 U-检验法.图 8-11 所示的是 σ^2 已知条件下,均值 μ 的三种类型检验的拒绝域.

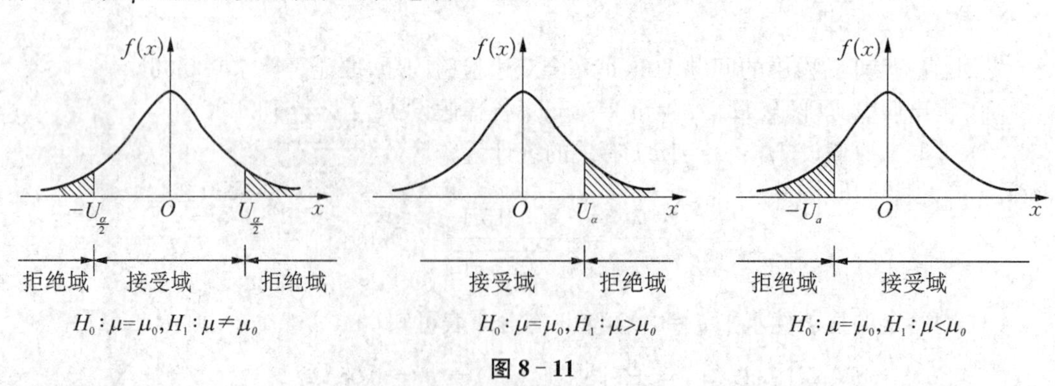

图 8-11

小试牛刀

例 8.3.1　某种元件的使用寿命(小时)$X\sim N(50\,000,4\,000^2)$. 现改变工艺投产一种新的元件,随机抽取 16 片进行测试,测得其平均寿命为 52 000 小时,假设方差不变,问新产品

与旧产品相比，寿命是否有显著增长？($\alpha=0.05$)

解　这里要求判断新产品的寿命是否超过 50 000 小时，所以检验是单边的.

(1) 提出假设：$H_0:\mu=\mu_0=50\ 000, H_1:\mu>50\ 000$.

(2) 选取统计量　$U=\dfrac{\overline{X}-u_0}{\sigma/\sqrt{n}}\sim N(0,1)$.

(3) 对给定的显著性水平 $\alpha=0.05$，因为是右边检验，所以查标准正态分布表可知 $U_\alpha=U_{0.05}=1.65$.

所以 H_0 的拒绝域是　$(1.65, +\infty)$.

(4) 计算统计量的观测值，得

$$u=\frac{\overline{x}-\mu_0}{\frac{\sigma}{\sqrt{n}}}=\frac{52\ 000-50\ 000}{\frac{4\ 000}{\sqrt{16}}}=2.$$

由于 $u=2>1.65$，观测值落在 H_0 的拒绝域内，所以应拒绝 $H_0:\mu=50\ 000$，而接受 $H_1:\mu>50\ 000$，即新产品的使用寿命比旧产品的寿命有显著增长.

(2) σ^2 未知——T 检验法

此时选取的统计量是 $T=\dfrac{\overline{X}-\mu_0}{S/\sqrt{n}}\sim t(n-1)$，这种用统计量 T 来检验正态分布均值 μ 的方法称为 T-检验法.图 8-12 所示的是 σ^2 未知条件下，均值 μ 的三种类型检验的拒绝域.

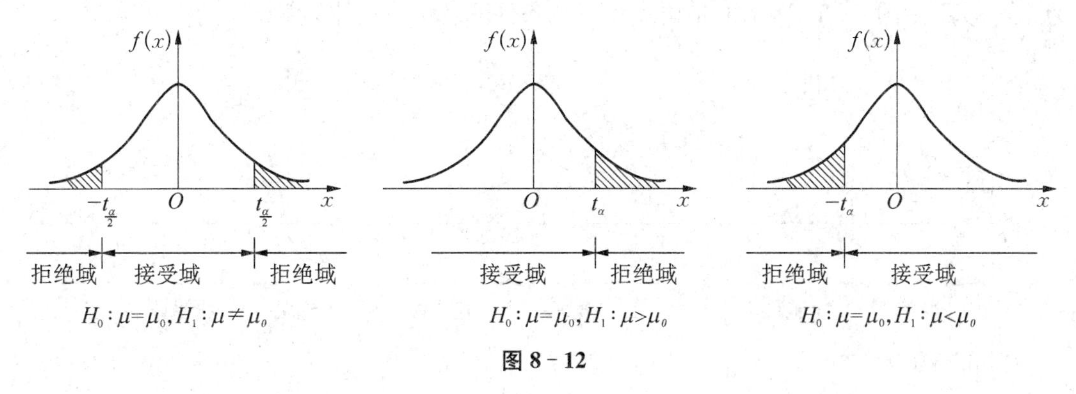

图 8-12

例 8.3.2　某药厂生产一种抗菌素，已知在生产正常情况下，每瓶抗菌素的某项主要指标服从均值为 23.0 的正态分布.某日开工后，测得 5 瓶的数据如下：

22.3　21.5　22.0　21.8　21.4

问该日生产是否正常？($\alpha=0.05$)

解　用 X 表示该日生产的一瓶抗菌素的某项主要指标，$X\sim N(\mu,\sigma^2)$. 依题意知，这是 σ^2 未知时的均值 μ 的双边检验问题.

(1) 提出假设 $H_0:\mu=\mu_0=23, H_1:\mu\neq 23$.

(2) 选取统计量

$$T=\frac{\overline{X}-\mu_0}{S/\sqrt{n}}=\frac{\overline{X}-23.0}{S/\sqrt{5}}\sim t(4).$$

(3) 根据显著性水平 $\alpha=0.05$，查 t 分布表，

得临界值 $t_{\frac{\alpha}{2}}=t_{0.025}(4)=2.776\,4$，从而拒绝域为 $(-\infty,-2.776\,4)\cup(2.776\,4,+\infty)$.

(4) 由已知条件计算得，样本均值的观测值为 $\overline{x}=\frac{1}{n}\sum_{i=1}^{n}x_i=21.8$，样本方差的观测值为 $s^2=\frac{1}{n-1}\sum_{i=1}^{n}(x_i-\overline{x})^2=0.135$，从而统计量 T 的观测值为

$$t=\frac{\overline{x}-\mu_0}{s/\sqrt{n}}=\frac{21.8-23.0}{\sqrt{0.135}/\sqrt{5}}=-7.30.$$

现在 $t=-7.30<-2.776\,4$，观测值落在 H_0 的拒绝域内，所以应拒绝 H_0，接受 H_1，即认为该日生产不正常.

2. 单正态总体方差 σ^2 的假设检验——χ^2 检验法

此处只讨论 μ 未知时的 σ^2 的假设检验问题(关于 μ 已知时的情况，一是比较少见，二是与 μ 未知时的讨论类似).取 $\chi^2=\frac{(n-1)S^2}{\sigma_0^2}\sim\chi^2(n-1)$ 作为检验统计量的检验方法，称为 χ^2 -检验法.图 8 - 13 所示的是均值 μ 未知条件下，σ^2 的三种类型检验的拒绝域.

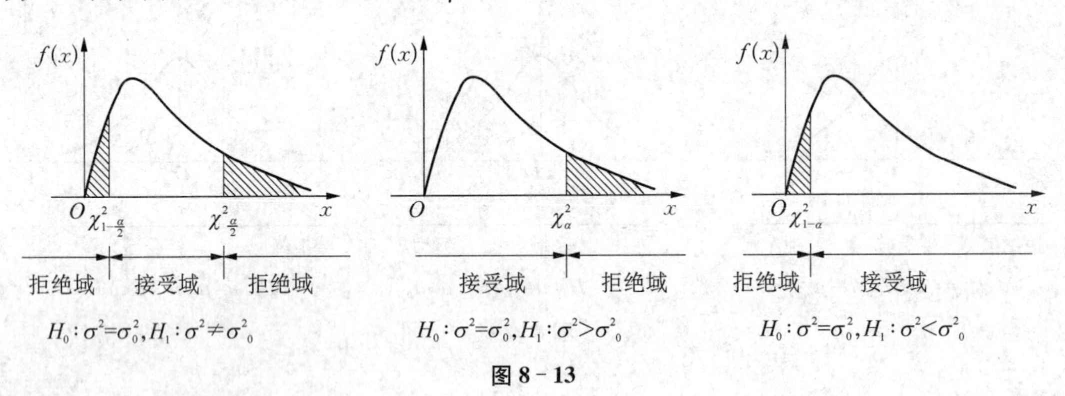

图 8 - 13

小试牛刀

例 8.3.3 某车间生产的密封圈的寿命(单位:小时)服从正态分布，且生产一直比较稳定.今从产品中随机抽取 9 个样品，测得它们使用寿命的均值为 $\overline{x}=287.89$，方差 $s^2=20.36$，问能否相信该车间生产的密封圈寿命的方差为 20? ($\alpha=0.05$)

解 用 X 表示该车间生产的密封圈的寿命，$X\sim N(\mu,\sigma^2)$. 依题意知，这是均值 μ 未知时的 σ^2 的双边检验问题.

(1) 提出假设 $H_0:\sigma^2=\sigma_0^2=20$，$H_1:\sigma^2\neq 20$.

(2) 选取统计量

$$\chi^2=\frac{(n-1)S^2}{\sigma_0^2}\sim\chi^2(n-1).$$

(3) 对给定的显著性水平 0.05，查 χ^2 分布表，得临界值

$$\chi^2_{\frac{\alpha}{2}}(8)=\chi^2_{0.025}(8)=17.535,\chi^2_{1-\frac{\alpha}{2}}(8)=\chi^2_{0.975}(8)=2.18,$$

从而得拒绝域为 $(0,2.18)\cup(17.535,+\infty)$.

(4) 计算统计量的观测值

$$\chi_0^2=\frac{(n-1)s^2}{\sigma_0^2}=\frac{8\times 20.36}{20}=8.144.$$

现在 $2.18<\chi_0^2=8.144<17.535$，即 χ^2 落在 H_0 的接受域内，故能够相信该车间的密封圈寿命的方差为 20.

关于一个单正态总体的假设检验问题，现将有关情况汇总成表 8-2，以方便查用.

表 8-2 一个单正态总体参数的假设检验

条件	H_0 H_1	统计量	拒绝域
σ^2 已知	$\mu=\mu_0,\mu\neq\mu_0$	$U=\frac{\overline{X}-\mu_0}{\sigma/\sqrt{n}}$	$\lvert U\rvert>U_{\frac{\alpha}{2}}$
	$\mu=\mu_0,\quad \mu>\mu_0$		$U>U_\alpha$
	$\mu=\mu_0,\quad \mu<\mu_0$		$U<-U_\alpha$
σ^2 未知	$\mu=\mu_0,\mu\neq\mu_0$	$T=\frac{\overline{X}-\mu_0}{S/\sqrt{n}}$	$\lvert T\rvert>t_{\frac{\alpha}{2}}(n-1)$
	$\mu=\mu_0,\quad \mu>\mu_0$		$T>t_\alpha(n-1)$
	$\mu=\mu_0,\quad \mu<\mu_0$		$T<-t_\alpha(n-1)$
μ 未知	$\sigma^2=\sigma_0^2,\sigma^2\neq\sigma_0^2$	$\chi^2=\frac{(n-1)S^2}{\sigma_0^2}$	$\chi^2>\chi^2_{\frac{\alpha}{2}}(n-1)$ 或 $\chi^2<\chi^2_{1-\frac{\alpha}{2}}(n-1)$
	$\sigma^2=\sigma_0^2,\sigma^2>\sigma_0^2$		$\chi^2>\chi^2_\alpha(n-1)$
	$\sigma^2=\sigma_0^2,\sigma^2<\sigma_0^2$		$\chi^2<\chi^2_{1-\alpha}(n-1)$

习题 8.3

小试牛刀

1. 某钢铁厂的铁水含碳量在正常情况下服从正态分布 $N(4.55,0.108^2)$，现从更换设备后炼出的铁水中抽取 5 炉铁水，测得含碳量为

4.84 4.44 4.46 4.50 4.40

若方差不变，问更换设备后铁水的含碳量的数学期望是否仍等于 4.55($\alpha=0.05$)?

2. 某天开工时，需检验自动包装机工作是否正常.根据以往的经验，其装包的重量在正常情况下服从正态分布 $N(100,2.25)$（单位:公斤).现抽测了 9 包，其重量为

$$99.4,98.6,100.1,101.2,98.7,99.9,102.0,100.3,99.5$$

假设方差不变，问这一天包装机工作是否正常?（$\alpha=0.05$）

3. 现测定某批矿砂的 5 个样品中的镍含量(%)为

$$3.25 \quad 3.27 \quad 3.24 \quad 3.26 \quad 3.24$$

设测定值服从正态分布，问能否认为这批矿砂的镍含量为 3.25（$\alpha=0.01$)?

4. 铁路信号工厂生产的一种电阻其平均电阻一直保持在 2.64 Ω，改变加工工艺后，测得 100 个元件的电阻，计算得其平均电阻为 2.62 Ω，标准差 $s=0.06$ Ω，问新工艺对此电阻生产有无显著影响（$\alpha=0.01$)?

5. 已知维尼纶纤度在正常条件下服从正态分布 $N(\mu,0.048^2)$，某日抽取 5 根纤维，测得其纤度分别为:1.32,1.55,1.36,1.40,1.44，问这一天纤度的总体方差是否正常（$\alpha=0.05$)?

6. 正常人的脉搏平均为 72 次/分，现测得 10 例慢性四乙基铅中毒者的脉搏(次/分)为

$$54 \quad 67 \quad 68 \quad 78 \quad 70 \quad 66 \quad 67 \quad 70 \quad 65 \quad 69$$

设患者的脉搏服从正态分布，问患者和正常人的脉搏有无显著差异（$\alpha=0.05$)?

7. 一种电子元件的寿命服从正态分布，用户要求其平均寿命不得低于 1 200 h，标准差不得超过 50 h.现从一批这种元件中抽取 9 只，测得平均寿命为 1 178 h，标准差为 54 h.试确定这批元件是否符合用户的要求（$\alpha=0.01$)?

8. 从甲地发送一个信号到乙地.设乙地接收到的信号值是一个服从正态分布 $N(\mu,0.04)$ 的随机变量，其中 μ 为从甲地发送的真实信号值.现甲地重复发送同一信号 5 次，乙地接收到的信号值为

$$8.05,8.15,8.2,8.1,8.25$$

设接收方有理由猜测甲地发送的信号值为 8.问能否接受这一猜测（$\alpha=0.05$)?

9. 某种导线，设计要求其电阻的标准差不得超过 0.05 Ω.今在生产的一批导线中取样品 9 根，测得 $s=0.07$ Ω.设总体服从正态分布，试问能否认为这批导线的标准差显著地偏大吗（$\alpha=0.05$)?

数理统计学的发展

数理统计学是伴随着概率论的发展而发展起来的.18 世纪中末叶，数理统计从政治算术学派的统计中分化出来，经历了描述统计和推断统计阶段，并逐渐形成了参数估计、假设检验、多元统计、大样本统计、非参数统计、统计决策、贝叶斯统计、实验设计、线性模型、序贯分析、质

量控制、稳健统计等众多分支.19世纪中叶以前已出现了若干重要的工作,如C.F.高斯和A.M.勒让德关于观测数据误差分析和最小二乘法的研究.到19世纪末期,经过包括K.皮尔森在内的一些学者的努力,这门学科已开始形成.但数理统计学发展成一门成熟的学科,则是20世纪上半叶的事,它在很大程度上要归功于K.皮尔森、R.A.费希尔等学者的工作,特别是费希尔的贡献,对这门学科的建立起了决定性的作用.1946年H.克拉默发表的《统计学数学方法》是第一部严谨且比较系统的数理统计著作,可以把它作为数理统计学进入成熟阶段的标志.

在谈到数理统计的应用时,有人称赞它的用途像水银落地是无孔不入的,这恐怕并非言过其实.

具体地说,与人们生活有关的如某种食品营养价值高低的调查,通过用户对家用电器性能指标及使用情况的调查得到全国某种家用电器的上榜品牌排名情况,一种药品对某种疾病的治疗效果的观察评价等都是利用数理统计方法来实现的.

飞机、舰艇、卫星、电脑及其他精密仪器的制造需要成千上万个零部件来完成,而这些零件的寿命长短,性能好坏均要用数理统计的方法进行检验才能获得.

在经济领域,从某种商品未来的销售情况预测到某个城市整个商业销售的预测,甚至整个国家国民经济状况预测及发展计划的制定都要用到数理统计知识.

数理统计用处之大不胜枚举.可以这么说,现代人的生活、科学的发展都离不开数理统计.从某种意义上来讲,数理统计在一个国家中的应用程度标志着这个国家的科学水平.

复习题八

一、选择题

1. 在假设检验中,显著性水平 α 的意义是(　　).

A. 在 H_0 成立的条件下,经检验 H_0 被拒绝的概率

B. 在 H_0 成立的条件下,经检验 H_0 被接受的概率

C. 在 H_0 不成立的条件下,经检验 H_0 被拒绝的概率

D. 在 H_0 不成立的条件下,经检验 H_0 被接受的概率

2. 设 $X_1,X_2,\cdots,X_n$ 为来自总体 $X\sim B(1,p)$ 的一个样本,p 未知,则 $P\left(\overline{X}=\frac{k}{n}\right)=$(　　).

A. p　　　　B. $1-p$

C. $C_n^k p^k(1-p)^{n-k}$　　　　D. $C_n^k p^{n-k}(1-p)^k$

二、填空题

1. 设样本 X 的频数(出现的次数)分布为

X	0	1	2	3	4
频数	1	3	2	1	2

则样本方差 $s^2=$______.

2. 设总体 $X\sim N(\mu,\sigma^2)$，X_1,X_2,X_3 是来自 X 的样本，则当常数 $a=$______时，$\bar{\mu}=\frac{1}{3}X_1+aX_2+\frac{1}{6}X_3$ 是未知参数 μ 的无偏估计.

3. 设总体 $X\sim N(\mu,\sigma^2)$，其中 μ 未知，$X_1,X_2,\cdots,X_n$ 为其样本，若假设检验问题为 $H_0:\sigma^2=1,H_1:\sigma^2\neq 1$，则采用的检验统计量为______.

4. 设样本 $X_1,X_2,\cdots,X_n$ 来自正态总体 $N(\mu,1)$，假设检验问题为 $H_0:\mu=0,H_1:\mu\neq 0$，则在 H_0 成立的条件下，对显著性水平 α，拒绝域应为______.

三、解答题

1. 设总体 $X\sim N(\mu,\sigma^2)$，抽取样本 $X_1,X_2,\cdots,X_n,\overline{X}$ 为样本均值.

(1) 已知 $\sigma=4,\bar{x}=12,n=144$，求 μ 的置信度为 0.95 的置信区间；

(2) 已知 $\sigma=10$，问要使 μ 的置信度为 0.95 的置信区间长度不超过 5，样本容量 n 至少应取多大?

2. 某型号元件的尺寸 X 服从正态分布，且均值为 3.278 cm，标准差为 0.002 cm.现用一种新工艺生产此类元件，从中随机抽取 9 个元件，测量其尺寸，算得其均值 $\bar{x}=3.279$ cm，问用新工艺生产的元件尺寸均值与以往相比有无显著差异.$(\alpha=0.05)$

3. 用传统工艺加工的某种水果罐头中，每瓶的平均维生素 C 的含量为 19(单位:mg).现改变了加工工艺，抽查了 16 瓶罐头，测得维生素 C 的含量的平均值 $\bar{x}=20.8$，样本标准差 $s=1.617$.假定水果罐头中维生素 C 的含量服从正态分布.问在使用新工艺后，维生素 C 的含量是否有显著变化 $(\alpha=0.01)$.

4. 设总体 X 的概率密度函数为 $f(x)=\begin{cases}|x| & |x|<1\\ 0 & \text{其他}\end{cases}$，$X_1,X_2,\cdots,X_{50}$ 为 X 的一个样本.(1) 求 $E(\overline{X})$ 和 $D(\overline{X})$；(2) 求 $P(|\overline{X}|>0.02)$.

5. 设炮弹的飞行速度服从正态分布，抽取 9 发炮弹试验，测得样本方差 $S^2=11$，求炮弹速度的方差 σ^2 与标准差 σ 的置信度为 0.9 的置信区间.

6. 设制造一件某种产品所需时间服从正态分布，现随机记录了 5 件产品所用工时为：10.5，11，11.2，12.5，12.8.求 μ 的置信度为 0.95 的置信上限.

7. 从正态总体 $N(3.4,36)$ 抽取容量为 n 的样本，如果要求其样本均值位于区间(1.4，5.4)内的概率不小于 0.95，问：样本容量 n 至少应取多大?

大展身手

一、选择题

1. 设总体 $X\sim N(\mu,\sigma^2)$，其中 μ,σ^2 已知，$X_1,X_2,\cdots,X_n(n\geqslant 3)$ 为来自总体 X 的样本，$\overline{X},S^2$ 分别为样本均值和样本方差，则下列统计量中服从 t 分布的是(　　).

A. $\dfrac{\overline{X}}{\sqrt{\dfrac{(n-1)S^2}{\sigma^2}}}$　　B. $\dfrac{\overline{X}-\mu}{\sqrt{\dfrac{(n-1)S^2}{\sigma^2}}}$　　C. $\dfrac{\dfrac{\overline{X}-\mu}{\sigma/\sqrt{n}}}{\sqrt{\dfrac{(n-1)S^2}{\sigma^2}}}$　　D. $\dfrac{\dfrac{\overline{X}-\mu}{\sigma/\sqrt{n}}}{\sqrt{\dfrac{S^2}{\sigma^2}}}$

2. 设 $X_1,X_2,\cdots,X_n$ 为来自总体 $X\sim N(0,1)$ 的一个样本，$\overline{X}$ 与 S^2 分别为样本均值和样本方差，则下列结论正确的是(　　).

A. $\overline{X}\sim N(0,1)$　　B. $\sqrt{n}\overline{X}\sim N(0,1)$　　C. $\dfrac{1}{n}\sum\limits_{i=1}^{n}X_i^2\sim\chi^2(n)$　D. $\dfrac{\overline{X}}{S}\sim t(n-1)$

二、填空题

1. 设总体 $X\sim N(0,0.25)$，$X_1,X_2,\cdots,X_7$ 为来自总体 X 的样本，要使 $a\sum\limits_{i=1}^{7}x_i^2\sim\chi^2(7)$，则应取常数 $a=$________.

2. 设总体 $X\sim N(\mu,\sigma^2)$，$X_1,X_2,\cdots,X_4$ 为来自总体 X 的样本，$\overline{X}$ 为样本均值，则 $\dfrac{1}{\sigma^2}\sum\limits_{i=1}^{4}(X_i-\overline{X})^2$ 服从自由度为 ________ 的 χ^2 分布.

三、简答题

1. 设随机变量 $X\sim N(1,4)$，$X_1,X_2,\cdots,X_{100}$ 是 X 的一个样本，$\overline{X}$ 是样本均值.若 $Y=a\overline{X}+b\sim N(0,1)$，求 a,b 的值.

2. 设 $X_1,X_2,\cdots,X_n$ 为来自总体 X 的一个样本，验证 $\overline{X}$ 和 $W=\sum\limits_{i=1}^{n}a_iX_i\left(\sum\limits_{i=1}^{n}a_i=1\right)$ 都是总体均值的无偏估计，且 $\overline{X}$ 比 W 有效.

第九章

数学实验

第一节　行列式与矩阵

一、矩阵的输入

矩阵的输入可以用键盘直接输入,格式是:

$A=\{\{a_{11},a_{12},\cdots,a_{1n}\},\{a_{21},a_{22},\cdots,a_{2n}\},\cdots,\{a_{m1},a_{m2},\cdots,a_{mn}\}\}$

其中,矩阵用花括号括起来,每一行再用花括号括起来,行与行之间用逗号分隔.

例 9.1.1　输入矩阵 $\boldsymbol{A}=\begin{pmatrix}3 & -2 & 7 & 5\\ 0 & 1 & 4 & -3\\ 6 & 8 & 0 & 2\end{pmatrix}$

解　输入语句:`A = {{3, - 2,7,5},{0,1,4, - 3},{6,8,0,2}}`

输出结果:`{{3, - 2,7,5},{0,1,4, - 3},{6,8,0,2}}`

输入语句:`MatrixForm[A]`

输出结果:

$$\begin{pmatrix}3 & -2 & 7 & 5\\ 0 & 1 & 4 & -3\\ 6 & 8 & 0 & 2\end{pmatrix}$$

MatrixForm[A]表示将 A 以矩阵形式输出.

小提示

在 Mathematica 工作窗口中输入相应语句后,按"Shift+Enter"键后显示运算结果.

提取矩阵元素 a_{ij} 用 A[[i,j]],提取矩阵的一行用 A[[i]].

例如:

输入语句:`A[[3,3]]`

输出结果:`0`

输入语句:`A[[1]]`

输出结果:{3, - 2,7,5}

也可以对矩阵中某一个元素进行修改.

例如:

输入语句:A[[3,3]] = 2;

```
MatrixForm[A]
```

输出结果:

$$\begin{pmatrix} 3 & -2 & 7 & 5 \\ 0 & 1 & 4 & -3 \\ 6 & 8 & 2 & 2 \end{pmatrix}$$

上述命令就是将例 9.1.1 中矩阵 A 的第三行第三列的元素 0 转化为 2,并以矩阵形式输出.

有一些特殊的矩阵,如单位矩阵、对角矩阵,可以利用一些特殊命令更加快捷地输入:

IdentityMatrix[n] 表示构造 n 阶单位矩阵

DiagonalMatrix[{$\lambda_1,\lambda_2,\cdots,\lambda_n$}] 表示构造以{$\lambda_1,\lambda_2,\cdots,\lambda_n$}为对角元素的对角矩阵

例如:

输入语句:IdentityMatrix[3];

```
MatrixForm[ % ]
```

输出结果:

$$\begin{pmatrix} 1 & 0 & 0 \\ 0 & 1 & 0 \\ 0 & 0 & 1 \end{pmatrix}$$

输入语句:DiagonalMatrix[{1,2,3,4}];

```
MatrixForm[ % ]
```

输出结果:

$$\begin{pmatrix} 1 & 0 & 0 & 0 \\ 0 & 2 & 0 & 0 \\ 0 & 0 & 3 & 0 \\ 0 & 0 & 0 & 4 \end{pmatrix}$$

小提示

"%"表示上一个计算结果.

二、矩阵基本运算

1. 矩阵的加、减法,数乘

矩阵的加、减法分别用"+","-"表示,数乘可用" * "表示,也可以省略不输入.

例 9.1.2 设 $\boldsymbol{A}=\begin{pmatrix} 1 & 5 & 7 \\ 1 & 4 & 5 \end{pmatrix}$,$\boldsymbol{B}=\begin{pmatrix} 5 & 1 & 9 \\ 3 & 2 & -1 \end{pmatrix}$,求 $4\boldsymbol{A}+5\boldsymbol{B}$.

解 输出语句:

```
A={{1,5,7},{1,4,5}};
B={{5,1,9},{3,2,-1}};
4A+5B;
MatrixForm[%]
```

输出结果:

$$\begin{pmatrix} 29 & 25 & 73 \\ 19 & 26 & 15 \end{pmatrix}$$

2. 矩阵相乘

矩阵相乘用“.”表示.

例 9.1.3 设 $\boldsymbol{A}=\begin{pmatrix} -2 & 4 \\ 1 & -2 \end{pmatrix}$,$\boldsymbol{B}=\begin{pmatrix} 2 & 4 \\ -3 & -6 \end{pmatrix}$,求 $\boldsymbol{AB}$ 和 $\boldsymbol{BA}$.

解 输入语句:

```
A={{-2,4},{1,-2}};B={{2,4},{-3,-6}};
MatrixForm[A.B]
MatrixForm[B.A]
```

输出结果:

$$\begin{pmatrix} -16 & -32 \\ 8 & 16 \end{pmatrix} \quad \begin{pmatrix} 0 & 0 \\ 0 & 0 \end{pmatrix}$$

小提示

矩阵相乘时“.”不能省略,也不能用“*”替换.

3. 矩阵的转置

Transpose[A] 表示将矩阵 A 转置

例 9.1.4 设 $\boldsymbol{A}=\begin{pmatrix} 2 & 0 & 1 \\ 1 & 3 & 1 \end{pmatrix}$,求 $\boldsymbol{A}^{\mathrm{T}}$.

解 输入语句:

```
A={{2,0,1},{1,3,1}};
Transpose[A];
MatrixForm[%]
```

输出结果:

$$\begin{pmatrix} 2 & 1 \\ 0 & 3 \\ 1 & 1 \end{pmatrix}$$

4. 方阵的行列式

Det[A] 计算方阵 A 的行列式

例 9.1.5 设 $\boldsymbol{A}=\begin{pmatrix} 3 & -1 \\ 4 & 2 \end{pmatrix}$,$\boldsymbol{B}=\begin{pmatrix} 3 & -2 \\ 7 & 5 \end{pmatrix}$,求 $|\boldsymbol{AB}|$.

解 输入语句:

```
A={{3,-1},{4,2}};B={{3,-2},{7,5}};
```

```
Det[A.B]
```

输出结果：290

例 9.1.6　解方程 $\begin{vmatrix} x & 2 & 1 \\ 2 & x & 0 \\ 1 & -1 & 1 \end{vmatrix}=0.$

解　输入语句：

```
A={{x,2,1},{2,x,0},{1,-1,1}};
Solve[Det[A]==0,x]
```

输出结果：{{x→-2},{x→3}}

小提示

(1) Solve[f(x)==0,x] 表示解方程 f(x)=0.

(2) {{x→−2},{x→3}}表示有两个解：x=−2 和 x=3.

5. 方阵的幂

MatrixPower[A,n]　方阵 A 的 n 次幂

例 9.1.7　已知 $\boldsymbol{A}=\begin{pmatrix} 1 & 0 \\ \lambda & 1 \end{pmatrix}$，求 $\boldsymbol{A}^3$.

解　输入语句：

```
A={{1,0},{λ,1}};
MatrixPower[A,3];
MatrixForm[%]
```

输出结果：$\begin{pmatrix} 1 & 0 \\ 3\lambda & 1 \end{pmatrix}$

三、逆矩阵

Inverse[A]　求解 A 的逆矩阵

例 9.1.8　已知矩阵 $\boldsymbol{A}=\begin{pmatrix} 1 & 2 & 3 \\ 2 & 2 & 1 \\ 3 & 4 & 3 \end{pmatrix}$，求 $\boldsymbol{A}$ 的逆矩阵 $\boldsymbol{A}^{-1}$.

解　输入语句：

```
A={{1,2,3},{2,2,1},{3,4,3}};
B=Inverse[A];
Print["A^-1 =",MatrixForm[B]]
```

输出结果：

$$\boldsymbol{A}^{-1}=\begin{pmatrix} 1 & 3 & -2 \\ -\dfrac{3}{2} & -3 & \dfrac{5}{2} \\ 1 & 1 & -1 \end{pmatrix}$$

小提示

Print[A]是输出 A，需要输出多项内容时，中间用逗号隔开.

四、矩阵的秩

1. 求矩阵的行最简形阶梯矩阵

RowReduce[A] 将矩阵 A 变换为最简行阶梯形矩阵

例 9.1.9 将矩阵 $\boldsymbol{A}=\begin{pmatrix}1&1&2&2&1\\0&2&1&5&-1\\2&0&3&-1&3\\1&1&0&4&-1\end{pmatrix}$ 变换为最简行阶梯形矩阵.

解 输入语句:

```
A={{1,1,2,2,1},{0,2,1,5,-1},{2,0,3,-1,3},{1,1,0,4,-1}};
RowReduce[A];
MatrixForm[%]
```

输出结果:

$$\begin{pmatrix}1&0&0&1&0\\0&1&0&3&-1\\0&0&1&-1&1\\0&0&0&0&0\end{pmatrix}$$

2. 求矩阵的秩

MatrixRank[A] 求矩阵 A 的秩

例 9.1.10 求矩阵 $\boldsymbol{A}=\begin{pmatrix}1&1&2&2&1\\0&2&1&5&-1\\2&0&3&-1&3\\1&1&0&4&-1\end{pmatrix}$ 的秩.

解一 输入语句:

```
A={{1,1,2,2,1},{0,2,1,5,-1},{2,0,3,-1,3},{1,1,0,4,-1}};
MatrixRank[A]
```

输出结果:3

解二 如例 9.1.9 中,将矩阵 $\boldsymbol{A}$ 变换为最简行阶梯形矩阵后,观察到非零行有 3 行,因此得出秩为 3.

第二节 线性方程组

一、用内部命令求解

LinearSolve[A,B] 给出非齐次线性方程组 $\boldsymbol{AX}=\boldsymbol{B}$ 的一个解

Solve[{方程组},{x_0,x_1,…}] 给出方程组的通解

例 9.2.1 解线性方程组$\begin{cases}x_1+x_2+x_3+x_4=1\\3x_1+2x_2+x_3-3x_4=0\\x_2+2x_3+6x_4=3\end{cases}$.

解 (1) 求一个解

输入语句:`A = {{1,1,1,1},{3,2,1,-3},{0,1,2,6}};B = {1,0,3};`

`LinearSolve[A,B]`

输出结果:{-2,3,0,0}

输出结果说明$\begin{cases}x_1=-2\\x_2=3\\x_3=0\\x_4=0\end{cases}$是方程组的一个解.

(2) 求通解

输入语句:Solve[{x1 + x2 + x3 + x4 = = 1, 3x1 + 2x2 + x3 - 3x4 = = 0, x2 + 2x3 + 6x4 = = 3}, {x1, x2, x3, x4}]

输出结果:

$$\{\{x3\to\frac{3}{4}-\frac{3x1}{2}-\frac{5x2}{4},x4\to\frac{1}{4}+\frac{x1}{2}+\frac{x2}{4}\}\}$$

输出的结果说明此方程组的通解为:$\begin{cases}x_1=x_1\\x_2=x_2\\x_3=\dfrac{3}{4}-\dfrac{3x_1}{2}-\dfrac{5x_2}{4}\\x_4=\dfrac{1}{4}+\dfrac{x_1}{2}+\dfrac{x_2}{4}\end{cases}$($x_1,x_2$ 为自由未知量)

若想更换自由未知量,可以在输入语句中,更换解的位置,如:

输入语句:Solve[{x1 + x2 + x3 + x4 = = 1, 3x1 + 2x2 + x3 - 3x4 = = 0, x2 + 2x3 + 6x4 = = 3}, {x4, x3, x2, x1}]

输出结果 {{x2→3 - 2x3 - 6x4, x1→ - 2 + x3 + 5x4}}

输出的结果说明此方程组的通解为:$\begin{cases}x_1=-2+x_3+5x_4\\x_2=3-2x_3-6x_4\\x_3=x_3\\x_4=x_4\end{cases}$ (x_3,x_4 为自由未知量).

二、用克莱姆法则和逆矩阵求解(适用于只有唯一解的方程组)

例 9.2.2 解线性方程组$\begin{cases}x_1-x_2+x_3+4x_4=-4\\2x_1-x_2+3x_3-2x_4=7\\3x_2-x_3+x_4=6\\x_1+2x_2-x_3+3x_4=2\end{cases}$.

解 输入语句:`A = {{1,-1,1,4},{2,-1,3,-2},{0,3,-1,1},{1,2,-1,3}};`

```
Det[A]
```

输出结果:39

由上可知,此方程组系数行列式不等于0,则方程组有唯一的解.

(1) 用克莱姆法则求解

输入语句:

```
a = {1,2,0,1};b = {-1, -1,3,2};c = {1,3, -1, -1};d = {4, -2,1,3};e = {-4,7,6,2};
A1 = {e,b,c,d};A2 = {a,e,c,d};A3 = {a,b,e,d};A4 = {a,b,c,e};
Print["x1 = ", Det[A1]/Det[A]]
Print["x2 = ", Det[A2]/Det[A]]
Print["x3 = ", Det[A3]/Det[A]]
Print["x4 = ", Det[A4]/Det[A]]
```

输出结果:

```
x1 = 1
x2 = 3
x3 = 2
x4 = -1
```

(2) 用逆矩阵求解

输入语句:

```
A = {{1, -1,1,4},{2, -1,3, -2},{0,3, -1,1},{1,2, -1,3}};
B = {-4,7,6,2};
Inverse[A].B
```

输出结果:{1,3,2, -1}

小提示

若原方程写成矩阵形式 $\boldsymbol{AX}=\boldsymbol{B}$,则方程组的解为:$\boldsymbol{X}=\boldsymbol{A}^{-1}\boldsymbol{B}$.

第三节　无穷级数

一、求级数的和

Sum[a_n,{n,1,Infinity}]	求级数 $\sum_{n=1}^{\infty} a_n$ 的和或和函数

例 9.3.1　求下列数项级数的和.

(1) $\sum_{n=1}^{\infty}\frac{1}{n^2}$;　　(2) $\sum_{n=1}^{\infty}\frac{1}{n}$.

解 (1) 输入语句:Sum[$\frac{1}{n^2}$,{n,1,Infinity}]

输出结果:$\frac{\pi^2}{6}$

(2) 输入语句:Sum[$\frac{1}{n}$,{n,1,Infinity}]

输出结果:"Sum(和)不收敛"

小提示

输入语句中的"Infinity"也可以改为符号"+∞"

二、求级数收敛的条件

SumConvergence[a_n,n] 求级数a_n的收敛条件

例 9.3.2 讨论广义调和级数 $\sum_{n=1}^{\infty} \frac{1}{n^p}$ 的敛散性.

解 输入语句:SumConvergence[$\frac{1}{n^p}$,n]

输出结果:Re[p]>1

三、求幂级数的收敛半径

Limit[Abs[$\frac{a_n}{a_{n+1}}$],n→+∞] 求幂级数 $\sum_{n=0}^{\infty} a_n x^n$ 的收敛半径

例 9.3.3 求幂级数 $\sum_{n=1}^{\infty} \frac{x_n}{2^n \cdot n}$ 的收敛半径.

解 输入语句:Limit[Abs$\left[\frac{\frac{1}{2^n * n}}{\frac{1}{2^{n+1} * (n+1)}}\right]$,n→+∞]

输出结果:2

输出结果说明此幂级数的收敛半径为 2.

四、函数的幂级数展开

Series[f[x],{x,x_0,n}] 将函数 f(x)展开成关于 $x-x_0$ 的幂级数,其中幂级数的最高次幂为$(x-x_0)^n$,余项用 $O(x-x_0)^{n+1}$表示

Normal[%] 将上一个幂级数的余项去掉

例 9.3.4 求 $\ln x$ 在 $x=1$ 处的 6 阶泰勒展开式.

解 输入语句:Series[Log[x],{x,1,6}]

输出结果:

$$(x-1)-\frac{1}{2}(x-1)^2+\frac{1}{3}(x-1)^3-\frac{1}{4}(x-1)^4+\frac{1}{5}(x-1)^5-\frac{1}{6}(x-1)^6+O[x-1]^7$$

输出语句:Normal[%]

输出结果:$-1-\frac{1}{2}(-1+x)^2+\frac{1}{3}(-1+x)^3-\frac{1}{4}(-1+x)^4+\frac{1}{5}(-1+x)^5-\frac{1}{6}(-1+x)^6+x$

例 9.3.5 求 $\sin x$ 的幂级数展开式

解 输入语句:Series[Sin[x],{x,0,7}]

输出结果:$x-\frac{x^3}{6}+\frac{x^5}{120}-\frac{x^7}{5040}+O[x]^8$

下面通过更改展开的阶数继续观察

输入语句:Series[Sin[x],{x,0,14}]

输出结果:$x-\frac{x^3}{6}+\frac{x^5}{120}-\frac{x^7}{5040}+\frac{x^9}{362880}-\frac{x^{11}}{39916800}+\frac{x^{13}}{6227020800}+O[x]^{15}$

由此可以看出 $\sin x$ 的幂级数展开式为:$x-\frac{x^3}{3!}+\frac{x^5}{5!}-\cdots+(-1)^n\frac{x^{2n+1}}{(2n+1)!}+\cdots$

第四节 积分变换

一、傅里叶变换与逆变换

FourierTransform[f(t),t,ω,选项] 求函数 f(t)的傅里叶变换

InverseFourierTransform[F(ω),ω,t,选项] 求函数 F(ω)的傅里叶逆变换

选项有:FourierParameters→{a,b},其中{a,b}的默认值为{0,1},是现代物理的输出结果.如果要输出结果是纯数学的形式,可以设置{a,b}的值为{1,−1}

例 9.4.1 求常数 1 的傅氏变换和傅氏逆变换.

解 输入语句:FourierTransform[1,t,ω,FourierParameters→{1,-1}]

输出结果:2πDiracDelta[ω]

输入语句:InverseFourierTransform[1,ω,t,FourierParameters→{1,-1}]

输出结果:DiracDelta[t]

例 9.4.2 求单位阶跃函数 $u(t)=\begin{cases}0 & t<0\\ 1 & t>0\end{cases}$ 的傅氏变换

解　输入语句：FourierTransform[UnitStep[t],t,ω,FourierParameters→{1,-1}]

输出结果：$-\frac{i}{\omega}+\pi$DiracDelta[ω]

小提示

Mathematica 中单位阶跃函数的表示为 UnitStep[t].

例 9.4.3　求指数衰减函数 $f(t)=\begin{cases}0 & t<0\\ e^{-2t} & t\geqslant 0\end{cases}$ 的傅氏变换.

解　输入语句：f[t_]:=Piecewise[{{0,t<0}},Exp[-2t]];

FourierTransform[f[t],t,ω,FourierParameters→{1,-1}]

或者输入：

FourierTransform[Exp[-2t]UnitStep[t],t,ω,FourierParameters→{1,-1}]

输出结果：$-\frac{i}{-2i+\omega}$

小提示

Piecewise[{{0,t<0}},Exp[-2t]]表示分段函数：当 t<0 时，函数值为 0，其他的时候函数值为 e^{-2t}.

例 9.4.4　求函数 $F(\omega)=\frac{1}{1+\omega^2}$ 的傅氏逆变换.

解　输入语句：InverseFourierTransform$\left[\frac{1}{1+\omega^2}\right.$,ω,t,FourierParameters→{1,-1}$\left.\right]$

输出结果：$\frac{1}{2}e^{-\text{Abs}[t]}$

二、拉氏变换与逆变换

LaplaceTransform[f[t],t,s]　求函数 f[t]的拉氏变换

InverseLaplaceTransform[F(s),s,t]　求函数 F(s)的拉氏逆变换

例 9.4.5　求 $f(t)=t\cos 2t$ 的拉氏变换.

解　输入语句：LaplaceTransform[t * cos[2t],t,s]

输出结果：$\frac{-4+s^2}{(4+s^2)^2}$

例 9.4.6　求 $f(t)=\frac{1}{(s+1)(s-2)(s+3)}$ 的拉氏逆变换.

解　输入语句：InverseLaplaceTransform[$\frac{1}{(s+1)(s-2)(s+3)}$,s,t]

输出结果：$\frac{e^{-3t}}{10}-\frac{e^{-t}}{6}+\frac{e^{2t}}{15}$

第五节　概率论与数理统计

一、排列与组合

Binomial[n,m]　求组合数C_n^m

例 9.5.1　一批产品中有 7 件正品和 3 件次品，从这批产品中任意抽取 2 件产品，抽到的 2 件产品都是正品的概率.

解　输入语句：$\dfrac{\text{Binomial[7,2]}}{\text{Binomial[10,2]}}$

输出结果：$\dfrac{7}{15}$

小智囊

求排列数 A_n^m 可以输入语句：n! Binomial[n,m].

二、常用分布的计算

1. 常见离散型随机变量的分布

BernoulliDistribution[p]　参数为 p 的伯努利分布
BinomialDistribution[n,p]　n 次试验，每次试验成功的概率为 p 的二项分布
PoissonDistribution[λ]　参数为 λ 的泊松分布

2. 常见连续型随机变量的分布

UniformDistribution[{min,max}]　区间[min,max]上的均匀分布
ExponentialDistribution[λ]　参数为 λ 的指数分布
NormalDistribution[μ,σ]　均值为 μ，标准差为 σ 的正态分布
ChiSquareDistribution[n]　自由度为 n 的 χ^2 分布
StudentTDistribution[n]　自由度为 n 的 t 分布
FRatioDistribution[n,m]　第一自由度为 n，第二自由度为 m 的 F 分布

3. 常用的求值函数

PDF[dist,x]　在 x 处的分布 dist 的概率密度函数
CDF[dist,x]　在 x 处的分布 dist 的分布函数值
Mean[dist]　分布 dist 的数学期望
Variance[dist]　分布 dist 的方差

例 9.5.2 某次考试有 10 道正误判断题,某考生随意做出了正误判断.求其答对 8 题的概率.

解 输入语句:PDF[BinomialDistribution[10,0.5],8]

输出结果:0.0439453

例 9.5.3 设某城市一周内发生交通事故的次数服从参数为 0.3 的泊松分布,求一周内恰好发生 2 次交通事故的概率.

解 输入语句:PDF[PoissonDistribution[0.3],2]

输出结果:0.0333368

例 9.5.4 设 $X \sim U(1,4)$,求 X 的概率密度函数.

解 输入语句:PDF[UniformDistribution[{1,4}],x]

输出结果:$\begin{cases} \frac{1}{3} & 1 \leqslant x \leqslant 4 \\ 0 & \text{True} \end{cases}$

例 9.5.5 画出在区间[−5,5]上的标准正态分布 $N(0,1)$的概率密度函数的图像.

解 输入语句:Plot[PDF[NormalDistribution[0,1],x],{x,-5,5}]

输出结果如图 9-1 所示.

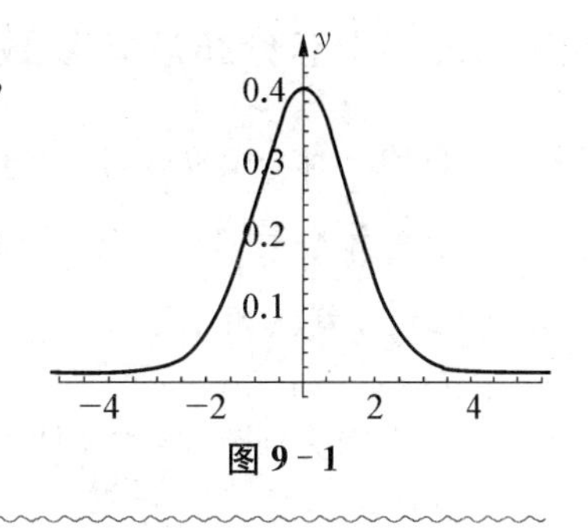

图 9-1

小提示

Plot[f,{x,min,max}]表示画出函数 f 在区间[min,max]上的图像.

例 9.5.6 已知随机变量 $X \sim N(6,1)$,计算 $P(5<X<8)$.

解 输入语句:CDF[NormalDistribution[6,1],8] - CDF[NormalDistribution[6,1],5]

输出结果:$-\frac{1}{2}\text{Erfc}\left[\frac{1}{\sqrt{2}}\right]+\frac{1}{2}\text{Erfc}\left[-\sqrt{2}\right]$

输入语句:N[%]

输出结果:0.818595

小提示

N[%]表示对上一个运算结果给出数值值.

例 9.5.7 求下列分布的数学期望和方差.

(1) 均匀分布 $U(a,b)$;(2) 指数分布 $E(\lambda)$;(3) 正态分布 $N(\mu,\sigma^2)$.

解 (1) 输入语句:Mean[UniformDistribution[{a,b}]]

Variance[UniformDistribution[{a,b}]]

输出结果:$\frac{a+b}{2}$

$$\frac{1}{12}(-a+b)^2$$

(2) 输入语句:Mean[ExponentialDistribution[λ]]

Variance[ExponentialDistribution[λ]]

输出结果:$\frac{1}{\lambda}$

$\frac{1}{\lambda^2}$

(3) 输入语句:Mean[NormalDistribution[μ,σ]]

Variance[NormalDistribution[μ,σ]]

输出结果:μ

σ^2

三、正态分布总体参数的区间估计

首先用命令:Needs["HypothesisTesting`"],调用程序包.

1. 总体数学期望的区间估计

(1) 方差已知

MeanCI[data,KnownVariance→var]　由数表 data 求数学期望 μ 的置信区间,其中 var 为方差

NormalCI[mean,$\frac{\sigma}{\sqrt{n}}$]　由样本均值求数学期望 μ 的置信区间,其中 mean 为样本均值

可选参数:

ConfidenceLevel 为置信度,默认值为 0.95.

(2) 方差未知

MeanCI[data]　表示方差未知时,由数表 data 求数学期望 μ 的置信区间

StudentTCI[mean,$\frac{s}{\sqrt{n}}$,n−1]　表示方差未知时,由样本均值求数学期望 μ 的置信区间,其中 s 为样本标准差

例 9.5.8　某车间生产的螺杆直径服从正态分布,现从一批产品中随机抽取 5 件,测得其直径(单位:mm)为

22.5　21.5　22.0　21.8　21.4

(1) 已知 $\sigma=0.3$,求 μ 的 0.95 的置信区间.

(2) σ 未知,求 μ 的 0.9 的置信区间.

解　(1) 输入语句:Needs["HypothesisTesting`"]

data = {22.5,21.5,22.0,21.8,21.4};

```
MeanCI[data,KnownVariance→0.3^2]
```

输出结果:{21.577,22.103}

(2) 输入语句:

```
data = {22.5,21.5,22.0,21.8,21.4};
MeanCI[data,ConfidenceLevel→0.9]
```

输出结果:{21.4212,22.2588}

例 9.5.9 已知某炼铁厂含碳量(%)服从正态分布,标准差 $\sigma=0.108$,现测得 9 炉铁水的含碳量的平均值是 4.484,求铁水平均含碳量的 0.95 置信区间.

解 (1) 输入语句:

```
Needs["HypothesisTesting`"]
NormalCI[4.484, 0.108/Sqrt[9]]
```

输出结果:{4.41344,4.55456}

例 9.5.10 从某商店二季度的发票存根中随机抽取 25 张,算得平均金额为 78.5 元,样本标准差为 20 元.假定发票金额服从正态分布,试求该商店二季度发票平均金额的 90%的置信区间.

解 输入语句:

```
Needs["HypothesisTesting`"]
StudentTCI[78.5, 20/Sqrt[25], 24, ConfidenceLevel→0.9]
```

输出结果 {71.6565,85.3435}

2. 总体方差的区间估计

VarianceCI[data] 表示由数表 data 求总体方差的置信区间 ChiSquareCI[variance,dof] 表示由样本方差 variance 求总体方差的置信区间,其中 dof=n−1

例 9.5.11 假设自动车床生产的某种零件的长度 X 服从正态分布.现随机抽取 10 件,测得长度(单位:毫米):12.1,12.7,12.2,12.1,12.0,12.0,12.3,12.2,12.5,12.4.求该零件长度的方差 σ^2 的 0.95 置信区间.

解 输入语句:

```
Needs["HypothesisTesting`"]
data = {12.1,12.7,12.2,12.1,12.,12.,12.3,12.2,12.5,12.4};
VarianceCI[data]
```

输出结果 {0.024444,0.172197}

例 9.5.12 已知某地新生婴儿的体重服从正态分布,今随机抽取 12 名新生婴儿,测得其体重(单位:g)的平均值 $\bar{x}=3\,507$,样本方差的观测值 $s^2=140\,850$,试以 0.95 的置信水平对新生婴儿体重的方差进行区间估计.

解 输入语句:

```
Needs["HypothesisTesting`"]
ChiSquareCI[140850,11]
```

输出结果:{70681.9,406041}

四、假设检验

1. 单正态总体数学期望的假设检验

(1) 方差已知

MeanTest[data,μ,KnownVariance→var,选项]　表示已知方差 var,由数表 data 检验总体数学期望 μ,求出 P 值

可选参数有:

SignificanceLevel　给出显著性水平 α,默认值是 0.05
TwoSided　值为 True 时,给出双侧的 P 值,默认值为 False(单侧)
FullReport　值为 True 时,给出较详细的结果,默认值为 False

例 9.5.13　某钢铁厂的铁水含碳量在正常情况下服从正态分布 $N(4.55,0.108^2)$,现从更换设备后炼出的铁水中抽取 5 炉铁水,测得含碳量为:

4.84　4.44　4.46　4.50　4.40

若方差不变,问更换设备后铁水的含碳量的数学期望是否仍等于 4.55($\alpha=0.05$)?

解　原假设 $H_0:\mu=4.55$,备择假设为 $H_1:\mu\neq 4.55$,此时为方差已知的双边检验问题.

输入语句:

```
Needs["HypothesisTesting`"]
data = {4.84,4.44,4.46,4.5,4.4};
MeanTest[data, 4.55, KnownVariance → 0.108^2, SignificanceLevel →
    0.05, TwoSided→True,FullReport→True]
```

输出结果:

```
                Mean"   "TestStat"            "Distribution"
{FullReport→    4.528   - 0.455495   NormalDistribution[0,1]',
              TwoSidedPValue→0.648753,
              "Fail to reject null hypothesis at significance level"→0.05}
```

输出结果说明接受原假设,也就是更换设备后铁水的含碳量的数学期望仍等于 4.55.

当显著性水平 α 大于所求出的 P 值时,拒绝原假设.否则,接受原假设.

NormalPValue[统计量观测值,选项]　表示统计量服从正态分布时,求出 P 值

此时的可选参数为:

TwoSided　值为 True 时,给出双侧的 P 值,默认值为 False(单侧)

例 9.5.14　某种产品的质量 $X\sim N(12,1)$.更新设备后,从新生产的产品中随机抽取 100 个,测得样本均值为 12.5 克.如果方差没有变化,问设备更新后,产品的平均重量是否有显著变化($\alpha=0.1$)?

解　检验假设 $H_0:\mu=12$,备择假设为 $H_1:\mu\neq 12$,此时为方差已知的双边检验问题.

检验统计量为：$U=\dfrac{\overline{X}-\mu_0}{\sigma/\sqrt{n}}$.

输入语句：Needs["HypothesisTesting`"]

```
NormalPValue[(12.5 - 12)/(1/Sqrt[100]), TwoSided→True]
```

输出结果：TwoSidedPValue→5.73303×10^-7

因为 $0.1>5.733\,03\times10^{-7}$，所以拒绝原假设，从而说明产品的平均重量发生了显著的变化.

(2) 方差未知

MeanTest[data, μ, 选项]	表示未知方差，由数表 data 检验总体数学期望 μ，求出 P 值

例 9.5.14 在正常情况下，某工厂生产的灯泡的寿命服从正态分布，测得 10 个灯泡的寿命如下(单位：小时)：1 490，1 440，1 680，1 610，1 500，1 750，1 550，1 420，1 800，1 580.能否认为该厂生产的灯泡的平均寿命为 1 600 小时($\alpha=0.05$)?

解 原假设 $H_0:\mu=1\,600$，备择假设为 $H_1:\mu\neq1\,600$，此时为方差未知的双边检验问题.

输入语句：Needs["HypothesisTesting`"]

```
data = {1490,1440,1680,1610,1500,1750,1550,1420,1800,1580};
MeanTest [ data, 1600, SignificanceLevel → 0.05, TwoSided → True,
FullReport→True]
```

输出结果：

```
{FullReport→ "Mean"  "TestStat"    "Distribution"
             1582.   - 0.442742   StudentTDistribution[9]'
TwoSidedPValue→0.668402,Fail to reject null hypothesis at significance level→0.05}
```

输出结果说明接受原假设，则认为该厂生产的灯泡的平均寿命未满 1 600 小时.

StudentTPValue[统计量观测值，自由度，选项]	表示统计量服从 t 分布时，求出 P 值

此时的可选参数为：

TwoSided	值为 True 时，给出双侧的 P 值，默认值为 False(单侧)

例 9.5.15 假定考生成绩服从正态分布，在某地的一次数学统考中，随机抽取了 36 位考生的成绩，算得平均成绩为 $\bar{x}=66.5$，标准差为 $s=15$ 分，问在显著性水平 0.05 下，是否可以认为这次考试全体考生的平均成绩为 70 分?

解 检验假设 $H_0:\mu=70$，备择假设为 $H_1:\mu\neq70$，此时为方差未知的双边检验问题，检验统计量为：$T=\dfrac{\overline{X}-\mu_0}{S/\sqrt{n}}$，服从自由度为 $n-1$ 的 t 分布.

输入语句：Needs["HypothesisTesting`"]

```
StudentTPValue[(66.5 - 70)/(15/Sqrt[36]), 35, TwoSided→True]
```

输出结果：TwoSidedPValue→0.170316

因为 0.05<0.170316，所以接受原假设，从而说明可以认为这次考试全体考生的平均成绩为 70 分.

2. 单正态总体方差的假设检验

VarianceTest[data，方差，选项]　表示由数表 data 检验总体方差，求出 P 值

可选参数有：

SignificanceLevel　给出显著性水平 α，默认值是 0.05
AlternativeHypothesis　备择假设的选择，默认值是“Unequal”，还可以选择“Greater”或“Less”

例 9.5.16　某炼铁厂的铁水含碳量 X 在正常情况下服从正态分布.现对操作工艺进行了改进，从中抽取 5 炉铁水，测得含碳量如下：

$$4.420\quad 4.052\quad 4.357\quad 4.287\quad 4.683$$

是否可以认为新工艺炼出的铁水含碳量的方差仍为$0.108^2(\alpha=0.05)$?

解　原假设 $H_0:\sigma^2=0.108^2$，备择假设为 $H_1:\sigma^2\neq 0.108^2$，此时为双边检验问题.

输入语句：
```
data = {4.42,4.052,4.357,4.287,4.683};
VarianceTest[data,0.108^2]
```

输出结果：
```
0.00264777
```

因为 0.05>000264777，所以拒绝原假设，从而说明新工艺炼出的铁水含碳量的方差不是 0.108^2.

小提示

VarianceTest 是内部函数，无需调用程序包.

ChiSquarePValue[统计量观测值，自由度，选项]　表示统计量服从 χ^2 分布时，求出 P 值

此时的可选参数为：

TwoSided　值为 True 时，给出双侧的 P 值，默认值为 False(单侧)

例 9.5.17　设某厂生产的铜线的折断力 $X\sim N(\mu,64)$.现从一批产品中抽查 10 根，测得其折断力的均值 $\overline{x}=575.2$，方差为 $s^2=68.16$.能否认为这批铜线折断力的方差仍为 64(取 $\alpha=0.01$)?

解　假设检验 $H_0:\sigma^2=64$.

所用的检验统计量是 $\chi^2=\dfrac{(n-1)s^2}{\sigma^2}$，服从自由度为 $n-1$ 的 χ^2 分布.

本题中 $n=10,\sigma^2=64,s^2=68.16$.

输入语句：
```
Needs["HypothesisTesting`"]
ChiSquarePValue[9×68.16/64,9,TwoSided→True]
```

输出结果：
```
TwoSidedPValue→0.770227
```

因为 0.01<0.770 227，所以接受原假设，从而说明可以认为这批铜线折断力的方差仍为 64.

附表 1

常用函数的傅氏变换表

序号	象原函数 $f(t)$	象函数 $F(\omega)$
1	矩形脉冲函数 $f(t)=\begin{cases}E & -\frac{\tau}{2}\leqslant t\leqslant\frac{\tau}{2}\\0 & 其他\end{cases}$	$\frac{2E}{\omega}\sin\frac{\omega\tau}{2}$
2	指数衰减函数 $f(t)=\begin{cases}0 & t<0\\e^{-\beta t} & t\geqslant 0\end{cases}(\beta>0)$	$\frac{1}{\beta+j\omega}=\frac{\beta-j\omega}{\beta^2+\omega^2}$
3	单位阶跃函数 $u(t)=\begin{cases}0 & t<0\\1 & t>0\end{cases}$	$\frac{1}{j\omega}+\pi\delta(\omega)$
4	单位脉冲函数 $\delta(t)$	1
5	1	$2\pi\delta(\omega)$
6	t^n	$2\pi j^n\delta^{(n)}(\omega)$
7	$e^{j\omega_0 t}$	$2\pi\delta(\omega-\omega_0)$
8	$\cos\omega_0 t$	$\pi[\delta(\omega-\omega_0)+\delta(\omega+\omega_0)]$
9	$\sin\omega_0 t$	$j\pi[\delta(\omega+\omega_0)-\delta(\omega-\omega_0)]$
10	$e^{\alpha\|t\|}$, $\mathrm{Re}(\alpha)<0$	$\frac{-2\alpha}{\omega^2+\alpha^2}$
11	$\mathrm{sgn}\, t=\begin{cases}-1 & t<0\\0 & t=0\\1 & t>0\end{cases}$	$\frac{2}{j\omega}$

附表 2

常用函数的拉氏变换表

序号	$f(t)$	$F(s)$
1	1	$\frac{1}{s}$
2	e^{kt}	$\frac{1}{s-k}$
3	t	$\frac{1}{s^2}$
4	$t^m, m\in \mathbf{N}_+$	$\frac{m!}{s^{m+1}}$
5	$e^{at}t^m$	$\frac{m!}{(s-a)^{m+1}}$
6	$\sin kt$	$\frac{k}{s^2+k^2}$
7	$\cos kt$	$\frac{s}{s^2+k^2}$
8	$e^{-at}\sin kt$	$\frac{k}{(s+a)^2+k^2}$
9	$e^{-at}\cos kt$	$\frac{s+a}{(s+a)^2+k^2}$
10	$1-e^{-at}$	$\frac{a}{s(s+a)}$
11	$e^{-at}-e^{-bt}$	$\frac{b-a}{(s+a)(s+b)}$
12	$\frac{1}{t}(e^{bt}-e^{at})$	$\ln\frac{s-a}{s-b}$
13	$\delta(t)$	1
14	$u(t)$	$\frac{1}{s}$

附表 3

泊松分布数值表

$$P(X=k)=\frac{\lambda^k}{k!}e^{-\lambda} \quad (k=0,1,2,\cdots)$$

k \ λ	0.1	0.2	0.3	0.4	0.5	0.6	0.7	0.8	0.9	1.0	1.5	2.0	2.5	3.0
0	0.940 8	0.818 7	0.740 8	0.670 3	0.606 5	0.548 8	0.496 0	0.449 3	0.406 6	0.367 9	0.223 1	0.135 3	0.082 1	0.049 8
1	0.090 5	0.163 7	0.222 3	0.268 1	0.303 3	0.329 3	0.347 6	0.359 5	0.365 9	0.367 9	0.334 7	0.270 7	0.205 2	0.149 4
2	0.004 5	0.016 4	0.033 3	0.053 6	0.075 8	0.098 8	0.121 6	0.143 8	0.164 7	0.183 9	0.251 0	0.270 7	0.256 5	0.224 0
3	0.000 2	0.001 1	0.003 3	0.007 2	0.012 6	0.019 8	0.028 4	0.038 3	0.049 4	0.061 3	0.125 5	0.180 5	0.213 8	0.224 0
4		0.000 1	0.000 3	0.000 7	0.001 6	0.003 0	0.005 0	0.007 7	0.011 1	0.015 3	0.047 1	0.090 2	0.133 6	0.168 1
5				0.000 1	0.000 2	0.000 3	0.000 7	0.001 2	0.002 0	0.003 1	0.014 1	0.036 1	0.066 8	0.100 8
6							0.000 1	0.000 2	0.000 3	0.000 5	0.003 5	0.012 0	0.027 8	0.050 4
7										0.000 1	0.000 8	0.003 4	0.009 9	0.021 6
8											0.000 2	0.000 9	0.003 1	0.008 1
9												0.000 2	0.000 9	0.002 7
10													0.000 2	0.000 8
11													0.000 1	0.000 2
12														0.000 1

k \ λ	3.5	4.0	4.5	5.0	6	7	8	9	10	11	12	13	14	15
0	0.030 2	0.018 3	0.011 1	0.006 7	0.002 5	0.000 9	0.000 3	0.000 1						
1	0.105 7	0.073 3	0.050 0	0.033 7	0.014 9	0.006 4	0.002 7	0.001 1	0.000 4	0.000 2	0.000 1			
2	0.185 0	0.146 5	0.112 5	0.084 2	0.044 6	0.022 3	0.010 7	0.005 0	0.002 3	0.001 0	0.000 4	0.000 2	0.000 1	
3	0.215 8	0.195 4	0.168 7	0.140 4	0.089 2	0.052 1	0.028 6	0.015 0	0.007 6	0.003 7	0.001 8	0.000 8	0.000 4	0.000 2
4	0.188 8	0.195 4	0.189 8	0.175 5	0.133 9	0.091 2	0.057 3	0.033 7	0.018 9	0.010 2	0.005 3	0.002 7	0.001 3	0.000 6
5	0.132 2	0.156 3	0.170 8	0.175 5	0.160 6	0.127 7	0.091 6	0.060 7	0.037 8	0.022 4	0.012 7	0.007 1	0.003 7	0.001 9
6	0.077 1	0.104 2	0.128 1	0.146 2	0.160 6	0.149 0	0.122 1	0.091 1	0.063 1	0.041 1	0.025 5	0.015 1	0.008 7	0.004 8
7	0.038 5	0.059 5	0.082 4	0.104 4	0.137 7	0.149 0	0.139 6	0.117 1	0.090 1	0.064 6	0.043 7	0.028 1	0.017 4	0.010 4
8	0.016 9	0.029 8	0.046 3	0.065 3	0.103 3	0.130 4	0.139 6	0.131 8	0.112 6	0.088 8	0.065 5	0.045 7	0.030 4	0.019 5
9	0.006 5	0.013 2	0.023 2	0.036 3	0.068 8	0.101 4	0.124 1	0.131 8	0.125 1	0.108 5	0.087 4	0.066 0	0.047 3	0.032 4
10	0.002 3	0.005 3	0.010 4	0.018 1	0.041 3	0.071 0	0.099 3	0.118 6	0.125 1	0.119 4	0.104 8	0.085 9	0.066 3	0.048 6
11	0.000 7	0.001 9	0.004 3	0.008 2	0.022 5	0.045 2	0.072 2	0.097 0	0.113 7	0.119 4	0.114 4	0.101 5	0.084 3	0.066 3
12	0.000 2	0.000 6	0.001 5	0.003 4	0.011 3	0.026 4	0.048 1	0.072 8	0.094 8	0.109 4	0.114 4	0.109 9	0.098 4	0.082 8
13	0.000 1	0.000 2	0.000 6	0.001 3	0.005 2	0.014 2	0.029 6	0.050 4	0.072 9	0.092 6	0.105 6	0.109 9	0.106 1	0.095 6
14		0.000 1	0.000 2	0.000 5	0.002 3	0.007 1	0.016 9	0.032 4	0.052 1	0.072 8	0.090 5	0.102 1	0.106 1	0.102 5
15			0.000 1	0.000 2	0.000 9	0.003 3	0.009 0	0.019 4	0.034 7	0.053 3	0.072 4	0.088 5	0.098 9	0.102 5
16				0.000 1	0.000 3	0.001 5	0.004 5	0.010 9	0.021 7	0.036 7	0.054 3	0.071 9	0.086 5	0.096 0
17					0.001 1	0.000 6	0.002 1	0.005 8	0.012 8	0.023 7	0.038 3	0.055 1	0.071 3	0.084 7
18						0.000 2	0.001 0	0.002 9	0.007 1	0.014 5	0.025 5	0.039 7	0.055 4	0.070 6
19						0.000 1	0.000 4	0.001 4	0.003 7	0.008 4	0.016 1	0.027 2	0.040 8	0.055 7
20							0.000 2	0.000 6	0.001 9	0.004 6	0.009 7	0.017 7	0.028 6	0.041 8
21							0.000 1	0.000 3	0.000 9	0.002 4	0.005 5	0.010 9	0.019 1	0.029 9
22								0.000 1	0.000 4	0.001 3	0.003 0	0.006 5	0.012 2	0.020 4
23									0.000 2	0.000 6	0.001 6	0.003 6	0.007 4	0.013 3
24									0.000 1	0.000 3	0.000 8	0.002 0	0.004 3	0.008 3
25										0.000 1	0.000 4	0.001 1	0.002 4	0.005 0
26											0.000 2	0.000 5	0.001 3	0.002 9
27											0.000 1	0.000 2	0.000 7	0.001 7
28												0.000 1	0.000 3	0.000 9
29													0.000 2	0.000 4
30													0.000 1	0.000 2
31														0.000 1

续表

λ=20						λ=30					
k	p	k	p	k	p	k	p	k	p	k	p
5	0.000 1	20	0.088 9	35	0.000 7	10		25	0.051 1	40	0.013 9
6	0.000 2	21	0.084 6	36	0.000 4	11		26	0.059 1	41	0.010 2
7	0.000 6	22	0.076 9	37	0.000 2	12	0.000 1	27	0.065 5	42	0.007 3
8	0.001 3	23	0.066 9	38	0.000 1	13	0.000 2	28	0.070 2	43	0.005 1
9	0.002 9	24	0.055 7	39	0.000 1	14	0.000 5	29	0.072 7	44	0.003 5
10	0.005 8	25	0.064 6			15	0.001 0	30	0.072 7	45	0.002 3
11	0.010 6	26	0.034 3			16	0.001 9	31	0.070 3	46	0.001 5
12	0.017 6	27	0.025 4			17	0.003 4	32	0.065 9	47	0.001 0
13	0.027 1	28	0.018 3			18	0.005 7	33	0.059 9	48	0.000 6
14	0.038 2	29	0.012 5			19	0.008 9	34	0.052 9	49	0.000 4
15	0.051 7	30	0.008 3			20	0.013 4	35	0.045 3	50	0.000 2
16	0.064 6	31	0.005 4			21	0.019 2	36	0.037 8	51	0.000 1
17	0.076 0	32	0.003 4			22	0.026 1	37	0.030 6	52	0.000 1
18	0.084 4	33	0.002 1			23	0.034 1	38	0.024 2		
19	0.088 9	34	0.001 2			24	0.042 6	39	0.018 6		

λ=40						λ=50					
k	p	k	p	k	p	k	p	k	p	k	p
15		35	0.048 5	55	0.004 3	25		45	0.045 8	65	0.006 3
16		36	0.053 9	56	0.003 1	26	0.000 1	46	0.049 8	66	0.004 8
17		37	0.058 3	57	0.002 2	27	0.000 1	47	0.053 0	67	0.003 6
18	0.000 1	38	0.061 4	58	0.001 5	28	0.000 2	48	0.055 2	68	0.002 6
19	0.000 1	39	0.062 9	59	0.001 0	29	0.000 4	49	0.056 4	69	0.001 9
20	0.000 2	40	0.062 9	60	0.000 7	30	0.000 7	50	0.056 4	70	0.001 4
21	0.000 4	41	0.061 4	61	0.000 5	31	0.001 1	51	0.055 2	71	0.001 0
22	0.000 7	42	0.058 5	62	0.000 3	32	0.001 7	52	0.053 1	72	0.000 7
23	0.001 2	43	0.054 4	63	0.000 2	33	0.002 6	53	0.050 1	73	0.000 5
24	0.001 9	44	0.049 5	64	0.000 1	34	0.003 8	54	0.046 4	74	0.000 3
25	0.003 1	45	0.044 0	65	0.000 1	35	0.005 4	55	0.042 2	75	0.000 2
26	0.004 7	46	0.038 2			36	0.007 5	56	0.037 7	76	0.000 1
27	0.007 0	47	0.032 5			37	0.010 2	57	0.033 0	77	0.000 1
28	0.010 0	48	0.027 1			38	0.013 4	58	0.028 5	78	0.000 1
29	0.013 9	49	0.022 1			39	0.017 2	59	0.024 1		
30	0.018 5	50	0.017 7			40	0.021 5	60	0.020 1		
31	0.023 8	51	0.013 9			41	0.026 2	61	0.016 5		
32	0.029 8	52	0.010 7			42	0.031 2	62	0.013 3		
33	0.036 1	53	0.008 5			43	0.036 3	63	0.010 6		
34	0.042 5	54	0.006 0			44	0.041 2	64	0.008 2		

附表 4

标准正态分布表

$$\Phi(u)=\frac{1}{\sqrt{2\pi}}\int_{-\infty}^{u}e^{-\frac{x^2}{2}}\mathrm{d}x\,(u\geqslant 0)$$

$\Phi(u)$ / u	0.00	0.01	0.02	0.03	0.04	0.05	0.06	0.07	0.08	0.09
0.0	0.500 0	0.504 0	0.508 0	0.512 0	0.516 0	0.519 9	0.523 9	0.527 9	0.531 9	0.535 9
0.1	0.539 8	0.543 8	0.547 8	0.551 7	0.555 7	0.559 6	0.563 6	0.567 5	0.571 4	0.575 3
0.2	0.579 3	0.583 2	0.587 1	0.591 0	0.594 8	0.598 7	0.602 6	0.606 4	0.610 3	0.614 1
0.3	0.617 9	0.621 7	0.625 5	0.629 3	0.633 1	0.636 8	0.640 6	0.644 3	0.648 0	0.651 7
0.4	0.655 4	0.659 1	0.662 8	0.666 4	0.670 0	0.673 6	0.677 2	0.680 8	0.684 4	0.687 9
0.5	0.691 5	0.695 0	0.698 5	0.701 9	0.705 4	0.708 8	0.712 3	0.715 7	0.719 0	0.722 4
0.6	0.725 7	0.729 1	0.732 4	0.735 7	0.738 9	0.742 2	0.745 4	0.748 6	0.751 7	0.754 9
0.7	0.758 0	0.761 1	0.764 2	0.767 3	0.770 3	0.773 4	0.776 4	0.779 4	0.782 3	0.785 2
0.8	0.788 1	0.791 0	0.793 9	0.796 7	0.799 5	0.802 3	0.805 1	0.807 8	0.810 6	0.813 3
0.9	0.815 9	0.818 6	0.821 2	0.823 8	0.826 4	0.828 9	0.831 5	0.834 0	0.836 5	0.838 9
1.0	0.841 3	0.843 8	0.846 1	0.848 5	0.850 8	0.853 1	0.855 4	0.857 7	0.859 9	0.862 1
1.1	0.864 3	0.866 5	0.868 6	0.870 8	0.872 9	0.874 9	0.877 0	0.879 0	0.881 0	0.883 0
1.2	0.884 9	0.886 9	0.888 8	0.890 7	0.892 5	0.894 4	0.896 2	0.898 0	0.899 7	0.901 5
1.3	0.903 2	0.904 9	0.906 6	0.908 2	0.909 9	0.911 5	0.913 1	0.914 7	0.916 2	0.917 7
1.4	0.919 2	0.920 7	0.922 2	0.923 6	0.925 1	0.926 5	0.927 8	0.929 2	0.930 6	0.931 9
1.5	0.933 2	0.934 5	0.935 7	0.937 0	0.938 2	0.939 4	0.940 6	0.941 8	0.943 0	0.944 1
1.6	0.945 2	0.946 3	0.947 4	0.948 4	0.949 5	0.950 5	0.951 5	0.952 5	0.953 5	0.954 5
1.7	0.955 4	0.956 4	0.957 3	0.958 2	0.959 1	0.959 9	0.960 8	0.961 6	0.962 5	0.963 3
1.8	0.964 1	0.964 8	0.965 6	0.966 4	0.967 1	0.967 8	0.968 6	0.969 3	0.970 0	0.970 6
1.9	0.971 3	0.971 9	0.972 6	0.973 2	0.973 8	0.974 4	0.975 0	0.975 6	0.976 2	0.976 7
2.0	0.977 2	0.977 8	0.978 3	0.978 8	0.978 3	0.979 8	0.980 3	0.980 8	0.981 2	0.981 7
2.1	0.982 1	0.982 6	0.983 0	0.983 4	0.983 8	0.984 2	0.984 6	0.985 0	0.985 4	0.985 7
2.2	0.986 1	0.986 4	0.986 8	0.987 1	0.987 4	0.987 8	0.988 1	0.988 4	0.988 7	0.989 0
2.3	0.989 3	0.989 6	0.989 8	0.990 1	0.990 4	0.990 6	0.990 9	0.991 1	0.991 3	0.991 6
2.4	0.991 8	0.992 0	0.992 2	0.992 5	0.992 7	0.992 9	0.993 1	0.993 2	0.993 4	0.993 6
2.5	0.993 8	0.994 0	0.994 1	0.994 3	0.994 5	0.994 6	0.994 8	0.994 9	0.995 1	0.995 2
2.6	0.995 3	0.995 5	0.995 6	0.995 7	0.995 9	0.996 0	0.996 1	0.996 2	0.996 3	0.996 4
2.7	0.996 5	0.996 6	0.996 7	0.996 8	0.996 9	0.997 0	0.997 1	0.997 2	0.997 3	0.997 4
2.8	0.997 4	0.997 5	0.997 6	0.997 7	0.997 7	0.997 8	0.997 9	0.997 9	0.998 0	0.998 1
2.9	0.998 1	0.998 2	0.998 2	0.998 3	0.998 4	0.998 4	0.998 5	0.998 5	0.998 6	0.998 6
3.0	0.998 7	0.999 0	0.999 3	0.999 5	0.999 7	0.999 8	0.999 8	0.999 9	0.999 9	1.000 0

注:本表最后一行自左至右依次是 $\Phi(3.0)$,…,$\Phi(3.9)$的值.

附表 5

χ^2 分布临界值表

$$P(\chi^2(n) > \chi^2_\alpha(n)) = \alpha$$

自由度 \ α	0.995	0.99	0.975	0.95	0.90	0.75	0.25	0.10	0.05	0.025	0.01	0.005
1			0.001	0.004	0.016	0.102	1.323	2.706	3.841	5.024	6.635	7.879
2	0.010	0.020	0.051	0.103	0.211	0.575	2.773	4.605	5.991	7.378	9.210	10.597
3	0.072	0.115	0.216	0.352	0.584	1.213	4.108	6.251	7.815	9.348	11.345	12.838
4	0.207	0.297	0.484	0.711	1.064	1.923	5.385	7.779	9.488	11.143	13.277	14.860
5	0.412	0.554	0.831	1.145	1.610	2.675	6.626	9.236	11.071	12.833	15.086	16.750
6	0.676	0.872	1.237	1.635	2.204	3.455	7.841	10.645	12.592	14.449	16.812	18.548
7	0.989	1.239	1.690	2.167	2.833	4.255	9.037	12.017	14.067	16.013	18.475	20.278
8	1.344	1.646	2.180	2.733	3.490	5.071	10.219	13.362	15.507	17.535	20.090	21.955
9	1.735	2.088	2.700	3.325	4.168	5.899	11.389	14.684	16.919	19.023	21.666	23.589
10	2.156	2.558	3.247	3.940	4.865	6.737	12.549	15.987	18.307	20.483	23.209	25.188
11	2.603	3.053	3.816	4.575	5.578	7.584	13.701	17.275	19.675	21.920	24.725	26.757
12	3.074	3.571	4.404	5.226	6.304	8.438	14.845	18.549	21.026	23.337	26.217	28.299
13	3.565	4.107	5.009	5.892	7.042	9.299	15.984	19.812	22.362	24.736	27.688	29.819
14	4.075	4.660	5.629	6.571	7.790	10.165	17.117	21.064	23.685	26.119	29.141	31.319
15	4.601	5.229	6.262	7.261	8.547	11.037	18.245	22.307	24.996	27.488	30.578	32.801
16	5.142	5.812	6.908	7.962	9.312	11.912	19.369	23.542	26.296	28.845	32.000	34.267
17	5.697	6.408	7.564	8.672	10.085	12.792	20.489	24.769	27.587	30.191	33.409	35.718
18	6.265	7.015	8.213	9.390	10.865	13.675	21.605	25.989	28.869	31.526	34.805	37.156
19	6.844	7.633	8.907	10.117	11.651	14.562	22.718	27.204	30.144	32.852	36.191	38.582
20	7.434	8.260	9.591	10.851	12.443	15.452	23.828	28.412	31.410	34.170	37.566	39.997
21	8.034	8.897	10.283	11.591	13.240	16.344	24.935	29.615	32.671	35.479	38.932	41.401
22	8.643	9.542	10.982	12.338	14.042	17.240	26.039	30.813	33.924	36.781	40.289	42.796
23	9.260	10.196	11.689	13.091	14.848	18.137	27.141	32.007	35.172	38.076	41.638	44.181
24	9.886	10.856	12.401	13.848	15.659	19.037	28.241	33.196	36.415	39.364	42.980	45.559
25	10.520	11.524	13.120	14.611	16.473	19.939	29.339	34.382	37.652	40.646	44.314	46.928
26	11.160	12.198	13.844	15.379	17.292	20.843	30.435	35.563	38.885	41.923	45.642	48.290
27	11.808	12.879	14.573	16.151	18.114	21.749	31.528	36.741	40.113	43.194	46.963	49.645
28	12.461	13.565	15.308	16.928	18.939	22.657	32.620	37.916	41.337	44.461	48.278	50.993
29	13.121	14.257	16.047	17.708	19.768	23.567	33.711	39.087	42.557	45.722	49.588	52.336
30	13.787	14.954	16.791	18.493	20.599	24.478	34.800	40.256	43.773	46.979	50.892	53.672
31	14.458	15.655	17.539	19.281	21.434	25.390	35.887	41.422	44.985	48.232	52.191	55.003
32	15.134	16.362	18.291	20.072	22.271	26.304	36.973	42.585	46.194	49.480	53.486	56.328
33	15.815	17.074	19.047	20.867	23.110	27.219	38.058	43.745	47.400	50.725	54.776	57.648
34	16.501	17.789	19.806	21.664	23.952	28.136	39.141	44.903	48.602	51.966	56.061	58.964
35	17.192	18.509	20.569	22.465	24.797	29.054	40.223	46.059	49.802	53.203	57.342	60.275
36	17.887	19.233	21.336	23.269	25.643	29.973	41.304	47.212	50.998	54.437	58.619	61.581
37	18.586	19.960	22.106	24.075	26.492	30.893	42.383	48.363	52.192	55.668	59.892	62.883
38	19.289	20.691	22.878	24.884	27.343	31.815	43.462	49.513	53.384	56.896	61.162	64.181
39	19.996	21.426	23.654	25.695	28.196	32.737	44.539	50.660	54.572	58.120	62.428	65.476
40	20.707	22.164	24.433	26.509	29.051	33.660	45.616	51.805	55.758	59.342	63.691	66.766

附表 6

t 分布临界值表

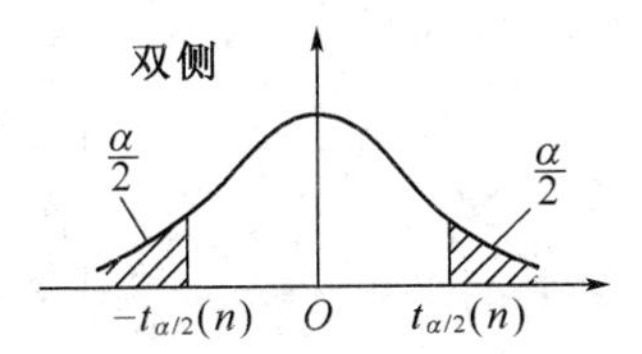

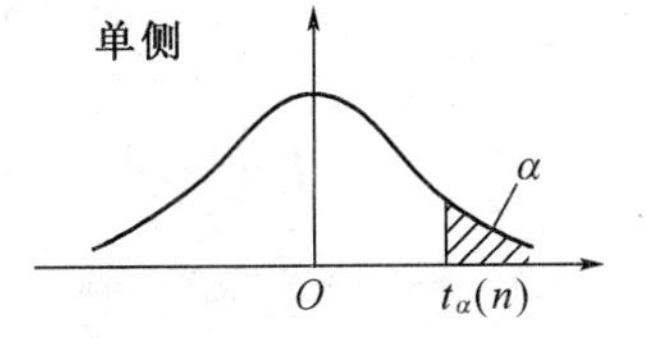

α	双　侧	0.5	0.2	0.1	0.05	0.02	0.01
	单　侧	0.25	0.1	0.05	0.025	0.01	0.005
自由度	1	1.000	3.078	6.314	12.708	31.821	63.657
	2	0.816	1.886	2.920	4.303	6.965	9.925
	3	0.765	1.638	2.353	3.182	4.541	5.841
	4	0.741	1.533	2.132	2.776	3.747	4.604
	5	0.727	1.476	2.015	2.571	3.365	4.032
	6	0.718	1.440	1.943	2.447	8.143	3.707
	7	0.711	1.415	1.895	2.365	2.998	3.499
	8	0.706	1.397	1.860	2.306	2.896	3.355
	9	0.703	1.383	1.833	2.262	2.821	3.250
	10	0.700	1.372	1.812	2.228	2.764	3.169
	11	0.697	1.363	1.796	2.201	2.718	3.106
	12	0.695	1.358	1.782	2.179	2.681	3.056
	13	0.694	1.350	1.771	2.160	2.650	3.012
	14	0.692	1.345	1.761	2.145	2.624	2.977
	15	0.691	1.341	1.753	2.131	2.602	2.947
	16	0.690	1.337	1.748	2.120	2.583	2.921
	17	0.689	1.333	1.740	2.110	2.567	2.898
	18	0.688	1.330	1.734	2.101	2.552	2.878
	19	0.688	1.328	1.729	2.093	2.589	2.861
	20	0.687	1.325	1.725	2.086	2.528	2.845
	21	0.686	1.323	1.721	2.080	2.518	2.831
	22	0.686	1.321	1.717	2.074	2.508	2.819
	23	0.685	1.319	1.714	2.069	2.500	2.807
	24	0.685	1.318	1.711	2.064	2.492	2.797
	25	0.684	1.316	1.708	2.060	2.485	2.787
	26	0.684	1.315	1.706	2.056	2.479	2.779
	27	0.684	1.314	1.703	2.052	2.473	2.771
	28	0.683	1.313	1.701	2.048	2.467	2.763
	29	0.683	1.311	1.699	2.045	2.462	2.756
	30	0.683	1.310	1.697	2.042	2.457	2.750
	40	0.681	1.303	1.684	2.021	2.423	2.704
	60	0.679	1.296	1.671	2.000	2.390	2.660
	120	0.677	1.289	1.658	1.980	2.358	2.617
	∞	0.674	1.282	1.645	1.960	2.326	2.576

附表 7

F 分布临界值表

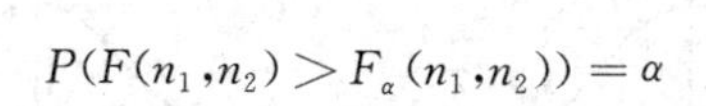

$$P(F(n_1,n_2) > F_\alpha(n_1,n_2)) = \alpha$$

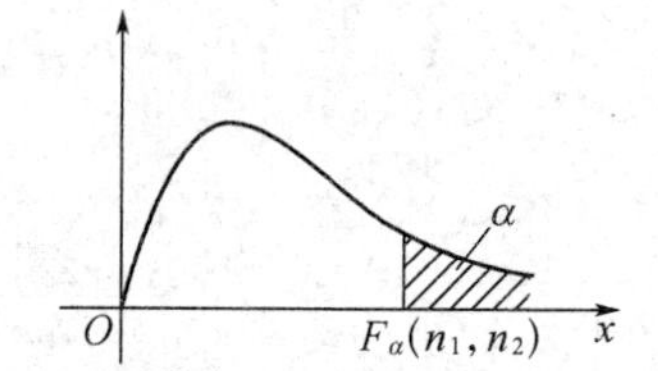

$\alpha = 0.10$

n_2 \ n_1	1	2	3	4	5	6	7	8	9	10	12	15	20	24	30	40	60	120	∞
1	39.86	49.50	53.59	55.83	57.24	58.20	58.91	59.44	59.86	60.19	60.71	61.22	61.74	62.00	62.26	62.53	62.79	63.06	63.33
2	8.53	9.00	9.16	9.24	9.26	9.33	9.35	9.37	9.38	9.39	9.41	9.42	9.44	9.45	9.46	9.47	9.47	9.48	9.49
3	5.54	5.46	5.39	5.34	5.31	5.28	5.27	5.25	5.24	5.23	5.22	5.20	5.18	5.18	5.17	5.16	5.15	5.14	5.13
4	4.54	4.32	4.19	4.11	4.05	4.01	3.98	3.95	3.94	3.92	3.96	3.87	3.84	3.83	3.82	3.80	3.79	3.78	3.76
5	4.06	3.78	3.62	3.52	3.45	3.40	3.37	3.34	3.32	3.30	3.27	3.24	3.21	3.19	3.17	3.16	3.14	3.12	3.10
6	3.78	3.46	3.29	3.18	3.11	3.05	3.01	2.98	2.96	2.94	2.90	2.87	2.84	2.82	2.80	2.78	2.76	2.74	2.72
7	4.59	3.26	3.07	2.96	2.88	2.83	2.78	2.75	2.72	2.70	2.67	2.63	2.59	2.58	2.56	2.54	2.51	2.49	2.47
8	3.46	3.11	2.92	2.81	2.78	2.67	2.62	2.59	2.56	2.54	2.50	2.46	2.42	2.40	2.38	2.36	2.34	2.32	2.29
9	3.36	3.01	2.81	2.69	2.61	2.55	2.51	2.47	2.44	2.42	2.38	2.34	2.30	2.28	2.25	2.23	2.21	2.18	2.16
10	3.28	2.92	2.73	2.61	2.52	2.46	2.41	2.38	2.35	2.32	2.28	2.24	2.20	2.18	2.16	2.13	2.11	2.08	2.06
11	3.23	2.86	2.66	2.54	2.45	2.39	2.34	2.30	2.27	2.25	2.21	2.17	2.12	2.10	2.08	2.05	2.03	2.00	1.97
12	3.18	2.81	2.61	2.48	2.39	2.33	2.28	2.24	2.21	2.19	2.15	2.10	2.06	2.04	2.01	1.99	1.96	1.93	1.90
13	3.14	2.76	2.56	2.43	2.35	2.28	2.23	2.20	2.16	2.14	2.10	2.05	2.01	1.98	1.96	1.93	1.90	1.88	1.85
14	3.10	2.73	2.52	2.39	2.31	2.24	2.19	2.15	2.12	2.10	2.05	2.01	1.96	1.94	1.91	1.89	1.86	1.83	1.80
15	3.07	2.70	2.49	2.36	2.27	2.21	2.16	2.12	2.09	2.06	2.02	1.97	1.92	1.90	1.87	1.85	1.82	1.79	1.76
16	3.05	2.67	2.46	2.33	2.24	2.18	2.13	2.09	2.06	2.03	1.99	1.94	1.89	1.87	1.84	1.81	1.78	1.75	1.72
17	3.03	2.64	2.44	2.31	2.22	2.15	2.10	2.06	2.03	2.00	1.96	1.91	1.86	1.84	1.81	1.78	1.75	1.72	1.69
18	3.01	2.62	2.42	2.29	2.20	2.13	2.08	2.04	2.00	1.98	1.93	1.89	1.84	1.81	1.78	1.75	1.72	1.69	1.66
19	2.99	2.61	2.40	2.27	2.18	2.11	2.06	2.02	1.98	1.96	1.91	1.86	1.81	1.79	1.76	1.73	1.70	1.67	1.63
20	2.97	2.59	2.38	2.25	2.16	2.09	2.04	2.00	1.96	1.94	1.89	1.84	1.79	1.77	1.74	1.71	1.68	1.64	1.61
21	2.96	2.57	2.36	2.23	2.14	2.08	2.02	1.98	1.95	1.92	1.87	1.83	1.78	1.75	1.72	1.69	1.66	1.62	1.59
22	2.95	2.56	2.35	2.22	2.13	2.06	2.01	1.97	1.93	1.90	1.86	1.81	1.76	1.73	1.70	1.67	1.64	1.60	1.57
23	2.94	2.55	2.34	2.21	2.11	2.05	1.99	1.95	1.92	1.89	1.84	1.80	1.74	1.72	1.69	1.66	1.62	1.59	1.55
24	2.93	2.54	2.33	2.19	2.10	2.04	1.98	1.94	1.91	1.88	1.83	1.78	1.73	1.70	1.67	1.64	1.61	1.57	1.53
25	2.92	2.53	2.32	2.18	2.09	2.02	1.97	1.93	1.89	1.87	1.82	1.77	1.72	1.69	1.66	1.63	1.59	1.56	1.52
26	2.91	2.52	2.31	2.17	2.08	2.01	1.96	1.92	1.88	1.86	1.81	1.76	1.71	1.68	1.65	1.61	1.58	1.54	1.50
27	2.90	2.51	2.30	2.17	2.07	2.00	1.95	1.91	1.87	1.85	1.80	1.75	1.70	1.67	1.64	1.60	1.57	1.53	1.49
28	2.89	2.50	2.29	2.16	2.06	2.00	1.94	1.90	1.87	1.84	1.79	1.74	1.69	1.66	1.63	1.59	1.56	1.52	1.48
29	2.89	2.50	2.28	2.15	2.06	1.99	1.93	1.89	1.86	1.83	1.78	1.73	1.68	1.65	1.62	1.58	1.55	1.51	1.47
30	2.88	2.49	2.28	2.14	2.05	1.98	1.93	1.88	1.85	1.82	1.77	1.72	1.67	1.64	1.61	1.57	1.54	1.50	1.46
40	2.84	2.44	2.23	2.09	2.00	1.93	1.87	1.83	1.79	1.76	1.71	1.66	1.61	1.57	1.54	1.51	1.47	1.42	1.38
60	2.79	2.39	2.18	2.04	1.95	1.87	1.82	1.77	1.74	1.71	1.66	1.60	1.54	1.51	1.48	1.44	1.40	1.35	1.29
120	2.75	2.35	2.13	1.99	1.90	1.82	1.77	1.72	1.68	1.65	1.60	1.55	1.48	1.45	1.41	1.37	1.32	1.26	1.19
∞	2.71	2.30	2.08	1.94	1.85	1.77	1.72	1.67	1.63	1.60	1.55	1.49	1.42	1.38	1.34	1.30	1.24	1.17	1.00

续表

$\alpha = 0.05$

n_2 \ n_1	1	2	3	4	5	6	7	8	9	10	12	15	20	24	30	40	60	120	∞
1	161.4	199.5	215.7	224.6	230.2	234.0	236.8	238.9	240.5	241.9	243.9	245.9	248.0	249.1	250.1	251.1	252.2	253.3	254.3
2	18.51	19.00	19.16	19.25	19.30	19.33	19.35	19.37	19.38	19.40	19.41	19.43	19.45	19.45	19.46	19.47	19.48	19.49	19.50
3	10.13	9.55	9.28	9.12	9.01	8.94	8.89	8.85	8.81	8.79	8.74	8.70	8.66	8.64	8.62	8.59	8.57	8.55	8.53
4	7.71	6.94	6.59	6.39	6.26	6.16	6.09	6.04	6.00	5.96	5.91	5.86	5.80	5.77	5.75	5.72	5.69	5.66	5.63
5	6.61	5.79	5.41	5.19	5.05	4.95	4.88	4.82	4.77	4.74	4.68	4.62	4.56	4.53	4.50	4.46	4.43	4.40	4.36
6	5.99	5.14	4.76	4.53	4.39	4.28	4.21	4.15	4.10	4.06	4.00	3.94	3.87	3.84	3.81	3.77	3.74	3.70	3.67
7	5.59	4.74	4.35	4.12	3.97	3.87	3.79	3.73	3.68	3.64	3.57	3.51	3.44	3.41	3.38	3.34	3.30	3.27	3.23
8	5.32	4.46	4.07	3.84	3.69	3.58	3.50	3.44	3.39	3.35	3.28	3.22	3.15	3.12	3.08	3.04	3.01	2.97	2.93
9	5.12	4.26	3.86	3.63	3.48	3.37	3.29	3.23	3.18	3.14	3.07	3.01	2.94	2.90	2.86	2.83	2.79	2.75	2.71
10	4.96	4.10	3.71	3.48	3.33	3.22	3.14	3.07	3.02	2.98	2.91	2.85	2.77	2.74	2.70	2.66	2.62	2.58	2.54
11	4.84	3.98	3.59	3.36	3.20	3.09	3.01	2.95	2.90	2.85	2.79	2.72	2.65	2.61	2.57	2.53	2.49	2.45	2.40
12	4.75	3.89	3.49	3.26	3.11	3.00	2.91	2.85	2.80	2.75	2.69	2.62	2.54	2.51	2.47	2.43	2.38	2.34	2.30
13	4.67	3.81	3.41	3.18	3.03	2.92	2.83	2.77	2.71	2.67	2.60	2.53	2.46	2.42	2.38	2.34	2.30	2.25	2.21
14	4.60	3.74	3.34	3.11	2.96	2.85	2.76	2.70	2.65	2.60	2.53	2.46	2.39	2.35	2.31	2.27	2.22	2.18	2.13
15	4.54	3.68	3.29	3.06	2.90	2.79	2.71	2.64	2.59	2.54	2.48	2.40	2.33	2.29	2.25	2.20	2.16	2.11	2.07
16	4.49	3.63	3.24	3.01	2.85	2.74	2.66	2.59	2.54	2.49	2.42	2.35	2.28	2.24	2.19	2.15	2.11	2.06	2.01
17	4.45	3.59	3.20	2.96	2.81	2.70	2.61	2.55	2.49	2.45	2.38	2.31	2.23	2.19	2.15	2.10	2.06	2.01	1.96
18	4.41	3.55	3.16	2.93	2.77	2.66	2.58	2.51	2.46	2.41	2.34	2.27	2.19	2.15	2.11	2.06	2.02	1.97	1.92
19	4.38	3.52	3.13	2.90	2.74	2.63	2.54	2.48	2.42	2.38	2.31	2.23	2.16	2.11	2.07	2.03	1.98	1.93	1.88
20	4.35	3.49	3.10	2.87	2.71	2.60	2.51	2.45	2.39	2.35	2.28	2.20	2.12	2.08	2.04	1.99	1.95	1.90	1.84
21	4.32	3.47	3.07	2.84	2.68	2.57	2.49	2.42	2.37	2.32	2.25	2.18	2.10	2.05	2.01	1.96	1.92	1.87	1.81
22	4.30	3.44	3.05	2.82	2.66	2.55	2.46	2.40	2.34	2.30	2.23	2.15	2.07	2.03	1.98	1.94	1.89	1.84	1.78
23	4.28	3.42	3.03	2.80	2.64	2.53	2.44	2.37	2.32	2.27	2.20	2.13	2.05	2.01	1.96	1.91	1.86	1.81	1.76
24	4.26	3.40	3.01	2.78	2.62	2.51	2.42	2.36	2.30	2.25	2.18	2.11	2.03	1.98	1.94	1.89	1.84	1.79	1.73
25	4.24	3.39	2.99	2.76	2.60	2.49	2.40	2.34	2.28	2.24	2.16	2.09	2.01	1.96	1.92	1.87	1.82	1.77	1.71
26	4.23	3.37	2.98	2.74	2.59	2.47	2.39	2.32	2.27	2.22	2.15	2.07	1.99	1.95	1.90	1.85	1.80	1.75	1.69
27	4.21	3.35	2.96	2.73	2.57	2.46	2.37	2.31	2.25	2.20	2.13	2.06	1.97	1.93	1.88	1.84	1.79	1.73	1.67
28	4.20	3.34	2.95	2.71	2.56	2.45	2.36	2.29	2.24	2.19	2.12	2.04	1.96	1.91	1.87	1.82	1.77	1.71	1.65
29	4.18	3.33	2.93	2.70	2.55	2.43	2.35	2.28	2.22	2.18	2.10	2.03	1.94	1.90	1.85	1.81	1.75	1.70	1.64
30	4.17	3.32	2.92	2.69	2.53	2.42	2.33	2.27	2.21	2.16	2.09	2.01	1.93	1.89	1.84	1.79	1.74	1.68	1.62
40	4.08	3.23	2.84	2.61	2.45	2.34	2.25	2.18	2.12	2.08	2.00	1.92	1.84	1.79	1.74	1.69	1.64	1.58	1.51
60	4.00	3.15	2.76	2.53	2.37	2.25	2.17	2.10	2.04	1.99	1.92	1.84	1.75	1.70	1.65	1.59	1.53	1.47	1.39
120	3.92	3.07	2.68	2.45	2.29	2.17	2.09	2.02	1.96	1.91	1.83	1.75	1.66	1.61	1.55	1.50	1.43	1.35	1.25
∞	3.84	3.00	2.60	2.37	2.21	2.10	2.01	1.94	1.88	1.83	1.75	1.67	1.57	1.52	1.46	1.39	1.32	1.22	1.00

续表

$\alpha = 0.025$

n_2 \ n_1	1	2	3	4	5	6	7	8	9	10	12	15	20	24	30	40	60	120	∞
1	647.8	799.5	864.2	899.6	921.8	937.1	948.2	956.7	963.3	968.6	976.7	984.9	993.1	997.2	1 001	1 006	1 010	1 014	1 018
2	38.51	39.00	39.17	39.25	39.30	39.33	39.36	39.37	39.39	39.40	39.41	39.43	39.45	39.46	39.46	39.47	39.48	39.49	39.50
3	17.44	16.04	15.44	15.10	14.88	14.73	14.62	14.54	14.47	14.42	14.34	14.25	14.17	14.12	14.08	14.04	13.99	13.95	13.90
4	12.22	10.65	9.98	9.60	9.36	9.20	9.07	8.98	8.90	8.84	8.75	8.66	8.56	8.51	8.64	8.41	8.36	8.31	8.26
5	10.01	8.43	7.76	7.39	7.15	6.98	6.85	6.76	6.68	6.62	6.52	6.43	6.33	6.28	6.23	6.18	6.12	6.07	6.02
6	8.81	7.26	6.60	6.23	5.99	5.82	5.70	5.60	5.52	5.46	5.37	5.27	5.17	5.12	5.07	5.01	4.96	4.90	4.85
7	8.07	6.54	5.89	5.52	5.29	5.12	4.99	4.90	4.82	4.76	4.67	4.57	4.47	4.42	4.36	4.31	4.25	4.20	4.14
8	7.57	6.06	5.42	5.05	4.82	4.65	4.53	4.43	4.36	4.30	4.20	4.10	4.00	3.95	3.89	3.84	3.78	3.73	3.67
9	7.21	5.71	5.08	4.72	4.48	4.32	4.20	4.10	4.03	3.96	3.87	3.77	3.67	3.61	3.56	3.51	3.45	3.39	3.33
10	6.94	5.46	4.83	4.47	4.24	4.07	3.95	3.85	3.78	3.72	3.62	3.52	3.42	3.37	3.31	3.26	3.20	3.14	3.08
11	6.72	5.26	4.63	4.28	4.04	3.88	3.76	3.66	3.59	3.53	3.43	3.33	3.23	3.17	3.12	3.06	3.00	2.94	2.88
12	6.55	5.10	4.47	4.12	3.89	3.73	3.61	3.51	3.44	3.37	3.28	3.18	3.07	3.02	2.96	2.91	2.85	2.79	2.72
13	6.41	4.97	4.35	4.00	3.77	3.60	3.48	3.39	3.31	3.25	3.15	3.05	2.95	2.89	2.84	2.78	2.72	2.66	2.60
14	6.30	4.86	4.24	3.89	3.66	3.50	3.38	3.29	3.21	3.15	3.05	2.95	2.84	2.79	2.73	2.67	2.61	2.55	2.49
15	6.20	4.77	4.15	3.80	3.58	3.41	3.29	3.20	3.12	3.06	2.96	2.86	2.76	2.70	2.64	2.59	2.52	2.46	2.40
16	6.12	4.69	4.08	3.73	3.50	3.34	3.22	3.12	3.05	2.99	2.89	2.79	2.68	2.63	2.57	2.51	2.45	2.38	2.32
17	6.04	4.62	4.01	3.66	3.44	3.28	3.16	3.06	2.98	2.92	2.82	2.72	2.62	2.56	2.50	2.44	2.38	2.32	2.25
18	5.98	4.56	3.95	3.61	3.38	3.22	3.10	3.01	2.93	2.87	2.77	2.67	2.56	2.50	2.44	2.38	2.32	2.26	2.19
19	5.92	4.51	3.90	3.56	3.33	3.17	3.05	2.96	2.88	2.82	2.72	2.62	2.51	2.45	2.39	2.33	2.27	2.20	2.13
20	5.87	4.46	3.86	3.51	3.29	3.13	3.01	2.91	2.84	2.77	2.68	2.57	2.46	2.41	2.35	2.29	2.22	2.16	2.09
21	5.83	4.42	3.82	3.48	3.25	3.09	2.97	2.87	2.80	2.73	2.64	2.53	2.42	2.37	2.31	2.25	2.18	2.11	2.04
22	5.79	4.38	3.78	3.44	3.22	3.05	2.93	2.84	2.76	2.70	2.60	2.50	2.39	2.33	2.27	2.21	2.14	2.08	2.00
23	5.75	4.35	3.75	3.41	3.18	3.02	2.90	2.81	2.73	2.67	2.57	2.47	2.36	2.30	2.24	2.18	2.11	2.04	1.97
24	5.72	4.32	3.72	3.38	3.15	2.99	2.87	2.78	2.70	2.64	2.54	2.44	2.33	2.27	2.21	2.15	2.08	2.01	1.94
25	5.69	4.29	3.69	3.35	3.13	2.97	2.85	2.75	2.68	2.61	2.51	2.41	2.30	2.24	2.18	2.12	2.05	1.98	1.91
26	5.66	4.27	3.67	3.33	3.10	2.94	2.82	2.73	2.65	2.59	2.49	2.39	2.28	2.22	2.16	2.09	2.03	1.95	1.88
27	5.63	4.24	3.65	3.31	3.08	2.92	2.80	2.71	2.63	2.57	2.47	2.36	2.25	2.19	2.13	2.07	2.00	1.93	1.85
28	5.61	4.22	3.63	3.29	3.06	2.90	2.78	2.69	2.61	2.55	2.45	2.34	2.23	2.17	2.11	2.05	1.98	1.91	1.83
29	5.59	4.20	3.61	3.27	3.04	2.88	2.76	2.67	2.59	2.53	2.43	2.32	2.21	2.15	2.09	2.03	1.96	1.89	1.81
30	5.57	4.18	3.59	3.25	3.03	2.87	2.75	2.65	2.57	2.51	2.41	2.31	2.20	2.14	2.07	2.01	1.94	1.87	1.79
40	5.42	4.05	3.46	3.13	2.90	2.74	2.62	2.53	2.45	2.39	2.29	2.18	2.07	2.01	1.94	1.88	1.80	1.72	1.64
60	5.29	3.93	3.34	3.01	2.79	2.63	2.51	2.41	2.33	2.27	2.17	2.06	1.94	1.88	1.82	1.74	1.67	1.58	1.48
120	5.15	3.80	3.23	2.89	2.67	2.52	2.39	2.30	2.22	2.16	2.05	1.94	1.82	1.76	1.69	1.61	1.53	1.43	1.31
∞	5.02	3.69	3.12	2.79	2.57	2.41	2.29	2.19	2.11	2.05	1.94	1.83	1.71	1.64	1.57	1.48	1.39	1.27	1.00

续表

$\alpha = 0.01$

n_2 \ n_1	1	2	3	4	5	6	7	8	9	10	12	15	20	24	30	40	60	120	∞
1	4 025	4 999.5	5 403	5 625	5 764	5 859	5 928	5 982	6 022	6 056	6 106	6 157	6 209	6 235	6 261	6 287	6 313	6 339	6 366
2	98.50	99.00	99.17	99.25	99.30	99.33	99.36	99.37	99.39	99.40	99.42	99.43	99.45	99.46	99.47	99.47	99.48	99.49	99.50
3	34.12	30.82	29.46	28.71	28.24	27.91	27.67	27.49	27.35	27.23	27.05	26.87	26.69	26.60	26.50	26.41	26.32	26.22	26.13
4	21.20	18.00	16.96	15.98	15.52	15.21	14.98	14.80	14.66	14.55	14.37	14.20	14.02	13.93	13.84	13.75	13.65	13.56	13.46
5	16.26	13.27	12.06	11.39	10.97	10.67	10.46	10.29	10.16	10.05	9.89	9.72	9.55	9.47	9.38	9.29	9.20	9.11	9.02
6	13.75	10.92	9.78	9.15	8.75	8.47	8.26	8.10	7.98	7.87	7.72	7.56	7.40	7.31	7.23	7.14	7.06	6.97	6.88
7	12.25	9.55	8.45	7.85	7.46	7.19	6.99	6.84	6.72	6.62	6.47	6.31	6.16	6.07	5.99	5.91	5.82	5.74	5.65
8	11.26	8.65	7.59	7.01	6.63	6.37	6.18	6.03	5.91	5.81	5.67	5.52	5.36	5.28	5.20	5.12	5.03	4.95	4.86
9	10.56	8.02	6.99	6.42	6.06	5.80	5.61	5.47	5.35	5.26	5.11	4.96	4.81	4.73	4.65	4.57	4.48	4.40	4.31
10	10.04	7.56	6.55	5.99	5.64	5.39	5.20	5.06	4.94	4.85	4.71	4.56	4.41	4.33	4.25	4.17	4.08	4.00	3.91
11	9.65	7.21	6.22	5.67	5.32	5.07	4.89	4.47	4.63	4.54	4.40	4.25	4.10	4.02	3.94	3.86	4.78	3.69	3.60
12	9.33	6.93	5.95	5.41	5.06	4.82	4.64	4.50	4.39	4.30	4.16	4.01	3.86	3.78	3.70	3.62	3.54	3.45	3.36
13	9.07	6.70	5.74	5.21	4.86	4.62	4.44	4.30	4.19	4.10	3.96	3.82	3.66	3.59	3.51	3.43	3.34	3.25	3.17
14	8.86	6.51	5.56	5.04	4.69	4.46	4.28	4.14	4.03	3.94	3.80	3.66	3.51	3.43	3.35	3.27	3.18	3.09	3.00
15	8.68	6.36	5.42	4.89	4.56	4.32	4.14	4.00	3.89	3.80	3.67	3.52	3.37	3.29	3.21	3.13	3.05	2.96	2.87
16	8.53	6.23	5.29	4.77	4.44	4.20	4.03	3.89	3.78	3.69	3.55	3.41	3.26	3.18	3.10	3.02	2.93	2.84	2.75
17	8.40	6.11	5.18	4.67	4.34	4.10	3.93	3.79	3.68	3.59	3.46	3.31	3.16	3.08	3.00	2.92	2.83	2.75	2.65
18	8.29	6.01	5.09	4.58	4.25	4.01	3.84	3.71	3.60	3.51	3.37	3.23	3.08	3.00	2.92	2.84	2.75	2.66	2.57
19	8.18	5.93	5.01	4.50	4.17	3.94	3.77	3.63	3.52	3.43	3.30	3.15	3.00	2.92	2.84	2.76	2.67	2.58	2.49
20	8.10	5.85	4.94	4.43	4.10	3.87	3.70	3.56	3.46	3.37	3.23	3.09	2.94	2.86	2.78	2.69	2.61	2.52	2.42
21	8.02	5.78	4.87	4.37	4.04	3.81	3.64	3.51	3.40	3.31	3.17	3.03	2.88	2.80	2.72	2.64	2.55	2.46	2.36
22	7.95	5.72	4.82	4.31	3.99	3.76	3.59	3.45	3.35	3.26	3.12	2.98	2.83	2.75	2.67	2.58	2.50	2.40	2.31
23	7.88	5.66	4.76	4.26	3.94	3.71	3.54	3.41	3.30	3.21	3.07	2.93	2.78	2.70	2.62	2.54	2.45	2.35	2.26
24	7.82	5.61	4.72	4.22	3.90	3.67	3.50	3.36	3.26	3.17	3.03	2.89	2.74	2.66	2.58	2.49	2.40	2.31	2.21
25	7.77	5.57	4.68	4.18	3.85	3.63	3.46	3.32	3.22	3.13	2.99	2.85	2.70	2.62	2.54	2.45	2.36	2.27	2.17
26	7.72	5.53	4.64	4.14	3.82	3.59	3.42	3.29	3.18	3.09	2.96	2.81	2.66	2.58	2.50	2.42	2.33	2.23	2.13
27	7.68	5.49	4.60	4.11	3.78	3.56	3.39	3.26	3.15	3.06	2.93	2.78	2.63	2.55	2.47	2.38	2.29	2.20	2.10
28	7.64	5.45	4.57	4.07	3.75	3.53	3.36	3.23	3.12	3.03	2.90	2.75	2.60	2.52	2.44	2.35	2.26	2.17	2.06
29	7.60	5.42	4.54	4.04	3.73	3.50	3.33	3.20	3.09	3.00	2.87	2.73	2.57	2.49	2.41	2.33	2.23	2.14	2.03
30	7.56	5.39	4.51	4.02	3.70	3.47	3.30	3.17	3.07	2.98	2.84	2.70	2.55	2.47	2.39	2.30	2.21	2.11	2.01
40	7.31	5.18	4.31	3.83	3.51	3.29	3.12	2.99	2.89	2.80	2.66	2.52	2.37	2.29	2.20	2.11	2.02	1.92	1.80
60	7.08	4.98	4.13	3.65	3.34	3.12	2.95	2.82	2.72	2.63	2.50	2.35	2.20	2.12	2.03	1.94	1.84	1.73	1.60
120	6.85	4.79	3.95	3.48	3.17	2.96	2.79	2.66	2.56	2.47	2.34	2.19	2.03	1.95	1.86	1.76	1.66	1.53	1.38
∞	6.63	4.61	3.78	3.32	3.02	2.80	2.64	2.51	2.41	2.32	2.18	2.04	1.88	1.79	1.70	1.59	1.47	1.32	1.00

续表

$\alpha = 0.005$

n_2 \ n_1	1	2	3	4	5	6	7	8	9	10	12	15	20	24	30	40	60	120	∞
1	16 211	20 000	21 615	22 500	23 056	23 437	23 715	23 925	24 091	24 224	24 426	24 630	24 836	24 940	25 044	22 148	25 253	25 359	25 465
2	198.5	199.0	199.2	199.2	199.3	199.3	199.4	199.4	199.4	199.4	199.4	199.4	199.4	199.5	199.5	199.5	199.5	199.5	199.5
3	55.55	49.80	47.47	46.19	45.39	44.84	44.43	44.13	43.88	43.69	43.39	43.08	42.78	42.62	42.47	42.31	42.15	41.99	41.83
4	31.33	26.28	24.26	23.15	22.46	21.97	21.62	21.35	21.14	20.97	20.70	20.44	20.17	20.03	19.89	19.75	19.61	19.47	19.32
5	22.78	18.31	16.53	15.56	14.94	14.51	14.20	13.96	13.77	13.62	13.38	13.15	12.90	12.78	12.66	12.53	12.40	12.27	12.14
6	18.63	14.54	12.92	12.03	11.46	11.07	10.79	10.57	10.39	10.25	10.03	9.81	9.59	9.47	9.36	9.24	9.12	9.00	8.88
7	16.24	12.40	10.88	10.05	9.52	9.16	8.89	8.68	8.51	8.38	8.18	7.97	7.75	7.65	7.53	7.42	7.31	7.19	7.08
8	14.69	11.04	9.60	8.81	8.30	7.95	7.69	7.50	7.34	7.21	7.01	6.81	6.61	6.50	6.40	6.29	6.18	6.06	5.95
9	13.61	10.11	8.72	7.96	7.47	7.13	6.88	6.69	6.54	6.42	6.23	6.03	5.83	5.73	5.62	5.52	5.41	5.30	5.19
10	12.83	9.43	8.08	7.34	6.87	6.54	6.30	6.12	5.97	5.85	5.66	5.47	5.27	5.17	5.07	4.97	4.86	4.75	4.64
11	12.23	8.91	7.60	6.88	6.42	6.10	5.86	5.68	5.54	5.42	5.24	5.05	4.86	4.76	4.65	4.55	4.44	4.34	4.23
12	11.75	8.51	7.23	6.52	6.07	5.76	5.52	5.35	5.20	5.09	4.91	4.72	4.53	4.43	4.33	4.23	4.12	4.01	3.90
13	11.37	8.19	6.93	6.23	5.79	5.48	5.25	5.08	4.94	4.82	4.64	4.46	4.27	4.17	4.07	3.97	3.87	3.76	3.65
14	11.06	7.92	6.68	6.00	5.56	5.26	5.03	4.86	4.72	4.60	4.43	4.25	4.06	3.96	3.86	3.76	3.66	3.55	3.44
15	10.80	7.70	6.48	5.80	5.37	5.07	4.85	4.67	4.54	4.42	4.25	4.07	3.88	3.79	3.69	3.58	3.48	3.37	3.26
16	10.58	7.51	6.30	5.64	5.21	4.91	4.69	4.52	4.38	4.27	4.10	3.92	3.73	3.64	3.54	3.44	3.33	3.22	3.11
17	10.38	7.35	6.16	5.50	5.07	4.78	4.56	4.39	4.25	4.14	3.97	3.79	3.61	3.51	3.41	3.31	3.21	3.10	2.98
18	10.22	7.21	6.03	5.37	4.96	4.66	4.44	4.28	4.14	4.03	3.86	3.68	3.50	3.40	3.30	3.20	3.10	2.99	2.87
19	10.07	7.09	5.92	5.27	4.85	4.56	4.34	4.18	4.04	3.93	3.76	3.59	3.40	3.31	3.21	3.11	3.00	2.89	2.78
20	9.94	6.99	5.82	5.17	4.76	4.47	4.26	4.09	3.96	3.85	3.68	3.50	3.32	3.22	3.12	3.02	2.92	2.81	2.69
21	9.83	6.89	5.73	5.09	4.68	4.39	4.18	4.01	3.88	3.77	3.60	3.43	3.24	3.15	3.05	2.95	2.84	2.73	2.61
22	9.73	6.81	5.65	5.02	4.61	4.32	4.11	3.94	3.81	3.70	3.54	3.36	3.18	3.08	2.98	2.88	2.77	2.66	2.55
23	9.63	6.73	5.58	4.95	4.54	4.26	4.05	3.88	3.75	3.64	3.47	3.30	3.12	3.02	2.92	2.82	2.71	2.60	2.48
24	9.55	6.66	5.52	4.89	4.49	4.20	3.99	3.83	3.69	3.59	3.42	3.25	3.06	2.97	2.87	2.77	2.66	2.55	2.43
25	9.48	6.60	5.46	4.84	4.43	4.15	3.94	3.78	3.64	3.54	3.37	3.20	3.01	2.92	2.82	2.72	2.61	2.50	2.38
26	9.41	6.54	5.41	4.79	4.38	4.10	3.89	3.73	3.60	3.49	3.33	3.15	2.97	2.87	2.77	2.67	2.56	2.45	2.33
27	9.34	6.49	5.36	4.74	4.34	4.06	3.85	3.69	3.56	3.45	3.28	3.11	2.93	2.83	2.73	2.63	2.52	2.41	2.29
28	9.28	6.44	5.32	4.70	4.30	4.02	3.81	3.65	3.52	3.41	3.25	3.07	2.89	2.79	2.69	2.59	2.48	2.37	2.25
29	9.23	6.40	5.28	4.66	4.26	3.98	3.77	3.61	3.48	3.38	3.21	3.04	2.86	2.76	2.66	2.56	2.45	2.33	2.21
30	9.18	6.35	5.24	4.62	4.23	3.95	3.74	3.58	3.45	3.34	3.18	3.01	2.82	2.73	2.63	2.52	2.42	2.30	2.18
40	8.83	6.07	4.98	4.37	3.99	3.71	3.51	3.35	3.22	3.12	2.95	2.78	2.60	2.50	2.40	2.30	2.18	2.06	1.93
60	8.49	5.79	4.73	4.14	3.76	3.49	3.29	3.13	3.01	2.90	2.74	2.57	2.39	2.29	2.19	2.08	1.96	1.83	1.69
120	8.18	5.54	4.50	3.92	3.55	3.28	3.09	2.93	2.81	2.71	2.54	2.37	2.19	2.09	1.98	1.87	1.75	1.61	1.43
∞	7.88	5.30	4.28	3.72	3.35	3.09	2.90	2.74	2.62	2.52	2.36	2.29	2.00	1.90	1.79	1.67	1.53	1.36	1.00

参考答案

第一章 行 列 式

习题 1.1

小试牛刀

1. (1) 15 (2) 1 (3) -7 (4) 24

大展身手

2. (1) $x_1=-2, x_2=-3$

(2) $x_1=-1, x_2=5, x_3=7$

习题 1.2

小试牛刀

1. (1) 692 (2) -15 (3) -186 (4) -80

2. $2m$

3. -14

大展身手

4. 略

5. (1) $x^n+y^n(-1)^{n+1}$

(2) $1+\sum_{i=1}^{n} a_i$

(3) $\left[x+\frac{n(n+1)}{2}\right](x-1)(x-2)\cdots(x-n)$

习题 1.3

小试牛刀

1. (1) $x_1=1, x_2=2, x_3=3$

(2) $x_1=-2, x_2=1, x_3=1, x_4=-1$

2. $\lambda=1$

复习题一

小试牛刀

一、**1.** B **2.** D **3.** A **4.** B

二、**1.** 15 **2.** 8 **3.** $-8, -16$ **4.** 0 **5.** $x=3$ $y=-1$ **6.** 0

三、**1.** $ab(b-a)$ **2.** -24 **3.** 48

四、**1.** -6 **2.** $\lambda=-1,3,4$

大展身手

一、**1.** C **2.** C **3.** D **4.** D

二、**1.** 56 **2.** 0 **3.** 2

三、**1.** $6(n-3)!$ **2.** $(-1)^{n-1}(n+1)2^{n-2}$

四、略

第二章 矩 阵

习题 2.1

小试牛刀

1. $\begin{pmatrix} -4 & 4 & 9 \\ -11 & -5 & 1 \end{pmatrix}$

2. $\begin{pmatrix} -1 & 16 & 24 \\ -2 & -13 & 13 \\ 3 & 23 & -1 \end{pmatrix}$

3. 27 3 $|3\boldsymbol{A}|=3^3|\boldsymbol{A}|$

4. $\begin{pmatrix} 13 & -1 \\ 0 & -5 \end{pmatrix}$ $\begin{pmatrix} -1 & 1 & 3 \\ 8 & -3 & 6 \\ 4 & 0 & 12 \end{pmatrix}$

5. (1) $\begin{pmatrix} 1 & 9 \\ -5 & -3 \end{pmatrix}$ (2) $\begin{pmatrix} -2 & -5 \\ -2 & 2 \\ 3 & -1 \end{pmatrix}$ (3) $\begin{pmatrix} 2 & 5 & 2 \\ 6 & 5 & 1 \\ -2 & -3 & -1 \end{pmatrix}$ (4) (1) (5) $\begin{pmatrix} -2 & -1 & -3 \\ 6 & 3 & 9 \\ 0 & 0 & 0 \end{pmatrix}$

大展身手

6. (1) $\boldsymbol{A}=\begin{pmatrix} 1 & -1 \\ 1 & -1 \end{pmatrix}$ (2) $\boldsymbol{A}=\begin{pmatrix} 1 & 0 \\ 1 & 0 \end{pmatrix}$ (3) $\boldsymbol{A}=\begin{pmatrix} 1 & -1 \\ 1 & -1 \end{pmatrix}$, $\boldsymbol{X}=\begin{pmatrix} 1 & -1 \\ 1 & -1 \end{pmatrix}$, $\boldsymbol{Y}=\begin{pmatrix} 2 & -2 \\ 2 & -2 \end{pmatrix}$

7. $\boldsymbol{X}=\begin{pmatrix} x+y & x \\ 0 & y \end{pmatrix}$

习题 2.2

小试牛刀

1. (1) $\begin{pmatrix} 5 & -2 \\ -7 & 3 \end{pmatrix}$ (2) $\begin{pmatrix} 1 & 2 & 1 \\ 0 & 1 & -2 \\ 0 & 0 & 1 \end{pmatrix}$ (3) $\begin{pmatrix} -2 & 1 & 0 \\ -\frac{13}{2} & 3 & -\frac{1}{2} \\ -16 & 7 & -1 \end{pmatrix}$

2. 1 4 4

3. (1) $\begin{pmatrix} 7 & -3 & -3 \\ -1 & 1 & 0 \\ -1 & 0 & 1 \end{pmatrix}$ (2) $\begin{pmatrix} 1 & 3 & -2 \\ -\frac{3}{2} & -3 & \frac{5}{2} \\ 1 & 1 & -1 \end{pmatrix}$ (3) $\begin{pmatrix} -2 & 4 & 3 \\ -3 & 0 & 2 \\ -2 & -1 & 1 \end{pmatrix}$

大展身手

4. 证明略，$\boldsymbol{A}^{-1}=\frac{1}{2}(\boldsymbol{A}-3\boldsymbol{E})$

5. $\begin{pmatrix} 1 & 2 & 3 \\ 0 & 1 & 2 \\ 0 & 0 & 1 \end{pmatrix}$ $\begin{pmatrix} 1 & 2 & 3 \\ 0 & 1 & 2 \\ 0 & 0 & 1 \end{pmatrix}$

习题 2.3

小试牛刀

1. (1) $\begin{pmatrix} 1 & 2 & 3 \\ 0 & -2 & -5 \\ 0 & 0 & -1 \end{pmatrix}$ $\begin{pmatrix} 1 & 0 & 0 \\ 0 & 1 & 0 \\ 0 & 0 & 1 \end{pmatrix}$ 3 (2) $\begin{pmatrix} 1 & -1 & 3 & 0 \\ 0 & -1 & 4 & 1 \\ 0 & 0 & 0 & 0 \end{pmatrix}$ $\begin{pmatrix} 1 & 0 & -1 & -1 \\ 0 & 1 & -4 & -1 \\ 0 & 0 & 0 & 0 \end{pmatrix}$ 2

2. (1) 3 (2) 2

大展身手

3. $\lambda=5,\mu=1$

4. $\lambda=3$ 时,秩为 2;$\lambda\neq3$ 时,秩为 3

习题 2.4

小试牛刀

1. (1) 零解 (2) 唯一解 (3) 无解 (4) 无穷多解

2. (1) $\begin{cases}x_1=\dfrac{4}{3}x_4\\x_2=-3x_4\\x_3=\dfrac{4}{3}x_4\\x_4=x_4\end{cases}$ (2) $\begin{cases}x_1=-2x_2+x_4\\x_2=x_2\\x_3=0\\x_4=x_4\end{cases}$

3. (1) $\begin{cases}x_1=3\\x_2=0\\x_3=-2\end{cases}$ (2) 无解 (3) $\begin{cases}x_1=\dfrac{5}{4}+\dfrac{3}{2}x_3-\dfrac{3}{4}x_4\\x_2=-\dfrac{1}{4}+\dfrac{3}{2}x_3+\dfrac{7}{4}x_4\\x_3=x_3\\x_4=x_4\end{cases}$ (4) $\begin{cases}x_1=0\\x_2=-\dfrac{1}{2}-x_4\\x_3=\dfrac{1}{2}+2x_4\\x_4=x_4\end{cases}$

大展身手

4. (1) $\lambda\neq1,-2$ (2) $\lambda=-2$ (3) $\lambda=1$

5. 当 $\lambda=-2$ 或 1 时,方程组有解,当 $\lambda=-2$ 时通解为$\begin{cases}x_1=2+x_3\\x_2=2+x_3\\x_3=x_3\end{cases}$,当 $\lambda=1$ 时通解为$\begin{cases}x_1=1+x_3\\x_2=x_3\\x_3=x_3\end{cases}$

复习题二

小试牛刀

一、1. C 2. B 3. A 4. B 5. C

二、1. m p 2. $\boldsymbol{E}$ 3. $\dfrac{27}{2}$ 4 $\dfrac{16}{3}$ 4. 无解

三、$x=1,y=2$

四、$\dfrac{1}{4}\boldsymbol{A}$

五、(1) $\begin{cases}x_1=-x_5\\x_2=2x_3\\x_3=x_3\\x_4=-2x_5\\x_5=x_5\end{cases}$ (2) $\begin{cases}x_1=-x_3\\x_2=1+x_3\\x_3=x_3\end{cases}$

大展身手

一、1. A 2. C 3. D 4. D 5. C

二、1. $\frac{32}{3}$ 2. $\begin{pmatrix} -\frac{1}{6} & \frac{1}{6} & \frac{1}{3} \\ 0 & -\frac{1}{3} & -\frac{5}{6} \\ 0 & 0 & \frac{1}{2} \end{pmatrix}$ 3. $\boldsymbol{B}^2=\boldsymbol{E}$ 4. -4

三、1. $\begin{pmatrix} 1 & 0 & 0 & 0 & -8 \\ 0 & 1 & 0 & -1 & 3 \\ 0 & 0 & 1 & -2 & 6 \\ 0 & 0 & 0 & 0 & 0 \end{pmatrix}$ 2. $\begin{pmatrix} 1 & 3 & 0 & 0 & 0 \\ 0 & 0 & 1 & 0 & 0 \\ 0 & 0 & 0 & 1 & 0 \\ 0 & 0 & 0 & 0 & 1 \end{pmatrix}$

四、2

五、1. $\begin{cases} x_1=0 \\ x_2=0 \\ x_3=0 \\ x_4=0 \end{cases}$ 2. $\begin{cases} x_1=-x_3 \\ x_2=1+x_3 \\ x_3=x_3 \end{cases}$ 3. $\begin{cases} x_1=-\frac{2}{11}+\frac{1}{11}x_3-\frac{9}{11}x_4 \\ x_2=\frac{10}{11}-\frac{5}{11}x_3+\frac{1}{11}x_4 \\ x_3=x_3 \\ x_4=x_4 \end{cases}$ 4. $\begin{cases} x_1=\frac{6}{7}+\frac{1}{7}x_3+\frac{1}{7}x_4 \\ x_2=-\frac{5}{7}+\frac{5}{7}x_3-\frac{9}{7}x_4 \\ x_3=x_3 \\ x_4=x_4 \end{cases}$

第三章　无穷级数

习题 3.1

小试牛刀

1. (1) 发散　(2) 收敛

2. (1) 收敛　(2) 收敛　(3) 发散　(4) 收敛

大展身手

3. (1) 收敛　(2) 发散　(3) 发散　(4) 收敛

习题 3.2

小试牛刀

1. (1) 收敛　(2) 发散　(3) 收敛　(4) 收敛

2. (1) 收敛　(2) 收敛

大展身手

3. (1) 收敛　(2) 当 $0<a\leqslant 1$ 时，发散；当 $a\geqslant 1$ 时，收敛

4. (1) 条件收敛　(2) 绝对收敛

习题 3.3

小试牛刀

1. (1) $(-1,1)$　(2) $(-\infty,+\infty)$　(3) $[-7,7)$　(4) $(0,6)$

大展身手

2. (1) $\left(-\frac{1}{3},\frac{1}{3}\right)$　(2) $(-\sqrt{2},\sqrt{2})$

3. (1) $-\ln(1+x)$　$(-1<x\leqslant 1)$　(2) $\frac{2x}{(1-x^2)^2}$　$(|x|<1)$

习题 3.4

小试牛刀

1. (1) $\mathrm{e}^{-2x}=\sum_{n=0}^{\infty}\frac{(-2)^n}{n!}x^n(-\infty<x<+\infty)$　(2) $x\mathrm{e}^x=\sum_{n=0}^{\infty}\frac{x^{n+1}}{n!}(-\infty<x<+\infty)$

(3) $\ln(7+x)=\ln 7+\sum\limits_{n=1}^{\infty}(-1)^{n-1}\dfrac{1}{7^n n}x^n(-7<x\leqslant 7)$

(4) $\cos^2 x=1+\sum\limits_{n=1}^{\infty}(-1)^n\dfrac{2^{2n-1}}{(2n)!}x^{2n}(-\infty<x<+\infty)$

(5) $\dfrac{1}{3-x}=\sum\limits_{n=0}^{\infty}\dfrac{1}{3^{n+1}}x^n(-3<x<3)$　(6) $\dfrac{x^2}{1-x}=\sum\limits_{n=0}^{\infty}x^{n+2}(-1<x<1)$

大展身手

2. $\sin x=\dfrac{\sqrt{2}}{2}\sum\limits_{n=0}^{\infty}\left[(-1)^n\dfrac{1}{(2n)!}\left(x-\dfrac{\pi}{4}\right)^{2n}+(-1)^n\dfrac{1}{(2n+1)!}\left(x-\dfrac{\pi}{4}\right)^{2n+1}\right](-\infty<x<+\infty)$

3. $\dfrac{1}{x}=\sum\limits_{n=0}^{\infty}(-1)^n\dfrac{(x-3)^n}{3^{n+1}}(0<x<6)$

4. 0.039 2　**5.** 0.156 43

习题 3.5

小试牛刀

1. (1) $f(x)=\dfrac{1}{2}+\dfrac{2}{\pi}\sum\limits_{n=1}^{\infty}\dfrac{1}{2n-1}\sin(2n-1)x\quad(-\infty<x<+\infty, x\neq k\pi, k\in\mathbf{Z})$

(2) $\dfrac{\pi-x}{2}=\dfrac{\pi}{2}+\sum\limits_{n=0}^{\infty}\dfrac{(-1)^n}{n!}\sin nx\quad(-\infty<x<+\infty, x\neq(2k+1)\pi, k\in\mathbf{Z})$

(3) $f(x)=\dfrac{a-b}{4}\pi+\sum\limits_{n=1}^{\infty}\left\{\dfrac{[1-(-1)^n](b-a)}{n^2\pi}\cos nx+\dfrac{(-1)^{n-1}(b+a)}{n}\sin nx\right\}\quad(-\infty<x<+\infty, x\neq(2k+1)\pi, k\in\mathbf{Z})$

大展身手

2. $f(x)=-\dfrac{1}{2}+6\sum\limits_{n=1}^{\infty}\left\{\dfrac{1}{n^2\pi^2}[1-(-1)^n]\cos\dfrac{n\pi x}{3}+\dfrac{(-1)^n}{n\pi}\sin\dfrac{n\pi x}{3}\right\}\quad(-\infty<x<+\infty, x\neq 3k, k\in\mathbf{Z})$

3. $f(x)=\pi^2+1+12\sum\limits_{n=1}^{\infty}\dfrac{(-1)^n}{n^2}\cos nx\quad(-\infty<x<+\infty)$

4. $f(x)=\dfrac{1}{2}(\pi-\dfrac{2}{3}\pi^2)+\dfrac{2}{\pi}\sum\limits_{n=1}^{\infty}\dfrac{1}{n^2}[(-1)^n(1-2\pi)-1]\cos nx\quad(0\leqslant x\leqslant\pi)$

复习题三

小试牛刀

一、**1.** A　**2.** D

二、**1.** 2　**2.** 必要　充分　**3.** 2　**4.** $p>0, p\leqslant 0$

三、**1.** 收敛　**2.** 收敛　**3.** 发散　**4.** 收敛

四、**1.** $(-\infty,+\infty)$　**2.** $(-3,3)$　**3.** $\left(-\dfrac{1}{2},\dfrac{1}{2}\right)$　**4.** $(4,6)$

五、**1.** $\sum\limits_{n=0}^{\infty}(-1)^n\dfrac{x^{n+2}}{n+1}(-1<x\leqslant 1)$　**2.** $\sum\limits_{n=0}^{\infty}(-1)^n x^{2n}(-1<x<1)$

大展身手

一、**1.** B　**2.** C

二、**1.** 收敛,发散　**2.** $(-1,3)$　**3.** $\dfrac{f^{(5)}(x_0)}{5!}$　**4.** $\left(-\dfrac{1}{2},\dfrac{1}{2}\right]$

三、**1.** 发散　**2.** 条件收敛　**3.** 绝对收敛　**4.** 发散

四、1. $\frac{1}{\sqrt{1+x^2}}=1+\sum_{n=1}^{\infty}(-1)^n\frac{1\times3\times5\times\cdots\times(2n-1)}{2^n n!}x^{2n}(-1<x<1)$

2. $\ln\frac{1-x}{1+x}=-2\sum_{n=1}^{\infty}\frac{x^{2n}}{2n}(-1<x<1)$

五、$f(x)=-\frac{\pi}{4}+\frac{2}{\pi}\sum_{n=0}^{\infty}\frac{1}{(2n+1)^2}\cos(2n+1)x+3\sum_{n=1}^{\infty}(-1)^{n+1}\frac{1}{n}\sin nx,(-\infty<x<+\infty,x\neq(2k+1)\pi,k\in\mathbf{Z})$

第四章　傅里叶变换

习题 4.1

小试牛刀

1. $\frac{2\sin\omega}{\omega}$

2. $\frac{1}{\alpha-\mathrm{j}\omega}=\frac{\alpha+\mathrm{j}\omega}{\alpha^2+\omega^2}$

大展身手

3. $\frac{2\mathrm{j}}{\omega}\left(\cos\omega-\frac{\sin\omega}{\omega}\right)$

4. $\frac{2\mathrm{j}\sin\omega\pi}{\omega^2-1}$

5. $2\left|\frac{A\sin\frac{\omega\tau}{2}}{\omega}\right|$

习题 4.2

小试牛刀

1. $\mathscr{F}^{-1}[F(\omega)]=\frac{1}{2\pi}\int_{-\infty}^{+\infty}2\pi\delta(\omega-\omega_0)\mathrm{e}^{\mathrm{j}\omega t}\mathrm{d}\omega=\mathrm{e}^{\mathrm{j}\omega t}\big|_{\omega=\omega_0}=\mathrm{e}^{\mathrm{j}\omega_0 t}=f(t)$

2. $\mathrm{j}\pi[\delta(\omega+\omega_0)-\delta(\omega-\omega_0)]$

大展身手

3. $\mathrm{j}\omega\mathrm{e}^{\mathrm{j}\omega}$

习题 4.3

小试牛刀

1. $\frac{\pi}{2}(\mathrm{j}+\sqrt{3})\delta(\omega+5)-\frac{\pi}{2}(\mathrm{j}-\sqrt{3})\delta(\omega-5)$或$\mathrm{j}\pi\mathrm{e}^{\frac{\pi}{15}\mathrm{j}\omega}[\delta(\omega+5)-\delta(\omega-5)]$

2. $\mathrm{j}\pi[\delta'(\omega+1)+\delta'(\omega-1)]$

3. $\frac{1}{\mathrm{j}\pi}\sin 2t$

4. $\frac{\sqrt{2}}{4}\mathrm{e}^{-\sqrt{2}|t|}$

大展身手

5. (1) $\frac{\mathrm{j}}{2}\frac{\mathrm{d}}{\mathrm{d}\omega}\left[F\left(\frac{\omega}{2}\right)\right]$　(2) $-F(\omega)-\omega F'(\omega)$　(3) $\frac{1}{2}\mathrm{e}^{-\frac{5}{2}\mathrm{j}\omega}F\left(\frac{\omega}{2}\right)$

6. $\mathrm{j}\pi[\delta(\omega+5)-\delta(\omega-1)]$

7. $\frac{1}{2}(\mathrm{sgn}t+t)$

习题 4.4

小试牛刀

1. $x(t)=\begin{cases}0 & t<0\\ e^{-t} & t\geqslant 0\end{cases}$

2. $f(t)=\begin{cases}-\frac{1}{2}e^{t} & t<0\\ 0 & t=0\\ \frac{1}{2}e^{-t} & t>0\end{cases}$

大展身手

3. $x(t)=\begin{cases}\frac{1}{4}e^{\sqrt{3}t}-\frac{1}{4}e^{t} & t<0\\ 0 & t=0\\ \frac{1}{4}e^{-t}-\frac{1}{4}e^{-\sqrt{3}t} & t>0\end{cases}$

复习题四

小试牛刀

一、**1.** D **2.** A **3.** B **4.** C **5.** D

二、**1.** $e^{j\omega a}+e^{\frac{1}{2}j\omega a}$ **2.** $\frac{1}{2}j\pi[\delta(\omega+2)-\delta(\omega-2)]$ **3.** $f(0)$ **4.** $e^{-j\omega}F(\omega)$

三、$\frac{j}{\omega}(e^{-2j\omega}-e^{2j\omega})=\frac{2\sin 2\omega}{\omega}$

四、(1) $2j\pi\delta'(\omega+1)$ (2) $\frac{\sqrt{2}}{2}\pi[(1-j)\delta(\omega+6)+(1+j)\delta(\omega-6)]$或 $e^{\frac{\pi}{24}j\omega}\pi[\delta(\omega+6)+\delta(\omega-6)]$

(3) $\pi[\delta(\omega-2)+\delta(\omega+4)]$

五、$\mathscr{F}^{-1}[F(\omega)]=\begin{cases}0 & t<0\\ e^{-3t}-e^{-5t} & t\geqslant 0\end{cases}$

大展身手

一、**1.** A **2.** C **3.** A **4.** B

二、**1.** $e^{-j\omega}F(-\omega)$ **2.** $2jF'(\omega)-3F(\omega)$ **3.** $-jF^{(3)}(\omega)$ **4.** $e^{2jt}\,|t|$

三、$\frac{2\omega\sin\omega\pi}{1-\omega^2}$

四、$\mathscr{F}^{-1}[F(\omega)]==\frac{1}{3}\begin{cases}e^{t} & t<0\\ e^{-2t} & t\geqslant 0\end{cases}$

五、$y(t)=\begin{cases}\frac{2}{3}e^{t}-\frac{1}{3}e^{2t} & t<0\\ \frac{2}{3}e^{-t}-\frac{1}{3}e^{-2t} & t\geqslant 0\end{cases}$

第五章 拉普拉斯变换

习题 5.1

小试牛刀

1. (1) $\frac{a}{s}(\mathrm{Re}(s)>0)$ (2) $\frac{1}{s-1}(\mathrm{Re}(s)>1)$

大展身手

2. (1) $\frac{1}{s^2}(\mathrm{Re}(s)>0)$ (2) $\frac{1}{s}(2+\mathrm{e}^{-2s})(\mathrm{Re}(s)>0)$

习题 5.2

小试牛刀

1. (1) $\frac{10-3s}{s^2+25}$ (2) $\frac{1}{s+2}+5$ (3) $\frac{4}{(s+2)^2+16}$ (4) $\frac{1}{(s+a)^2}$ (5) $\ln\frac{s+2}{s+1}$

2. (1) $3t+\sin 2t-\mathrm{e}^{-3t}$ (2) $\mathrm{e}^{-t}\cdot\sin 2t$

大展身手

3. (1) $\frac{1}{s}\mathrm{e}^{-\frac{b}{a}s}$ (2) $\frac{1}{2s}-\frac{s}{2(s^2+4)}$ (3) $\frac{4}{(s^2+4)^2}$

4. (1) $\frac{1}{6}t^3$ (2) $1-\mathrm{e}^t+t\mathrm{e}^t$

5. (1) $\frac{1}{2}-\mathrm{e}^{-t}+\frac{1}{2}\mathrm{e}^{-2t}$ (2) $\mathrm{e}^t-\mathrm{e}^{-t}-2t$

习题 5.3

小试牛刀

1. (1) $-\ln 2$ (2) $\frac{\pi}{2}+\arctan 3$

2. (1) $\mathrm{e}^{2t}-\mathrm{e}^t$ (2) $-2(\mathrm{e}^{-3t}+\mathrm{e}^{-5t})$ (3) $\sin kt$ (4) $x(t)=a+\frac{t}{2}+\frac{t^2}{4}, y(t)=b+\frac{t}{2}-\frac{t^2}{4}$

大展身手

3. (1) $\frac{1}{2}\mathrm{e}^{-5t}+\frac{3}{2}\mathrm{e}^{5t}$ (2) $\frac{5}{3}\sin t-\frac{1}{3}\sin 2t$ (3) $t^3\mathrm{e}^{-t}$ (4) $x(t)=\mathrm{e}^{-t}\sin t, y(t)=\mathrm{e}^{-t}\cos t$

(5) $x(t)=-\frac{1}{3}+\frac{10}{3}\mathrm{e}^{3t}-\mathrm{e}^{-t}, y(t)=-\frac{1}{3}+\frac{10}{3}\mathrm{e}^{3t}+\mathrm{e}^{-t}$

复习题五

小试牛刀

一、**1.** D **2.** C **3.** A **4.** A **5.** D

二、**1.** $\frac{2}{s^3}+\frac{1}{s-2}$ **2.** $\frac{1}{s^2+4}$ **3.** $1+\frac{1}{s-1}$ **4.** $\frac{1}{s+1}\mathrm{e}^{-\frac{1}{s+1}}$ **5.** $\cos 2t-\frac{1}{2}\sin 2t$

三、**1.** $\frac{1}{s}(3-4\mathrm{e}^{-2s}+\mathrm{e}^{-4s})$ **2.** $\ln 2$ **3.** $\frac{4s}{(s^2+4)^2}+\frac{3}{s^2}$ **4.** $\frac{2}{5}\mathrm{e}^{-3t}+\frac{3}{5}\mathrm{e}^{2t}$ **5.** $\begin{cases}x(t)=t\mathrm{e}^t-2\mathrm{e}^t+1\\y(t)=-t\mathrm{e}^t+2\mathrm{e}^t\end{cases}$

大展身手

一、**1.** A **2.** D **3.** C **4.** A

二、**1.** $\frac{1}{s+5}$ **2.** $\frac{3}{s^2+3s-9}$ **3.** $\frac{1}{3}\sin t-\frac{1}{6}\sin 2t$

三、**1.** $-\ln\frac{3}{5}$ **2.** $\frac{1}{s}\left(\frac{\pi}{2}-\arctan\frac{s+5}{2}\right)$ **3.** $y(t)=\mathrm{e}^t+1$ **4.** 略

第六章 随机事件及其概率

习题 6.1

小试牛刀

1. (1) $\Omega=\{t\,|\,t\geqslant 0\}$ (2) $\Omega=\{0,1,2,3,\cdots\}$ (3) $\Omega=\{t\,|\,0\leqslant t\leqslant 10\}$

2. (1) $A=BC$　(2) $\overline{A}=\overline{B}+\overline{C}$

3. (1) Ω　(2) $\varnothing$　(3) $\{2,4\}$　(4) $\{1,3,5,6,7,8,9,10\}$　(5) $\{5,7,9\}$　(6) $\{6,8,10\}$　(7) $\{6,8,10\}$

大展身手

4. (1) A　(2) Ω

5. (1) $A\overline{B}\overline{C}$　(2) $AB\overline{C}$　(3) ABC　(4) $A+B+C$　(5) $\overline{A}\overline{B}\overline{C}$　(6) $\overline{AB+BC+CA}$　(7) $\overline{ABC}$　(8) $AB+BC+CA$

习题 6.2

小试牛刀

1. (1) 7/12　(2) 1/4　(3) 5/12

2. (1) 0.2　(2) 0.4

3. (1) 1/6　(2) 5/18　(3) 0.5

4. (1) 0.9　(2) 0.1

5*. 1/3

大展身手

6. 11/12

7. (1) 5/8　(2) 1/2

8. (1) 37/44　(2) 4/11

习题 6.3

小试牛刀

1. 0.4　0.3

2. 1/11

3. 0.052 5

4. 1.8%

大展身手

5. 7/12

6. 1/3

7. 3/8

8. 0.973

习题 6.4

小试牛刀

1. 1/3

2. (1) 0.001 5　(2) 0.048 5　(3) 0.078 5

3. 0.127 2

4. 0.991 5

大展身手

5. 略

6. 0.727

7. (1) 0.6　(2) 13/30

8. (1) 81/256　(2) 27/128　(3) 255/256

复习题六

小试牛刀

一、**1.** 0.3　0.5　**2.** 0.6　**3.** 0.63

二、**1.** B　**2.** D　**3.** C

三、**1.** (1) $\frac{6}{15}$　(2) $\frac{4}{15}$　**2.** 0.056　**3.** (1) 0.612　(2) 0.997　**4.** (1) 0.072 9　(2) 0.41

大展身手

一、**1.** 0.6　**2.** 0.25　**3.** 0.046 9

二、**1.** D　**2.** A

三、**1.** (1) 0.58　0.43　(2) 0.515 5　0.365 5　(3) 0.43　0.28　**2.** (1) 0.48　(2) 0.96　(3) 0.62　**3.** $\frac{11}{75}$　**4.** (1) 0.328　(2) 0.496

第七章　随机变量及其概率分布

习题 7.1

1. X=正面朝上的点数,{点数大于 1}=$\{X>1\}$,$P(X>1)=\frac{5}{6}$,{点数小于 7}=$\{X<7\}$,$P(X<7)=1$,{点数不超过 4}=$\{X\leqslant 4\}$,$P(X\leqslant 4)=\frac{2}{3}$.

习题 7.2

小试牛刀

1. (1) 是　(2) 否　(3) 否

2.

X	2	3	4	5	6	7	8	9	10	11	12
P	$\frac{1}{36}$	$\frac{1}{18}$	$\frac{1}{12}$	$\frac{1}{9}$	$\frac{5}{36}$	$\frac{1}{6}$	$\frac{5}{36}$	$\frac{1}{9}$	$\frac{1}{12}$	$\frac{1}{18}$	$\frac{1}{36}$

3.

X	0	1
P	$\frac{1}{3}$	$\frac{2}{3}$

4. $P(X=k)=C_{10}^{k}\left(\frac{1}{2}\right)^{10}$ $(k=0,1,2,\cdots,10)$

5. 0.92

大展身手

6.

X	3	4	5
P	0.1	0.3	0.6

7.

X	0	1	2	3
P	0.3	0.21	0.147	0.343

8. 0.624 2

9. (1) 0.909 8　(2) 0.090 2

习题 7.3

小试牛刀

1. (1) $\frac{1}{\pi}$　(2) $\frac{3}{4}$

2. $\frac{\sqrt{3}+\sqrt{2}}{4}$　$\frac{2+\sqrt{2}}{4}$

3. 0.3　0.4　0.5

4. $e^{-\frac{2}{3}}$或0.513 4

大展身手

5. $\frac{20}{27}$

6. $Y\sim B(5,e^{-2})$，$P(Y=k)=C_5^k\,(e^{-2})^k\,(1-e^{-2})^{5-k}$，$k=0,1,2,3,4,5$；$P(Y\geqslant 1)=0.516\ 7$

习题 7.4

小试牛刀

1. (1) $F(x)=\begin{cases}0 & x<-2\\ 0.3 & -2\leqslant x<-1\\ 0.7 & -1\leqslant x<1\\ 1 & x\geqslant 1\end{cases}$　(2) 0.7　0.3

2. (1) $F(x)=\begin{cases}0 & x<-\frac{\pi}{2}\\ \frac{\sin x+1}{2} & -\frac{\pi}{2}\leqslant x<\frac{\pi}{2}\\ 1 & x\geqslant\frac{\pi}{2}\end{cases}$　(2) $\frac{\sqrt{2}}{4}$

3. (1) $F(x)=\begin{cases}0 & x<2\\ \frac{x-2}{3} & 2\leqslant x<5\\ 1 & x\geqslant 5\end{cases}$　(2) $\frac{2}{3}$

4. 0.952 5　0.818 5

大展身手

5. 略

6. 0.045 6

7. (1) 0.869 8　(2) 0.380 1

习题 7.5

小试牛刀

1. $\frac{2}{3}$　$\frac{35}{24}$　$\frac{97}{72}$

2. 1　$\frac{1}{6}$

3. 9

大展身手

4. 0.3　0.32

5. 2.5

6. 1.3

复习题七

小试牛刀

一、**1.** B　**2.** D　**3.** C　**4.** D

二、**1.** 0.35 **2.** $B(100,0.1)$ **3.** 4λ **4.** 0.25

三、**1.** $\lambda=2$

2.

X	0	1	2	3	4
P	$\frac{2}{13}$	$\frac{40}{91}$	$\frac{30}{91}$	$\frac{20}{273}$	$\frac{1}{273}$

3. $P(X=k)=p\,(1-p)^{k-1}(k=1,2,3,\cdots)$ **4.** $\frac{D(X)}{E(X^2)}=\frac{1}{4}$ **5.** 5 3

大展身手

一、**1.** B **2.** A **3.** A **4.** C

二、**1.** $\frac{8}{9}$

2.

X	-1	1	3
P	0.4	0.4	0.2

3. $\frac{80}{81}$ **4.** $\frac{1}{\sqrt[4]{2}}$

三、**1.** 0 **2.** $a=12$ $b=-12$ $c=3$

3. (1)

X	1	2	3	4
P	$\frac{10}{13}$	$\frac{5}{26}$	$\frac{5}{143}$	$\frac{1}{286}$

(2)

X	1	2	3	4
P	$\frac{10}{13}$	$\frac{33}{169}$	$\frac{72}{2\,197}$	$\frac{6}{2\,197}$

4. (1) 0.060 7 (2) 0.052 8 第二种方案好 **5.** 44.64

第八章 数理统计

习题 8.1

小试牛刀

1. (1)(3)(4)(6)是,其余不是

2. $\bar{x}=\frac{19}{8}$, $s^2=1.982\,2$

3. (1) 19.675 (2) 18.549 (3) 10.865 (4) 2.764 (5) 2.179 (6) 2.423 (7) 2.28 (8) 0.394 (9) 2.68

4. 0.829 3

5. 0.136 6

6. $\frac{1}{2}$, $\frac{3}{4n}$

大展身手

7. 0.895

8. 0.1

9. 略

习题 8.2

小试牛刀

1. 997.1,17 304.77

2. $\hat{\mu}_2$ 最有效

3. (1) (21.58,22.10) (2) (21.294 5,22.385 5)

4. (0.149 5,0.310 1)

5. 0.012

大展身手

6. $n \geqslant 11$

7. $2\overline{X}-1$

习题 8.3

小试牛刀

1. 是

2. 正常

3. 可以认为

4. 有影响

5. 不正常

大展身手

6. 有显著差异

7. 符合客户要求

8. 接受猜测

9. 显著偏大

复习题八

小试牛刀

一、**1.** A **2.** C

二、**1.** 2 **2.** 0.5 **3.** $\chi^2=\dfrac{(n-1)S^2}{\sigma^2}$ **4.** $|U|>U_{\alpha/2}$

三、**1.** (1) [11.347,12.653] (2) 62 **2.** 无显著性差异 **3.** 有显著变化 **4.** (1) $0,\dfrac{1}{100}$ (2) 0.841 4 **5.** (5.675,32.203),(2.382,5.675) **6.** 12.838 6 **7.** 35

大展身手

一、**1.** D **2.** B

二、**1.** 4 **2.** 3

三、**1.** $a=\pm 5, b=\mp 5$ **2.** 略

参考文献

[1] 曹瑞成.工程数学基础[M].南京:南京大学出版社,2015.

[2] 同济大学数学系.高等数学(下册)[M].第七版.北京:高等教育出版社,2014.

[3] 汪宏远,孙立伟.积分变换[M].北京:清华大学出版社,2017.

[4] 柳金甫,王义东.概率论与数理统计(经管类)[M].武汉:武汉大学出版社,2006.

[5] 孙清华,孙昊.概率论与数理统计内容、方法与技巧[M].武汉:华中科技大学出版社,2002.

[6] 丁大正.Mathematica 5 在大学数学课程中的应用[M].北京:电子工业出版社,2006.